普通高校"十二五"规划教材·实践创新系列

ARM 嵌入式系统移植实战开发

韩少云　奚海蛟　谌　利　编著
达内 IT 培训集团　　审校

北京航空航天大学出版社

内容简介

本书以嵌入式 Linux 移植技术为主,以基于 S3C2440 的 TQ2440 开发板以及基于 S3C6410 的 TQ6410 开发板为硬件平台,详细讲述了嵌入式 Linux 中非常繁琐却又十分重要的系统移植过程,包括 U-Boot、内核、文件系统、驱动程序以及应用程序的移植。

本书理论与实践相结合,配有详细的步骤,学完后读者可以在 TQ2440 开发板平台上搭建起自己的一套系统。这样不仅可以让读者更好地理解所学知识,还能增加读者的学习兴趣。

本书可以作为高等院校嵌入式系统开发与应用的教材,嵌入式培训用书,以及嵌入式系统开发技术人员的参考书。

图书在版编目(CIP)数据

ARM 嵌入式系统移植实战开发 / 韩少云,奚海蛟,谌利编著. -- 北京:北京航空航天大学出版社,2012.5
ISBN 978-7-5124-0779-4

Ⅰ. ①A… Ⅱ. ①韩… ②奚… ③谌… Ⅲ. ① Linux 操作系统 Ⅳ. ①TP316.89

中国版本图书馆 CIP 数据核字(2012)第 063078 号

版权所有,侵权必究。

ARM 嵌入式系统移植实战开发
韩少云 奚海蛟 谌利 编著
达内 IT 培训集团 审校
责任编辑 李文轶

*

北京航空航天大学出版社出版发行

北京市海淀区学院路 37 号(邮编 100191) http://www.buaapress.com.cn
发行部电话:(010)82317024 传真:(010)82328026
读者信箱:bhpress@263.net 邮购电话:(010)82316936
涿州市新华印刷有限公司印装 各地书店经销

*

开本:710×1000 1/16 印张:19.25 字数:421 千字
2012 年 5 月第 1 版 2013 年 6 月第 2 次印刷 印数:4 001-7 000 册
ISBN 978-7-5124-0779-4 定价:39.00 元

若本书有倒页、脱页、缺页等印装质量问题,请与本社发行部联系调换。联系电话:(010)82317024

丛书编委会

主　编：韩少云

副主编：奚海蛟

本书编写成员

刘张辉　冯　华　谌　利　张　泉　李政春

李宝栋　柴　萌　孟　捷　杨　帆　游成伟

前　言

随着数字信息技术和网络技术的高速发展,计算机技术步入了后 PC 时代,计算机、通信和消费产品的技术集合起来,以 3C 产品的形式通过 Internet 进入千家万户,改进人们的生活,使人们的生活更加智能化,数字化。而嵌入式行业作为后 PC 时代的技术主力,近几年来迅猛发展,已经被广泛地应用于工程设计、军事技术、医疗保健、消费电子和科学研究等诸多领域。所以,嵌入式开发也已经成为当前最热门、最有发展前途的行业之一。同时,嵌入式行业的快速发展造成了它巨大的人才缺口。越来越多的人抓住这个机遇投身到嵌入式这个行业当中。

由于嵌入式程序开发平台(PC 机)与运行平台(嵌入式设备)的不同,需要将 PC 机上的程序"搬运"到嵌入式设备当中,也就是我们本书的重点内容:移植。ARM 公司是一家基于 RISC 技术芯片设计开发的公司,基于它设计开发出的芯片已经在嵌入式领域占领了极大的市场份额。本书以基于 ARM 的两款芯片作为对象平台,详细介绍嵌入式 Linux 操作系统的移植和基于 Linux 系统应用程序的移植,理论加上大量的实例,使读者可以更好地理解本书所涵括的知识,最后对 Android 操作系统的移植进行了讲解。

本书组织结构

第 1 章作为基础部分。概要介绍嵌入式系统的概念和特点,介绍了几款适用于嵌入式的操作系统,并且讲解了嵌入式系统的开发流程,为后面的章节做知识的铺垫。

第 2 章是对系统移植的环境进行搭建。这里包括了软件环境的搭建和硬件环境的搭建。讲解了交叉编译的重要性,实现了虚拟机与 Windows 的共享,并讲解了一些开发软件的使用方法。

第 3 章是 Bootloader 的移植,介绍了 Bootloader 相关知识、移植方法及要注意的事项。之后以 U-Boot 为例,详细的分析了 U-Boot 代码,并修改 U-Boot 代码,使之支持 Nor Flash 和 Nand Flash、Nand Flash 启动、DM9000 网卡和 YAFFS 文件系统。通过本章的学习,读者将会对嵌入式通用的 bootloader 有一个大体的了解,并且可以熟练的移植 U-Boot 和使用 U-Boot。

第 4 章是内核的移植。对 Linux 内核组成和目录进行了讲解,分析了 Linux 内核的 Makefile,解释了 Makefile 的编译流程,之后讲解了如何对内核进行裁剪配置,使之支持 YAFFS、RTC 时钟、LCD 和 DM9000 等,最终实现了在 ARM 平台上的内核移植。通过本章的学习,读者将对 Linux 内核有一个更深入的了解,学会如何进行内核的裁剪和内核的移植。

第 5 章是文件系统的移植，首先介绍了几种常见嵌入式文件系统及其特点，接着以 Busybox 为基础进行了嵌入式开发板文件系统的移植。通过本章的学习，读者通过对文件系统的选择对嵌入式系统特点有更深入的了解，也将熟练的掌握如何配置一个文件系统并对其进行移植。

第 6 章是驱动程序的移植。首先对 Linux 设备驱动进行了介绍和分类，讲解了设备驱动程序的移植步骤，以 hello world、led 和按键三个实例介绍了 Linux 设备驱动的移植过程，之后讲解了如何完善串口、USB、声卡和 SD 卡的驱动。通过本章学习，将会明白 Linux 设备驱动的重要性，学会如何写一个简单的 Linux 设备驱动并将此驱动编译进内核，或者以模块方式加载到内核中，最后将学会如何完善 Linux 已有的一些驱动程序。

第 7 章是应用程序的移植。本章首先对嵌入式 GUI 进行简单的介绍，并对常见的一些 GUI 进行交叉编译和安装，之后进行音频解码器 madplay 的移植、数据库 SQLite 的移植和 Webserver 的移植。通过本章的学习，读者将掌握应用程序移植的关键，达到举一反三的目的，尝试移植更多的应用程序。

第 8 章是 Android 系统的移植。由于现在 Android 系统的火暴和市场对 Android 人才的大量需求，本节对 Android 系统的移植进行讲解。首先对 Android 操作系统进行了概述，讲解了 Android 发展历程及其开发环境，之后以 S3C6410 为对象平台，介绍了移植 Android 操作系统的步骤。

读者对象

想学习嵌入式系统开发或者刚进入嵌入式系统领域的开发人员；想了解嵌入式 Linux 操作系统移植流程的开发人员。

本书是一本面向嵌入式系统开发人员的入门性和基础性图书，阅读本书还是需要一定的 ARM 体系理论基础并且有一定的 C 语言和汇编语言功底。书中所有程序案例均基于广州天嵌科技有限公司的 TQ2440 和 TQ6410 开发板开发。

参与本书编写的主要人员有刘张辉、冯华、李政春、张泉、柴萌、李宝栋、杨帆、腾忠楠、李晓庆、付盈、孟捷、谌利和游成伟等。由奚海蛟博士后和达内 IT 培训集团总裁韩少云负责全书的规划、内容安排、定稿和修改。在此向他们表示衷心的感谢。

本书的不足和疏漏之处还望广大读者批评指正。

作者

2012 年 2 月

目 录

第1章 嵌入式系统概述 …………………………………………………………… 1

1.1 嵌入式系统介绍 …………………………………………………………… 1
  1.1.1 嵌入式系统概念 ……………………………………………………… 1
  1.1.2 嵌入式系统特点 ……………………………………………………… 1
  1.1.3 嵌入式产品 …………………………………………………………… 2
1.2 嵌入式操作系统 …………………………………………………………… 3
  1.2.1 VxWorks ……………………………………………………………… 3
  1.2.2 WinCE ………………………………………………………………… 4
  1.2.3 μC/OS-II ……………………………………………………………… 4
  1.2.4 Symbian ……………………………………………………………… 4
  1.2.5 Linux …………………………………………………………………… 5
1.3 嵌入式系统开发流程 ……………………………………………………… 5
  1.3.1 嵌入式系统组成 ……………………………………………………… 5
  1.3.2 嵌入式系统开发流程 ………………………………………………… 6
1.4 嵌入式系统的移植 ………………………………………………………… 7
本章小结 ……………………………………………………………………………… 9

第2章 构建嵌入式Linux开发环境 …………………………………………… 10

2.1 硬件环境构建 ……………………………………………………………… 10
  2.1.1 主机与目标板结合的交叉开发模式 ………………………………… 10
  2.1.2 硬件要求 ……………………………………………………………… 11
2.2 软件环境构建 ……………………………………………………………… 12
  2.2.1 在虚拟机中设置Linux与Windows共享目录 ……………………… 12
  2.2.2 NFS的配置与启动 …………………………………………………… 17
  2.2.3 嵌入式交叉编译工具的安装 ………………………………………… 22
  2.2.4 minicom和超级终端的配置及使用 ………………………………… 26
  2.2.5 H-JTAG和DNW的安装和使用 …………………………………… 31
本章小结 ……………………………………………………………………………… 36

第 3 章 Bootloader 移植 ……………………………………………………… 37

3.1 Bootloader 简介 …………………………………………………………… 37
3.1.1 Bootloader 概念 …………………………………………………… 37
3.1.2 Bootloader 启动流程分析 ………………………………………… 39
3.1.3 常用的 Bootloader 介绍 …………………………………………… 43
3.2 U-Boot 代码分析 ………………………………………………………… 44
3.2.1 U-Boot 简介 ……………………………………………………… 44
3.2.2 U-Boot 代码结构 ………………………………………………… 45
3.2.3 U-Boot 代码编译 ………………………………………………… 46
3.2.4 U-Boot 代码导读 ………………………………………………… 47
3.2.5 U-Boot 命令 ……………………………………………………… 61
3.3 U-Boot 移植 ……………………………………………………………… 63
3.3.1 在 U-Boot 中建立自己的开发板 ………………………………… 63
3.3.2 支持 Nor Flash …………………………………………………… 69
3.3.3 支持 Nand Flash ………………………………………………… 72
3.3.4 支持从 Nand Flash 中启动 ……………………………………… 78
3.3.5 支持网卡 DM9000 ………………………………………………… 86
3.3.6 支持 YAFFS 文件系统 …………………………………………… 89
3.3.7 U-Boot 引导内核 ………………………………………………… 95
3.3.8 移植后 U-Boot 的使用 …………………………………………… 96
本章小结 ………………………………………………………………………… 97

第 4 章 内核移植 …………………………………………………………………… 98

4.1 Linux 内核结构 …………………………………………………………… 98
4.1.1 内核组成 …………………………………………………………… 98
4.1.2 内核目录 …………………………………………………………… 100
4.2 内核 Makefile 分析 ……………………………………………………… 102
4.2.1 内核 Makefile 的分类 …………………………………………… 102
4.2.2 Makefile 的编译流程 ……………………………………………… 102
4.2.3 Makefile 主要内容解析 …………………………………………… 103
4.3 内核配置选项 ……………………………………………………………… 105
4.3.1 通用选项 …………………………………………………………… 107
4.3.2 模块相关选项 ……………………………………………………… 108
4.3.3 块相关选项 ………………………………………………………… 108
4.3.4 系统类型、特性和启动相关选项 ………………………………… 108

  4.3.5 网络协议相关选项 …………………………………… 109
  4.3.6 设备驱动相关选项 …………………………………… 109
  4.3.7 文件系统类型相关选项 ……………………………… 110
  4.3.8 其他选项 ……………………………………………… 111
 4.4 内核在 ARM 上的移植 ………………………………………… 111
  4.4.1 内核基本结构的移植 ………………………………… 112
  4.4.2 添加内核对 YAFFS 的支持 ………………………… 123
  4.4.3 内核中 RTC 时钟驱动移植 ………………………… 125
  4.4.4 内核中 LCD 驱动移植 ……………………………… 128
  4.4.5 内核中 DM9000 驱动移植 …………………………… 132
 本章小结 ……………………………………………………………… 142

第 5 章 构建 Linux 根文件系统 …………………………………………… 143

 5.1 文件系统简介 …………………………………………………… 143
 5.2 嵌入式文件系统 ………………………………………………… 144
  5.2.1 嵌入式文件系统的特点 ……………………………… 144
  5.2.2 常见嵌入式文件系统 ………………………………… 146
 5.3 Linux 根文件系统的结构 ……………………………………… 150
 5.4 移植 Busybox …………………………………………………… 155
  5.4.1 Busybox 简介 ………………………………………… 156
  5.4.2 Busybox 编译 ………………………………………… 156
 5.5 安装 glibc 库 …………………………………………………… 161
 5.6 Linux 系统的引导过程 ………………………………………… 163
  5.6.1 启动内核 ……………………………………………… 163
  5.6.2 init 进程介绍及用户程序启动 ……………………… 167
 5.7 构建根文件系统 ………………………………………………… 178
 本章小结 ……………………………………………………………… 183

第 6 章 Linux 设备驱动移植 ……………………………………………… 184

 6.1 Linux 设备驱动移植概述 ……………………………………… 184
  6.1.1 Linux 设备驱动程序的介绍 ………………………… 184
  6.1.2 Linux 设备驱动的分类 ……………………………… 185
  6.1.3 Linux 设备驱动移植步骤 …………………………… 186
 6.2 简单 Linux 设备驱动的移植实例 ……………………………… 187
  6.2.1 Hello World 驱动的移植 …………………………… 187
  6.2.2 LED 驱动的移植 ……………………………………… 194

        6.2.3 按键驱动的移植 …… 202
    6.3 完善已有的 Linux 设备驱动实例 …… 212
        6.3.1 完善串口驱动 …… 212
        6.3.2 配置 USB 设备驱动 …… 213
        6.3.3 声卡驱动移植 …… 215
        6.3.4 SD 卡驱动移植 …… 217
    本章小结 …… 218

第 7 章 Linux 下应用程序的开发和移植 …… 219

    7.1 嵌入式 GUI 简介 …… 219
        7.1.1 Qt/Embedded …… 220
        7.1.2 MiniGUI …… 220
        7.1.3 MicroWindows …… 221
    7.2 Qtopia 移植 …… 222
        7.2.1 Qt 主机开发环境搭建 …… 225
        7.2.2 交叉编译并安装 Qtopia 4.5.3 …… 226
        7.2.3 开发第一个 Qt 程序：Hello world! …… 237
    7.3 MiniGUI 移植 …… 240
        7.3.1 MiniGUI 开发环境搭建 …… 241
        7.3.2 MiniGUI 应用程序开发 …… 252
    7.4 音频解码器 madplay 移植 …… 255
    7.5 SQLite 数据库移植 …… 259
    7.6 WebServer 软件设计与移植 …… 262
        7.6.1 WebServer 简介 …… 262
        7.6.2 WebServer 的工作原理 …… 262
        7.6.3 移植 boa 软件 …… 263
        7.6.4 移植 cgic 库 …… 264
        7.6.5 配置 WebServer …… 265
    本章小结 …… 270

第 8 章 Android 在 S3C6410 上的移植 …… 271

    8.1 Android 简介 …… 271
        8.1.1 初识 Android …… 271
        8.1.2 Android 的发展历程 …… 272
        8.1.3 开发环境介绍 …… 273
    8.2 Android 系统的移植 …… 276

8.2.1　交叉编译工具的安装 …………………………………… 276
8.2.2　NFS 服务器的配置 …………………………………… 277
8.2.3　编译 U-Boot …………………………………… 278
8.2.4　编译内核 …………………………………… 280
8.2.5　编译 Android 文件系统 …………………………………… 281
8.3　Android 系统的烧写 …………………………………… 283
8.3.1　烧写 SD 卡的 U-Boot …………………………………… 283
8.3.2　烧写 Nand Flash 启动的 U-Boot …………………………………… 284
8.3.3　烧写内核和设置从 NFS 启动文件系统 …………………………………… 287
8.3.4　启动文件系统 …………………………………… 289
8.3.5　U-Boot 启动 Android2.0 文件系统 …………………………………… 290
本章小结 …………………………………… 294

参考文献 …………………………………… 295

第1章 嵌入式系统概述

嵌入式设备应用于我们生活的各个方面,本章首先了解一下什么是嵌入式设备,什么是嵌入式系统,以及怎样可以开发出一个实用的系统。

本章要点:
> 嵌入式系统介绍;
> 嵌入式系统的开发流程;
> 适用于嵌入式设备的操作系统;
> 嵌入式 linux 系统。

1.1 嵌入式系统介绍

1.1.1 嵌入式系统概念

嵌入式系统是以应用为中心、以计算机技术为基础、软硬件可裁剪、适用于应用系统对功能、可靠性、成本、体积、功耗严格要求的专用计算机系统。这是嵌入式系统的官方定义,笼统地说,除 PC 以外的一切电子产品都可以叫做是嵌入式设备,而在嵌入式硬件设备上定制的、专用的系统就是嵌入式系统,这里的嵌入式系统指的是硬件设备上的软件部分。现在一般提到的嵌入式系统都是硬件与软件一体化的计算机系统,不单指软件系统。

20 世纪 70 年代,单片机出现,这是最初的嵌入式设备,汽车、工业机器和通信装置等成千上万种产品通过内嵌电子装置获得更佳的使用性能。80 年代,嵌入式操作系统出现,广泛应用于工业制造、过程控制、通讯、仪器、仪表、汽车、船舶、航空、航天、军事设备、消费类产品等众多领域,发展到现在,嵌入式系统在数量上远远超过了各种通用计算机系统,广泛的应用于人们的生活之中。

1.1.2 嵌入式系统特点

带有微处理器的专用的软硬件系统就可以称为是嵌入式系统,不同于通用的计算机系统,嵌入式系统具有以下特点:

◇ 嵌入式系统一般专用于特定的任务,像现在的洗衣机中嵌入的芯片,只需要可以处理有关于衣服的各个阶段以及流程控制就可以了,而 PC 是一个通用的计算机。

◇ PC 机中所使用的处理器结构一般是 X86 体系结构的,而嵌入式系统中就可以使用多种类型的处理器和处理器体系结构,从最初的单片机到现在的微处理器,处理器的体系结构既可以是X86也可以是ARM、MIPS等,本书所用的开发板是ARM体系结构的,用到的是精简指令集。

◇ 嵌入式系统的开发更注重成本。针对于特定环境下设计的硬件以及软件系统,只要可以满足应用要求就可以了,不用加一些冗余的功能,一般对最后的产品成本控制比较严格。制造成本在某些情况下,决定了含有嵌入式系统的设备或产品能否在市场上被成功销售。

◇ 有实时约束。嵌入式系统一般都具有实时性的约束,例如在太空飞行器中嵌入的系统,通过地面给予指令,要改变方向15°时,必须要在一定的时间里响应,这就是嵌入式系统的实时性约束。

◇ 使用实时多任务操作系统。可以使用的嵌入式操作系统很多,其中VxWorks使用最为广泛、市场占有率最高,其突出特点是实时性强,可靠性高,可裁减性也相当不错。QNX是一种伸缩性极佳的系统,其核心加上实时POSIX环境和一个完整的窗口系统还不到1M。相比之下,Microsoft WinCE的核心体积庞大,实时性能也差强人意,但由于Windows系列友好的用户界面和为程序员所熟悉的API,并捆绑IE、Office等应用程序,已获得较大的市场份额。相比而言,Linux系统以其代码的开放性和自由性,正在受到人们的广泛关注。

◇ 软件故障造成的后果比PC系统更严重。PC机中的操作系统一般都具有完整的功能,可以管理所有的软件以及硬件资源,对应的软件出错也有比较完整的处理系统,而在嵌入式系统中,所有的都是精简过的,不会添加多余的代码,所以,移植到目标板上的系统及软件一定要提前在PC机上调试好。

◇ 大多是有功耗约束。像手机和PDA等这些终端,用电池供电,电池的电量是有限的,所以放入其中的硬件不能像PC机中的一样,耗费太多的功率。

◇ 经常在极端恶略的环境下运行。青藏高原上的移动基站中的嵌入式系统,一定要具有很高的可靠性以及自动重启的能力。

◇ 系统资源比PC机少得多。嵌入式系统中只含有够用的有限的资源。

◇ 需要专用工具和方法进行开发设计。嵌入式系统的开发方法一般是在PC机上调试正确,用适合目标板的交叉编译器编译好,利用专用的工具移植到特定的开发板上。

1.1.3 嵌入式产品

嵌入式系统的产品主要包括以下几类:

◇ 网络设备:交换机、路由器;

◇ 消费电子:手机、MP3、PDA、可视电话、电视机顶盒、数字电视、数码照相机、数码摄像机、信息家电;

◇ 办公设备:打印机、传真机、扫描仪;

◇ 汽车电子:ABS(防死锁刹车系统)、供油喷射控制系统、车载GPS;

◇ 工业控制：各种自动控制设备。

计算机的普及、互联网技术的实用推动着社会向自动化和信息化发展，今后各行各业都会渗透装有微处理器的嵌入式设备和控制设备的嵌入式系统。

1.2 嵌入式操作系统

嵌入式系统是根据应用的要求，将操作系统和功能软件集成于计算机硬件系统之中，实现软件与硬件一体化的计算机系统。最初的嵌入式设备没有操作系统，主要原因是我们经常见到的一些嵌入式设备如洗衣机、微波炉、电冰箱等，控制其中芯片的运行只需要一道简单的程序，来管理数量有限的按钮和指示灯就够用了，它没有使用操作系统的必要；还有一个原因是，最初的嵌入式设备往往只具有有限的硬件资源，不足以支持一个操作系统。

随着硬件的发展，人们对于一些产品的功能要求越来越高，嵌入式系统开始变得复杂，最初的控制程序中逐步的加入了许多功能，当设计一个简单的应用程序时，可以不使用操作系统，但是当设计复杂的程序时，可能就需要一个操作系统(OS)来管理和控制内存、多任务、周边资源等等。依据系统所提供的程序界面来编写应用程序，可以大大的减少应用程序员的负担。嵌入式操作系统(Embedded Operating Systems)的出现大大的简化了应用程序的设计，并且有效的保障了软件质量和缩短了开发周期，广泛应用于之后的一些设备中。

结合嵌入式硬件的平台局限性，嵌入式操作系统一般具有软件代码小、高度自动化、响应速度快等特点。目前一些常见的嵌入式操作系统有：μClinux、WinCE、PalmOS、Symbian、eCos、μC/OS-II、VxWorks、pSOS、Nucleus、ThreadX、RTEMS、QNX、INTEGRITY、OSE 等，现对一些常见的嵌入式操作系统进行介绍。

1.2.1 VxWorks

VxWorks 操作系统是美国 WindRiver 公司(已被 Intel 收购)于 1983 年设计开发的一种嵌入式实时操作系统(RTOS)，是嵌入式开发环境的关键组成部分。良好的持续发展能力、高性能的内核以及友好的用户开发环境，在嵌入式实时操作系统领域占据一席之地。它以其良好的可裁性和卓越的实时性被广泛地应用在通信、军事、航空、航天等高精尖技术及实时性要求极高的领域中，如卫星通讯、军事演习、弹道制导、飞机导航等。在美国的 F-16、FA-18 战斗机、B-2 隐形轰炸机和爱国者导弹上，甚至连 1997 年 4 月在火星表面登陆的火星探测器上也使用到了 VxWorks。

VxWorks 的特点包括：

• 可靠性：稳定、可靠一直是 VxWorks 的一个突出优点。自从对中国的销售解禁以来，VxWorks 以其良好的可靠性在中国赢得了越来越多的用户。

• 实时性：VxWorks 提供的多任务机制中对任务的控制采用了优先级抢占(Preemptive Priority Scheduling)和轮转调度(Round – Robin Scheduling)机制,充分保证了可靠的实时性,使同样的硬件配置能满足更强的实时性要求,为应用的开发留下更大的余地。

• 可裁减性：VxWorks 由一个体积很小的内核及一些可以根据需要进行定制的系统模块组成。VxWorks 内核最小为 8 kB,即便加上其他必要模块,所占用的空间也很小,且不失其实时、多任务的系统特征。由于它的高度灵活性,用户可以很容易地对这一操作系统进行定制或作适当开发,来满足自己的实际应用需要。

1.2.2 WinCE

WinCE 是微软公司嵌入式、移动计算平台的基础,它是一个开放的、可升级的 32 位嵌入式操作系统。微软公司于 1996 年开始发布 WinCE 1.0 版本,2004 年 7 月发布了 WinCE.NET 5.0 版本,目前用得最多的是 WinCE.NET 4.2 版本,其发展速度也是很快的,它的主要应用领域有 PDA、Pocket PC、Smartphone、工业控制、医疗等。

WinCE 操作界面虽来源于 Windows 95/98,但 WinCE 是基于 Win32 API 重新开发、新型的信息设备的平台。WinCE 具有模块化、结构化、基于 Win32 应用程序接口和与处理器无关等特点。WinCE 不仅继承了传统的 Windows 图形界面,并且在 WinCE 平台上可以使用 Windows 95/98 上的编程工具(如 Visual Basic、Visual C++等)、使用同样的函数和同样的界面风格,使绝大多数的应用软件只需简单的修改和移植就可以在 WinCE 平台上继续使用。

1.2.3 μC/OS – II

μC/OS – II 的前身是 μC/OS,最早出自于 1992 年美国嵌入式系统专家 Jean J. Labrosse 在《嵌入式系统编程》杂志 5 月和 6 月刊上刊登文章的连载,并把 μC/OS 的源码发布在该杂志的 BBS 上。μC/OS – II 是用 ANSI C 编写的,包含一小部分与微处理器类型相关的汇编语言代码,使之可供不同架构的微处理器使用。虽然 μC/OS – II 是在 PC 机上开发和测试的,但 μC/OS – II 的实际对象是嵌入式系统,并且很容易移植到不同架构的微处理器上。至今,从 8 位到 64 位,μC/OS – II 已在超过 40 种不同架构的微处理器上运行。

严格地说 μC/OS – II 只是一个实时操作系统内核,它仅仅包含了任务调度、任务管理、时间管理、内存管理、任务间的通信和同步等基本功能。没有提供输入/输出管理、文件系统、网络等额外的服务。但由于 μC/OS – II 良好的可扩展性和源码开放,这些非必须的功能完全可以由用户自己根据需要分别实现,使之也被广泛使用。

1.2.4 Symbian

Symbian 操作系统的前身是英国国宝意昂公司(Psion)的 EPOC 操作系统,而 EP-

OC 是 Electronic Piece of Cheese 取第一个字母而来的,其原意为"使用电子产品时可以像吃乳酪一样简单",这就是它在设计时所坚持的理念。

Symbian 是一个实时性、多任务的 32 位操作系统,具有功耗低、内存占用少等特点,非常适合手机等移动设备使用,经过不断完善,可以支持 GPRS、蓝牙、SyncML 以及 3G 技术。最重要的是它是一个标准化的开放式平台,任何人都可以为支持 Symbian 的设备开发软件。与微软产品不同的是,Symbian 将移动设备的通用技术,也就是操作系统的内核,与图形用户界面技术分开,能很好地适应不同方式输入的平台,也使厂商可以为自己的产品制作更加友好的操作界面,符合个性化的潮流,这也是用户能见到不同样子的 Symbian 系统的主要原因。

1.2.5 Linux

Linux 是将 Linux 操作系统进行裁剪修改,使之能在嵌入式设备上运行的一种操作系统。Linux 是一个成熟而稳定的网络操作系统,将 Linux 移植到嵌入式设备中具有众多的优点。

首先,是开放源代码的,任何人都可以免费的获取以及修改,遍布全球的众多 Linux 爱好者是 Linux 开发者的强大技术支持。其次,Linux 的内核小,效率高,并且 Linux 内核是可以定制的,其系统内核最小只有约 134 KB,一个带有中文系统和图形用户界面的核心程序也可以做到不足 1 MB,内核的更新速度也很快。最后,Linux 是免费的操作系统,与其他付费的系统相比而言,在开发成本上具有很大的优势。

Linux 系统是一个成熟而稳定的网络操作系统,Linux 内核的结构在网络方面是非常完整的,对网络中最常用的 TCP/IP 协议有最完备的支持。并且 Linux 是一个跨平台的系统,支持多种 CPU,与 Unix 系统具有良好的兼容性,并且具有完善的开发工具链。

然而,Linux 操作系统并不是实时性操作系统,如果想要在实时性要求较高的嵌入式系统中运行 Linux,就必须为它添加实时软件模块。

1.3 嵌入式系统开发流程

1.3.1 嵌入式系统组成

嵌入式系统一般由以下几部分组成:嵌入式微处理器、外围硬件设备、嵌入式操作系统、特定的应用程序。嵌入式微处理器主要由一个单片机或者微控制器组成,相关的外围硬件设备包括显示卡、存储介质、通讯设备等,嵌入式操作系统用于管理目标设备的资源,因为嵌入式设备没有很大的存储介质,所以应根据特定的硬件设备,裁剪出适合的内核。特定的应用程序是指,可以运行在目标开发板上的程序。嵌入式操作系统和特定的应用程序称为嵌入式软件,软件部分包括与硬件相关的底层软件、操作系统、图形界面、通讯协议、数据库系统、标准化浏览器和应用软件。这本书的主要内容就是，如何将裸板变成可以实用的产品，也就是在一个硬件部分已经设计好的开发板TQ2440上，搭建特定开发板的嵌入式软件系统。

嵌入式系统的硬件以嵌入式处理器为中心，由存储器、I/O设备、通信模块以及电源等必要的辅助接口组成。嵌入式系统是量身定做的专用计算机应用系统，除了微处理器和基本的外围电路外，其余的电路都可根据需要和成本进行裁剪。

嵌入式操作系统有别于一般的计算机处理系统，这个由它的硬件局限性所决定，嵌入式设备的存储介质，不像计算机一样是大容量的硬盘，一般是Flash，Nand Flash或者是Nor Flash，不管是哪种类型的Flash，都不可能具有很大的容量，所以，嵌入式设备中的操作系统，也不可能像计算机中一样具有完整的操作系统内核以及在内核上搭建的完整的文件系统，嵌入式操作系统也是根据实际情况裁剪过的。

1.3.2 嵌入式系统开发流程

嵌入式系统的开发主要包括以下几步：
- 设计准则；
- 设计流程；
- 开发流程；
- 开发模式；
- 测试。

（1）设计准则

嵌入式系统设计不同于桌面系统，它常受制于功能和具体的应用环境。所以嵌入式系统的设计具有一些特殊的要求：

◇ 并发处理，及时响应。嵌入式系统有实时性约束，在实时性要求较高的场合，要采用多任务实时性的操作系统。

◇ 接口方便，操作容易。例如与外界交互的时候，提供PDA手写屏，键盘鼠标。

◇ 稳定可靠，维护简便。用于工业控制的嵌入式系统，要求在恶略的条件下也具有很高的可靠性，并且拥有简单的接口。

◇ 功耗管理，降低成本。

◇ 功能实用，便于升级。

（2）设计流程

嵌入式系统开发的最大特点就是需要软硬件综合开发。其原因在于：一方面，任何一个嵌入式产品都是软件和硬件的结合体；另一方面，一旦嵌入式产品研发完成，软件就固化在硬件环境中，嵌入式软件是针对相应的嵌入式硬件开发的，是专用的。嵌入式系统的这一特点决定了嵌入式应用开发方法不同于传统的软件工程方法，需要用到软硬件并行调试的方式。

(3) 开发流程

首先根据需求分析选择嵌入式处理器以及硬件平台,看实际的需要是进行工业控制还是用于视频处理,如果单片机就足够用,就不必选择更高级的处理器芯片,在硬件平台上选择合适的嵌入式操作系统,基于操作系统开发应用程序,最后在开发板上测试应用程序,如不通过的话修改应用程序,若通过之后,测试整个操作系统,开发结束。

硬件设计包括硬件的规格说明、硬件结构(原理图设计和 PCB 制板)、详细设计(产品描述,需求描述,硬件总体框图和各功能单元说明,最底层的抽象等),以及硬件的集成和最后的测试。

软件设计包括软件的规格说明、软件结构和软件的模块设计,模块设计中包括架构、模块的功能和接口等,以及集成和测试。

将软件和硬件都设计完成以后,最后将软硬件集成,做性能测试,看是否符合要求。

(4) 开发模式

嵌入式系统的软件使用交叉开发平台进行开发,系统软件和应用软件在主机开发平台上开发,在嵌入式硬件平台上运行。

开发过程中有宿主机和目标机。在宿主机上安装交叉编译器,编译可以在目标机上运行的程序。宿主机(host)是指用来开发嵌入式软件的系统,一般指在开发过程中用到的 PC 机。目标机(target)是被开发的目标嵌入式系统,这里指开发板 TQ2440。交叉编译器(cross-compiler)是进行交叉平台开发的软件工具。它是运行在一种处理器体系结构上,但是可以生成在另一种不同的处理器体系结构上运行的目标代码的编译器,用于在 PC 上编译、在开发板 ARM 体系结构上运行的应用程序。

宿主机(PC 机)通过串口线或者是网线与目标机通信,串口的超级终端用于调试和比较小型的程序的下载,网线用于相关程序的下载。

(5) 嵌入式系统的测试

系统测试目的在于找到软硬件设计中的错误,减少风险,减少出错误以后带来的损失,提高软件的性能。

测试包括黑盒测试和白盒测试。黑盒测试只关心提供的接口有哪些,返回值是什么,白盒测试要熟悉软件的结构,进行语句测试、判定和分支测试。

1.4 嵌入式系统的移植

嵌入式的 Linux 内核与 PC 机上的 Linux 内核相同,都是用于管理软硬件资源的。嵌入式系统是嵌入到特定的设备中的,一般具有一定的实时性和网络支持功能,并且是可裁剪和可配置的。

本书所讲解的主要内容是,如何利用 Linux 内核裁剪出可以在开发板上使用的系统。也就是如何构建嵌入式的软件系统。构建嵌入式的软件系统,首先应该在 PC 机上搭建嵌入式 Linux 软件系统开发的环境,主要包括交叉编译环境的搭建,编译好程序以后,再建立宿主机与目标机的调试环境。环境搭建好以后,需要通过一定的方法构建出适合于 TQ2440 的软件系统。

嵌入式系统软件结构一般包含四个层面:设备驱动层、实时操作系统(RTOS)、应用程序接口(API)层、实际应用程序层。有些资料将应用程序接口 API 归属于 OS 层。由于硬件电路的可裁减性和嵌入式系统本身的特点,其软件部分也是可裁减的。

嵌入式 Linux 由以下几部分组成:

◇ Bootloader:vivi、uboot;
◇ 内核(Kernel);
◇ 根文件系统(YAFFS、JFFS2、Cramfs、Ramdisk⋯);
◇ 系统应用程序(Web server⋯);
◇ 图形界面系统(QTE、MINIGUI⋯)。

Bootloader:PC 机在启动时,首先执行 BIOS 中的代码进行系统自检,当系统自检通过之后,会将控制权交给位于磁盘 0 扇区 0 磁道的 MBR,通过 MBR 引导操作系统;而在嵌入式设备中用 bootloader 来实现系统内核的引导。目标机上处理器型号的不同和各种功能芯片的不同决定了不同的开发板需要不同的 Bootloader 引导,在制作需要的 Bootloader 时,可以从网上下载一些公开源代码的 Bootloader,根据具体芯片进行修改,如果下载的 Bootloader 支持开发板所使用的处理器型号,直接在源代码的顶层目录,通过配置确定的型号就可以了。我们所使用的开发板处理器是 S3C2440,没有直接对这个处理器的支持,于是使用相近的处理器 S3C2410,通过查看硬件手册并修改得到适合于 S3C2440 处理器的 Bootloader。

将 Bootloader 改写好以后,需要将该程序烧写到相应的 Flash 中。有些芯片没有内置引导装载程序,比如,三星的 ARV17、ARM9 系列芯片,这种情况下需要编写开发板上 Flash 的烧写程序,也可以在网上下载相应的烧写程序,如果不能烧写自己的开发板,就需要根据自己的具体电路进行源代码修改。如果具有配套的开发板仿真器就比较容易烧写 Flash。我们这里使用的是用厂家自带的 J_Tag 仿真调试器。

内核:内核是系统的核心,有自己的的结构体系,其中进程管理、内存管理和文件系统是最基本的 3 个子系统,用户进程可直接通过系统调用或者函数库来访问内核资源。嵌入式 Linux 内核一般由标准 Linux 内核裁剪而来,用户可根据需求配置系统,剔除不需要的服务功能、文件系统和设备驱动。经过裁剪、压缩后的系统内核一般只有 300 KB 左右,十分适合嵌入式设备。

文件系统:它是嵌入式 Linux 操作系统必不可少的。标准 Linux 支持大量的文件系统,为满足系统的正常运行而保留一种外,其他的全部可以删除。可以使用 Busybox 软件进行功能裁剪,产生一个最基本的根文件系统,再根据自己的应用需要添加其他的程序。由于默认的启动脚本一般都不符合应用需要,所以就要修改根文件系统中的启动脚本,它存放于"/etc"目录下,包括:/etc/init.d/rc.S、/etc/profile、/etc/.profile 等,和自动挂装文件系统的配置文件/etc/fstab,具体情况会随系统不同而不同。

系统应用程序：文件系统移植完成以后，到此为止，一个可以具有基本功能的系统就做好了。但是系统的作用是为应用提供支持的平台，因此，在系统之上构建一些该系统特定的应用程序是必要的，例如与网络通信有关的 web server 等。

图形界面系统：它可以编辑出多种绚丽多彩的图形界面，嵌入式设备中的图形界面系统与 PC 机中不同，例如 Qt，在 PC 机中 Qt 显示所使用的机制是 XWindow 协议，而在开发板上所使用的是帧缓冲。所以，对于图形界面系统也要通过配置成适合于嵌入式设备的版本。

本章小结

这一章主要介绍了与嵌入式有关的一些概念，其中包括嵌入式设备，适合于嵌入式设备的操作系统，以及嵌入式系统的开发流程。最后介绍了这本书的主要内容就是制作一个适合于 TQ2440 开发板的嵌入式软件系统。

第 2 章 构建嵌入式 Linux 开发环境

在了解了嵌入式 Linux 的一些基本概念和开发流程后,进入本章的学习,读者将会正式开始实际动手操作,在本章学习之后可完成嵌入式 Linux 开发环境的搭建。

本章要点:

本章是对嵌入式 Linux 开发环境构建的实际操作的介绍,主要包括以下内容:

➢ 嵌入式 Linux 硬件环境的构建;
➢ 嵌入式 Linux 软件环境的构建。

2.1 硬件环境构建

2.1.1 主机与目标板结合的交叉开发模式

在开发 PC 机上的软件时,我们可以直接在 PC 机上编辑、编译、调试所编写的软件,最终生成可供发布应用的软件版本。其从开发到最终应用都是在 PC 机上,因此只需要一台电脑即可完成所有的开发过程。然而对于嵌入式系统而言,其本身就是一个硬件系统,比如一个 ARM 的嵌入式系统,包括 ARM 芯片在内,还有 Flash、电源、通讯接口等一系列外设组成了一台与 PC 机相似的系统。也就是说,我们要开发的应用,从硬件到软件,都不在 PC 上应用,而是基于我们设计的嵌入式系统。

但是,最初嵌入式开发的硬件设备是一个空白的系统,就好像买回来的连 DOS 系统都没安装的 PC 机一样,需要通过主机,即 PC 机,来给它构建基本的软件系统,并烧写到嵌入式设备中。此外,嵌入式设备上的资源有限,一般并不足以用来开发。这就是为什么通常在嵌入式开发中使用"交叉开发模式"的原因,而所谓的交叉开发模式,就是在 PC 机上编辑、编译,然后下载到嵌入式系统的板子上运行、验证。

以 S3C2440 开发板的开发过程为例,进行嵌入式 Linux 开发包括以下步骤:

• 在 PC 机上编译 Bootloader,然后通过 JTAG 烧写入开发板。

通过 JTAG 接口烧写程序的效率非常低,因此,只用它来烧写具有串口传输、网络传输、烧写 Flash 功能的 Bootloader,再通过 Bootlader 从 PC 机上获得可执行代码,然后烧写入开发板或者直接运行。

• 在 PC 机上编译嵌入式 Linux 内核,通过 Bootloader 烧入开发板或直接启动。

嵌入式 Linux 内核是整个嵌入式系统中非常重要的部分,是后续应用开发的基础。为了方便调试,内核应该支持网络文件系统(NFS),即可以将应用程序放在 PC 机上,启动开发板上的嵌入式 Linux 内核后,可以通过网络来获取程序,然后运行。

- 在 PC 机上编译各种应用程序，开发板启动嵌入式 Linux 内核后通过 NFS 运行它们，验证成功后，再通过烧写的方式烧入开发板中。

烧写、启动 Bootloader 后，就可以通过串口操作 Bootloader 的各类命令来下载、烧写、运行程序。启动嵌入式 Linux 后，也是通过执行各种命令来启动应用程序的，同样，传输这些命令的接口通常也是串口。因此，PC 机与开发板之间主要通过三种接口相连：JTAG（只用于烧写 Bootloader）、串口（操作 Bootloader 和 Linux）、网口（传输文件）。

2.1.2 硬件要求

1. PC 机要求

一般的 PC 机就能用来进行嵌入式 Linux 开发，因为 Linux 系统的特点之一就是对硬件的要求很低。然而，对于初涉嵌入式 Linux 开发而言，还是推荐使用虚拟机的方式安装 Linux 系统。因此，推荐的 PC 机配置，只需要能满足一般的 Windows XP 系统的正常运行就可以。而对于其应具备的接口，下面列出：

- 一个 25 针的并口，用来连接 JTAG；
- 一个 9 针的 RS-232 串口；
- 支持网络；
- 至少 20 GB 的硬盘。

如果使用笔记本电脑进行开发，那么对于并口这一块，则可以先找一台台式机通过 JTAG 把 Bootloader 先烧写好，之后都不再需要并口和 JTAG。不具备串口的，可以购买一根 USB-串口转接线即可。

2. 嵌入式开发板要求

无论是嵌入式的初步学习，还是日后嵌入式项目的迅速开发，购买一款开发板都是不错的选择。目前市面上对于 ARM9 的开发板有很多，例如：天嵌、友善之臂等。因为它们都是以 S3C2440 为核心，再加上对片上资源外设设计，因此其原理图和配置基本相同，只是在硬件布局和一些细节上略有不同，因此理解代码后，稍作修改即可使用。选择一款天嵌或者友善之臂的开发板都可以方便地让我们进行学习和开发。

而对于一款 S3C2440 的开发板而言，其上的主要硬件配置如下：

- S3C2440 核心板　　它包括 S3C2440A、SDRAM、Nand Flash、Nor Flash 等 2440 必须的最小系统。选择具有核心板分离设计的开发板，将 ARM 核心和外设底板分离开来，其好处就是：核心板的设计往往对电路设计功底以及 PCB 绘制能力具有较高的要求，调试难度较大，而且一般的开发只需要合理裁剪外设即可，并不需要对核心板做太多的操作，因此可以采取这样的方式——选择一款开发板学习后，根据自己的需要，设计底板，然后用其核心板构建我们自己的系统，这无疑为二次开发减少了很多麻烦。
- 稳定的电源电路；
- 一个 JTAG 接口；

- 5个串口(内置3个,外扩2个);
- 音频输入/输出接口;
- USB接口(USB Host 和 USB Slave);
- 网卡接口(RJ45 网络座子);
- 蜂鸣器(PWM 控制);
- 液晶屏接口;
- SD 卡接口;
- Camera 接口;
- IIC 接口;
- AD 输入测试电阻;
- 一些基本 GPIO 引出以及简单的按键和 LED 设计;

有了开发板,硬件环境的搭建就很简单,只要将 PC 机和开发板通过 JTAG、串口线(串口0)、网线连接起来即可。

2.2 软件环境构建

对于软件环境的构建,主要包括:
- 在 Windows 系统中安装虚拟机;
- 在虚拟机中安装 Linux 系统;
- 在虚拟机中设置 Linux 与 Windows 共享目录;
- NFS 的配置与启动;
- 嵌入式交叉编译工具的安装;
- minicom 和超级终端的配置及使用;
- H-JTAG 和 DNW 的配置和使用。

假定 Red Hat 9.0 安装完毕,现进行软件开发环境的构建。

2.2.1 在虚拟机中设置 Linux 与 Windows 共享目录

很多人习惯在 Linux 中编译内核以及生成相关的文件系统,然后通过 Windows 系统对开发板进行操作。因此,设置一个共享目录,让 Linux 和 Windows 都能访问就会让整个文件传递过程更方便。

目前,实现 Linux 和 Windows 共享资源的方法主要有两种:
- VMware Tools;
- Samba 服务。

如果在虚拟机中装了 Linux 系统,那么 Windows 系统和 Linux 系统其实都在同一台计算机中,如果仅仅需要共享目录,通过 VMware Tools 的方法简单方便,推荐使用。当然,如果 Linux 和 Windows 分处于两台计算机,那么 Samba 会是个不错的选择。因此,下面分别介绍两种方法,读者可根据需要自行选择。

1. 通过 VMware Tools 共享目录

首先,打开 VMware,运行 Linux 系统,笔者目前使用的是 Red Hat 9.0 系统。

选择菜单里的 VM→Install VMware Tools。稍等片刻,在 Red Hat 系统的/mnt/cdrom 目录下会出现三个文件,如图 2-1 所示。

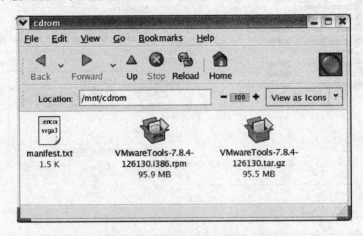

图 2-1　VMware Tools 安装文件

接下来,对安装文件压缩包解压到/opt 目录下,打开终端,输入如下指令:

```
[root@localhost root]# cd /mnt/cdrom/
[root@localhost cdrom]# ls
manifest.txt                VMwareTools-7.8.4-126130.tar.gz
VMwareTools-7.8.4-126130.i386.rpm
[root@localhost cdrom]# tar xvfz VMwareTools-7.8.4-126130.tar.gz -C /opt/
```

待解压完成后,cd 到/opt/vmware-tools-distrib 目录下,运行 vmware-install.pl 进行安装:

```
[root@localhost cdrom]# cd /opt/vmware-tools-distrib/
[root@localhost vmware-tools-distrib]# ./vmware-install.pl
```

在安装的过程中,遇到需要选择的情况,按"回车"键默认就行。

VMware Tools 安装完成后,需要在 VMware 中设置共享目录的路径。这时回到该 Red Hat 系统的设置界面,在 Folders Sharing 选项区域中选择 Always enabled,如图 2-2 所示。

2. 通过 Samba 进行共享目录

(1) Samba 简介

Samba(SMB)是一个网络服务器,主要用于 Linux 和 Windows 共享文件。虽然 Samba 可以用于 Windows 和 Linux 之间的文件共享,也可以用于 Linux 和 Linux,不

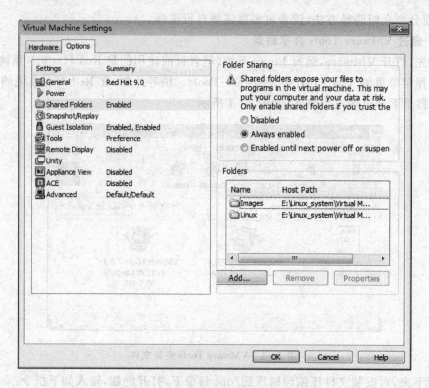

图 2-2　VMware 中设置 share Folder

过对于 Linux 和 Linux 之间文件共享有更好的网络文件系统 NFS。

在 Linux 中,通过 Samba 向网络中的机器提供共享文件系统,也可以把网络中其他机器的共享挂载在本地机上使用。

Samba 的功能很强大,但是使用起来可能并不那么友好,但是这不妨碍用它来完成简单的文件共享功能。

(2) Samba 安装

首先,确认是否已经安装了 Samba,如果有安装,那么在/etc 目录下会有 samba 文件夹。或者在终端中输入如下命令进行验证:

```
rpm - qagrep samba
```

如果出现软件包的提示,则表示已经安装。

如果没有安装,插入安装光盘进行安装,具体为:在 X Window 图形界面下,选择"主菜单→系统设置→添加/删除应用程序"菜单项,可打开"软件包管理"对话框,在该对话框中找到"Windows 文件服务器"选项,确保该选项处于选中状态,然后单击"更新"按钮即可开始安装。

如果没有安装 X Window 的图形界面,当然也可以通过如下命令来安装:

```
[root@ahpeng root]# cd /mnt/cdrom/RedHat/RPMS
[root@ahpeng RPMS]# rpm - ivh samba *
[root@ahpeng RPMS]# rpm - ivh redhat-config-samba-1.0.4-1.noarch.rpm
```

(3) Samba 共享设置

安装的问题解决了,下面来完成共享文件夹的设置。先创建一个共享文件夹"/home/share":

```
mkdir /home/share
chmod 777 /home/share
```

接下来,备份并编辑 smb.conf,允许网络用户访问。这是 Samba 服务的配置文件,在/etc/samba/smb.conf 下。不过最好在修改配置文件之前先将配置文件备份一份,以免在错误操作后无法恢复(当然也可以用 vi 打开),即:

```
sudo cp /etc/samba/smb.conf /etc/samba/smb.conf_backup
sudo gedit /etc/samba/smb.conf
```

该配置文件里主要有两部分:其一,Global Settings,即全局设置;其二,Share Definitions,即共享自定义。有些语句前面有符号"#"或";"表示注释,没有符号的为具体的服务配置。

• Global Settings 部分。

此部分需要修改的配置如下:

```
workgroup = MYGROUP              //此项是局域网设置。
server string = Samba Server     //此项是对 Samba 服务的描述。
……                  ……
security = user                  //此项是安全级别设置。
dns proxy = no                   //此项表示是否启用 DNS 代理。
```

此部分最重要的一个配置就是:security 即安全级别设置。在 Samba 服务器中有四种安全级别的配置:

➢ user   用户级别,表示在用户登录 Samba 服务器是需要身份验证;
➢ share   共享级别,表示不需要身份验证,可以允许匿名用户登录;
➢ server 表示服务器级别;
➢ domain 表示域级别。

• Share Definitions 部分。

这部分是设置共享目录要重点做修改的部分。源文件为我们提供了很多范例可供参考,如:public 和 my share 等。

这些范例的格式基本是固定不变的。下面简单介绍一下其具体的内容,帮助大家根据情况自行修改。基本的格式是:

```
［共享目录名］                          ＃此项可以任意定义共享目录名。
comment = Mary's and Fred's stuff       ＃此项是一些描述性的信息,可以自定义。
path = - /usr/somewhere/shared          ＃此项是共享路径。
valid users = mary fred                 ＃此项是设置有效的用户。当安全级别设置为
                                        ＃security = user 时,此才有意义,也是默认的。
                                        ＃如果是 security = share 时,此项可以不写。
public = no                             ＃此项是设置是否共享。如果安全级别是
                                        ＃security = share 时,此项设置为 yes;
                                        ＃如果是 user 级别,则必须为 no。
printable = no                          ＃此项表示打印是否共享。
                                        ＃如果允许打印共享则可以将 no 改为 yes。
writable = yes                          ＃此项是定义 Samba 是否共享。
                                        ＃如果不想用户写入,可以将 yes 改为 no。
create mask = 0765                      ＃此项是创建文件时文件的默认权限。
directory mask = 0765                   ＃此项是定义在创建目录时目录的默认权限。
```

理解了以后,定义一个 share 级别的 Samba 共享就很简单了。下面就是对应的 3 个步骤:

- 首先,将 Global Settings 里的安全级别设置为:security＝share。
- 然后,修改 Share Definition,可以将定义的内容写到配置文件的最后:

```
[share]
comment = Shared Folder
path = /home/share
public = yes
writable = yes
printable = no
create mask = 0777
```

- 编辑好配置文件后需重新启动服务才能生效:

```
service smb restart
```

(4) Samba 共享使用

由于 Samba 服务可以实现不同操作系统之间的资源共享,那么可以从不同操作系统对 Samba 服务进行访问。

1) 通过 Linux 客户端进行 Samba 服务的登录

可以先测试客户机与服务器之间是否能正常通讯,例如 Linux 系统 IP 设为了 192.168.1.58:

```
smbclient - L 192.168.1.58
```

如果服务器的详细信息被显示,说明可以连接上 Samba 服务器。

下面,登陆 Samba 服务器:

```
smbclient    //服务器 IP/共享目录
```

系统可能会让我们输入密码,此处可以直接按 Enter 键跳过,因为共享级别允许匿名用户登录。登录成功会进入 Samba 服务器操作。

登录到 Samba 服务器后需要进行一些常用的操作。
- 可以用 ls 查看所登目录的所有文件;
- 可以用 pwd 查看用户登录路径;
- 也可以上传、下载(put/get);
- 最后按 quit 键退出。

2) 通过 windows 客户端进行 Samba 服务的登录

这个登录方式只需打开"网上邻居",就可以看到共享的 Linux 目录。如果网络、服务都正常,但是登录不上,查看 Samba 服务器的防火墙是否开启,先将 Samba 服务器的防火墙关闭(service iptables stop)再试一下。

其实,如果安装了 X window 的话,在 Linux 下,只要启动 Samba:

```
/sbin/service smb start
```

接下来选择"主菜单→网络服务→Samba",就可以像 Windows 的网上邻居一样,看到工作组计算机,将其打开后就可以看到 Windows 下的共享文件。

2.2.2　NFS 的配置与启动

NFS 为 Network FileSystem 的简称,最早是由 Sun 公司提出发展起来的,其目的就是让不同的机器、不同的操作系统之间可以彼此共享文件。

NFS 可以让不同的主机通过网络将远端的 NFS 服务器将共享出来的文件安装到自己的系统中,从客户端来看,使用 NFS 的远端文件就像是使用本地文件一样。因此,在嵌入式开发中使用 NFS 会使得应用的开发方便很多,免去了反复进行镜像文件烧写的工作。

NFS 的使用分为服务器端和客户端,其中服务器端提供要共享的文件,而客户端则通过挂载 mount 这一动作来实现对共享文件的访问操作。在安装 NFS 服务之前,先进行必要的网络配置。

1. 设置网络

需进行三方面的设置:主操作系统 Windows、VMware、客户操作系统 Linux。

(1) VMware 的设置

VMware 提供了 4 种网络连接方式:网桥网络(Bridged)、网络地址翻译网络(NAT)、仅为主机网络(Host-only)和客户网络。前两种是常用的方式。网桥网络需要接上网线才能使用,当 PC 机与开发板间需要进行网络通信时使用这种方式,它相当于 3 台处于同一网段的计算机:主机(Windows)、虚拟机(Linux)、开发板。如果没有网线的情况下,可以使用 NAT 网络在主操作系统 Windows 和客户端操作系统 Linux 间进行通信。本书所涉及的开发情况,选择网桥网络即可。其对应的 VMware 的设置如图 2-3 所示。

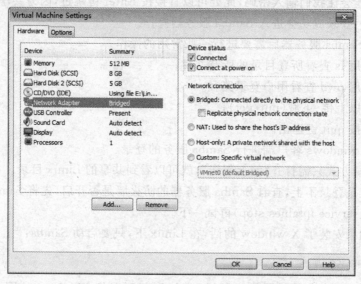

图 2-3　VMware 中网络桥接(Bridged)的设置

(2) 设置客户操作系统 Linux 的 IP 地址

选择 Linux 的启动栏,执行 System Settings→Network,并选择 eth0,设置的 IP 如图 2-4 所示,其中 Linux 的 IP 设置为:192.168.1.58,当然可以为 192.168.1.0～192.168.1.255 的其他值,只要确保和主操作系统的 IP 在同一网段中即可。

(3) 设置主操作系统 Windows

可以将主操作系统 Windows 的网卡 IP 设为 192.168.1.11。

2. NFS 的格式内容

在完全安装 Red Hat 9.0 系统的情况下,NFS 通常已经安装完成,要想知道是否安装,可输入如下命令,系统会告知目前的 NFS 版本情况:

```
[root@localhost root]# rpm -qa | grep nfs
redhat-config-nfs-1.0.4-5
nfs-utils-1.0.1-2.9
```

如果没有安装,可以参考前面 Samba 的安装方法,放入第一张光盘,进行安装。在此不再赘述。下面进行 NFS 配置文件的设置。NFS 服务的配置文件是 etc/exports,其格式为:

＜输出目录＞　［客户端1 选项(访问权限,用户映射,其他)］［客户端2 选项(访问权限,用户映射,其他)］

该格式中各组成部分作用如下:

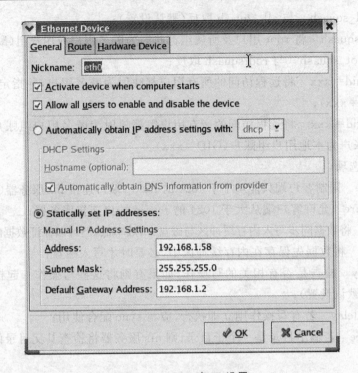

图 2-4 Linux 中 IP 设置

(1) 输出目录

输出目录是指 NFS 系统中需要共享给客户机使用的目录。

(2) 客户端

客户端是指网络中可以访问这个 NFS 输出目录的计算机。

客户端常用的指定方式：

➢ 指定 IP 地址的主机 192.168.1.200；
➢ 指定子网中的所有主机 192.168.1.0/24；
➢ 指定域名的主机 a.liusuping.com；
➢ 指定域中的所有主机 *.liusuping.com；
➢ 所有主机 *。

(3) 选　项

用来设置输出目录的访问权限、用户映射等。NFS 主要有 3 类选项：

- 访问权限选项

◇ 设置输出目录只读 ro；
◇ 设置输出目录读写 rw。

- 用户映射选项

◇ all_squash　将远程访问的所有普通用户及所属组都映射为匿名用户或用户组（nfsnobody）；

- no_all_squash 与 all_squash 取反（默认设置）；
- root_squash 将 root 用户及所属组都映射为匿名用户或用户组（默认设置）；
- no_root_squash 与 rootsquash 取反；
- anonuid=xxx 将远程访问的所有用户都映射为匿名用户，并指定该用户为本地用户（UID=xxx）；
- anongid=xxx 将远程访问的所有用户组都映射为匿名用户组账户，并指定该匿名用户组账户为本地用户组账户（GID=xxx）。

- 其他选项
- secure 限制客户端只能从小于 1024 的 tcp/ip 端口连接 nfs 服务器（默认设置）；
- insecure 允许客户端从大于 1024 的 tcp/ip 端口连接服务器；
- sync 将数据同步写入内存缓冲区与磁盘中，效率低，但可以保证数据的一致性；
- async 将数据先保存在内存缓冲区中，必要时才写入磁盘；
- wdelay 检查是否有相关的写操作，如果有则将这些写操作一起执行，这样可以提高效率（默认设置）；
- no_wdelay 若有写操作则立即执行，应与 sync 配合使用；
- subtree 若输出目录是一个子目录，则 nfs 服务器将检查其父目录的权限（默认设置）；
- no_subtree 即使输出目录是一个子目录，nfs 服务器也不检查其父目录的权限，这样可以提高效率。

3. NFS 的配置

以上介绍 NFS 的内容格式，有助于大家理解其配置文件的写法，下面，通过一个配置实例来提供快速设置 NFS 服务器的参考，该实例参考了 TQ2440 开发板的使用手册，因此，某些地方是针对 TQ2440 开发板来说的。

（1）设置共享目录

注意，初始 NFS 文件是空白的，需要添加如下配置：

```
/opt/TTStudio/TQ2440/root_qtopia *(rw,sync,no_root_squash)
```

其中：
- /opt/TQStudio/TQ2440/root_qtopia 表示 nfs 共享目录，它可以作为开发板的根文件系统通过 NFS 挂接；
- * 表示所有的客户机都可以挂接此目录；
- rw 表示挂接此目录的客户机对该目录有读/写的权力；
- no_root_squash 表示允许挂接此目录的客户机享有该主机的 root 身份。

（2）建立共享目录

复制光盘中 root_qtopia_2.2.0.tar.gz 文件到某一目录并进入此目录，执行：

```
#tar xvzf root_qtopia_2.2.0.tar.gz  -C /
```

该命令将把 root_qtopia_2.2.0.tar.gz 的内容解压并安装到：
/opt/TQStudio/TQ2440/root_qtopia

这里的 root_qtpia_2.2.0.tar.gz 是一个带有图形界面的根文件系统，是嵌入式系统开发的三个关键部分之一，另外两个是 Bootloader 和 Linux 内核。

（3）启动和停止 NFS 服务

在命令行下运行：

```
#/etc/init.d/nfs start
```

将启动 NFS 服务，可以输入以下命令检验 NFS 该服务是否启动：

```
# mount -t nfs localhost:/opt/TQStudio/TQ2440/root_qtopia /mnt/
```

如果没有出现错误信息，则可以看到/mnt 目录中的内容和/home/boot/TQ2440/root_nfs 是一致的。

使用这个命令可以停止 NFS 服务：

```
#/etc/init.d/nfs stop
```

为了在每次开机时系统都自动启动该服务，可以输入：

```
# redhat-config-services
```

打开系统服务配置窗口，在左侧一栏找到 NFS 服务选项框，并选中它，然后选择 File→Save Changes，在弹出的 Service Configuration 对话框中保存设置，如图 2-5 所示。

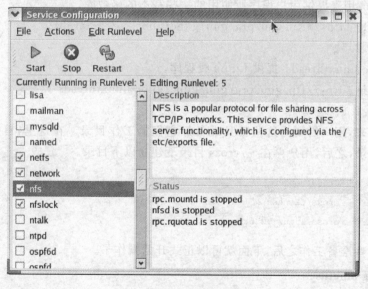

图 2-5　NFS 服务选择

至此，NFS 就配置好了。至于如何使用 NFS 来启动根文件系统的方法，在以后的相应章节再述。

2.2.3 嵌入式交叉编译工具的安装

这一步是搭建嵌入式交叉开发环境中最关键的一步,不同的体系结构、不同的操作内容甚至是不同版本的内核,都会用到不同的交叉编译器。选择交叉编译器非常重要,否则会导致最后的代码无法正常运行。

如果是先选择开发板,那么开发板厂商都会提供能在该开发板上正常运行的交叉编译工具,其安装起来非常简单,方法可以参考开发板的用户手册。也推荐大家使用这样的方法。

在这里,首先来讨论一下选择 gcc 版本的问题。gcc 的版本有很多种,其中低于 3.3.2 版本的只能编译 Linux 2.4 版本的内核,而 3.3.2 版本既能支持 Linux 2.4 版本的内核,也能支持 Linux 2.6 版本的内核,在本书采用的 gcc 版本为 3.3.2。

构建交叉编译环境涉及多个软件,以下列出了本书中用到的具体软件以及它们对应的版本和下载地址。

- binutils:用来生成一些辅助工具,如 objdump、as、ld 等。

下载地址:ftp://ftp.gnu.org/gnu/binutils/binutils-2.14.tar.bz2。

版本:2.14。

- gcc:用来生成交叉编译器,主要生成 arm-linux-gcc 交叉编译工具。

下载地址:ftp://ftp.gnu.org/gnu/gcc/gcc-3.3.2/gcc-3.3.2.tar.bz2。

版本:3.3.2。

- glibc:用来提供用户程序所使用的一些基本的函数库。

下载地址:ftp://ftp.gnu.org/gnu/glibc/glibc-2.2.5.tar.bz2。

版本:2.2.5。

- glibc-linuxthreads:提供 Linux 线程库。

下载地址:ftp://ftp.gnu.org/gnu/glibc/glibc-linuxthreads-2.2.5.tar.bz2。

版本:2.2.5。

再接下来,用户需要为这些工具准备好它们的工作目录。在这里,首先建立一个 ~/cross 目录,之后,用户再在 ~/cross 目录下建立以下目录。

```
# mkdir ~/cross/source
# mkdir ~/cross/patches
# mkdir ~/cross/linux-2.6.x
```

做好这些准备工作之后,下面就可以正式开始操作了。

1. 编译 binutils

用户可以按照以下步骤编译 binutils。

第 2 章 构建嵌入式 Linux 开发环境

```
# cd ~/cross
# tar - jxvf ./source/binutils-2.14.tar.bz2
# cd binutils-2.14
# mkdir arm-linux
# cd arm-linux
# ../configure -target=arm-linux -prefix=/usr/local/arm/3.3.2
# make
# make install
```

这些步骤主要用于解压 binutils 压缩包,编译 arm-linux-常用工具链。在这里用 ./configure 命令生成相关的 Makefile,其中 target 是指明交叉编译的目标板体系结构,而 prefix 是指明编译完成后的安装目录。

这个编译过程一般比较顺利,此后编译出来的工具在目录/usr/local/arm /3.3.2/bin 下,用户可以使用命令"ls -l /usr/local/arm/3.3.2/bin"来查看该目录下文件的详细信息,其结果如下所示:

```
total 17356
-rwxr-xr-x  1  root  root  1292966  9月 18 14:59 arm-linux-addr21ine
-rwxr-xr-x  2  root  root  1176999  9月 18 14:59 arm-linux-ar
-rwxr-xr-x  2  root  root  1770363  9月 18 14:59 arm-linux-as
-rwxr-xr-x  1  root  root  1276926  9月 18 14:59 arm-linux-c++filt
-rwxr-xr-x  2  root  root  1694878  9月 18 14:59 arm-linux-ld
-rwxr-xr-x  2  root  root  1329428  9月 18 14:59 arm-linux-rm
-rwxr-xr-x  1  root  root  1672338  9月 18 14:59 arm-linux-objcopy
-rwxr-xr-x  1  root  root  1831938  9月 18 14:59 arm-linux-objdump
-rwxr-xr-x  2  root  root  1178266  9月 18 14:59 arm-linux-ranlib
-rwxr-xr-x  1  root  root  538114   9月 18 14:59 arm-linux-readelf
-rwxr-xr-x  1  root  root  1111103  9月 18 14:59 arm-linux-size
-rwxr-xr-x  1  root  root  1146484  9月 18 14:59 arm-linux-strings
-rwxr-xr-x  2  root  root  1672337  9月 18 14:59 arm-linux-strip
```

可以看到,这些工具都是以 arm-linux 开头的,这是与体系结构相一致的。接下来,用户需要把所生成工具的目录添加到环境变量中去,其命令如下:

```
# export PATH=$PATH:/usr/local/arm/3.3.2/bin
```

用户还可以使用命令"echo $PATH"来查看添加后的情况:

```
# echo $PATH
# /usr/local/sbin:/usr/local/bin:/sbin:/bin:/usr/sbin:/usr/bin:/usr/X11R6/bin
:/home/software/jdk1.3.1/bin/:/home/software/mysql/bin/:/root/bin:/usr/local/arm/3.
3.2/bin
```

注:用以上方法添加的环境变量在机器重启后就会无效,要使这些环境变量在重启

之后继续有效的话可以在以下 3 处任一处进行添加。

- /etc/profile：是系统启动过程执行的一个脚本，对所有用户都有效。
- ~/.bash_profile：是用户的脚本，在用户登陆时生效。
- ~/.bashrc：是用户的脚本，在前一脚本中调用时生效。

2. 初次编译 gcc

gcc 的编译分两次。由于此时还没有编译 glibc，因此还不能完整地编译 gcc，但 glibc 的编译又离不开 gcc，因此，在这里需要先编译出一个具备最基本功能的 gcc，在编译完 glibc 之后再完整编译 gcc。

在这里，按以下步骤进行编译：

```
# tar - jxvf ./source/gcc-3.3.2-tar.bz2
# cd gcc-3.3.2
```

之后再修改 gcc/config/arm/t-linux 配置文件，使其不对 libc 和 gthr_posix.h 文件进行编译。

```
# vi gcc/config/arm/t-linux
# Just for these, we omit the frame pointer since it makes such a big
# difference. It is then pointless adding debugging.
TARGET_LIBGCC2_CFLAGS = -fomit-frame-pointer Fpic Dinhibit_libc D__gthr_posix_h
LIBGCC2_DEBUG_CFLAGS = -g0

# Don't build enquire
ENQUIRE =
LIB1ASMSRC = arm/lib1funcs.asm
LIB1ASMFUNCS = _udivsi3 _divsi3 _umodsi3 _modsi3 _dvmd_lnx


# MULTILIB_IPTIONS = mhard-float/msoft-float
# MULTILIB_DIRNAMES = hard-float soft-float


# If you want to build both APCS variants as multilib options this is how
# to do it.
# MULTILIB_OPTIONS + = mapcs-32/mapcs-26
# MULTILIB_DIRNAMES + = apcs-32 apcs-26


# EXTRA_MULTILIB_PARTS = crtbegin.o crtend.o

# LIBGCC = stmp-multilib
# INSTALL_LIBGCC = install-multilib
T_CFLAGS = -Dinhibit_libc D__gthr_posix_h
```

其中加粗的 -Dinhibit_libc 部分是用户添加的，用于禁止 glibc 库。

接下来可以编译 gcc 了,其具体步骤如下:

```
# mkdir arm-linux
# cd arm-linux
# ../configure -target=arm-linux \
# --prefix=/usr/local/arm/3.3.2 \
# --with-header=~/cross/linux-2.6.x/include \
# --disable-shared --disable-threads --enable-languages="c"
# make
# make install
```

程序中 configure 命令较为复杂,由于包含了众多的选项,因此可以使用"\"换行符,使其格式清晰。target 是指定交叉工具的目标板体系结构,prefix 是要安装的路径,disable-shared 是指定不依赖共享库,disable-threads 是指定不使用线程,enable-language 是指定仅支持 C 语言。

在编译成功之后,可以看到在"/usr/local/arm/3.3.2/bin"目录下增加了几个 arm-linux-gcc 工具:

```
-rwxr-xr-x  1  root  root  164213  Sep  18  16:39  arm-linux-cpp
-rwxr-xr-x  2  root  root  162534  Sep  18  16:39  arm-linux-gcc
-rwxr-xr-x  2  root  root  162534  Sep  18  16:39  arm-linux-gcc-3.3.2
```

3. 编译 glibc

编译的 glibc 库可按照以下步骤进行。

```
# tar zxvf  ~/cross/source/glibc-2.2.5.tar.gz
# cd glibc-2.2.5
# tar zxvf  ~/cross/source/glibc-linuxthreads-2.2.5.tar.gz
```

在这里要注意的是,需要把 linuxthreads 解压到 glibc-2.2.5 目录里,接下来就可以开始编译 glibc 了。由于 glibc 有一些 bug,最好能找到其补丁文件再进行编译。

```
# mkdir arm-linux
# cd arm-linux
# CC=arm-linux-gcc \
AS=arm-linux-as \
LD=arm-linux-ld \
../configure -host=arm-linux \
    --with-headers=~/cross/linux-2.6.x/include \
    --enable-add-ons=linuxthreads --enable-shared \
    --prefix=/usr/local/arm/3.3.2/arm-linux
# make
# make install
```

这里 configure 的作用与编译 gcc 类似,其中 enable-add-ons= linuxthreads 是指

支持线程库。编译 glibc 的过程比较长,在编译通过之后,就会在"/usr/local/arm/3.3.2/arm-linux"目录下安装上 glibc 共享库等文件。

4. 完整编译 gcc

在编译完成 glibc 之后,用户就可以编译完整的 gcc 了。首先需要修改之前修改过的 t-linux 文件,将之前加上的那两句语句去掉,再按以下步骤进行:

```
# cd gcc-3.3.2/arm-linux
# make distclean
# rm -rf ./*
# ../configure -target=arm-linux \
#   --prefix=/usr/local/arm/3.3.2 \
#   --with-header=~/cross/linux-2.6.x/include \
#   --enable-shared \
#   -enable-threads=pthreads \
#   --enable_static \
#   -enable-languages="c,c++"
# make
# make install
```

可以看到,这时 configure 中的选项中可以支持线程等操作了。由于编译条件较多,请读者一定要细心配置,编译时间也比较长。最后就可以在"/usr/local/arm/3.3.2/bin"下生成完整的 arm-linux-gcc 和 arm-linux-g++(用于编译 C++语言)。

到此为止,交叉编译环境就完全建立起来了。可以看到,这个自行建立交叉编译环境的步骤比较复杂,所以建议初学者使用开发厂商提供的交叉编译工具来搭建交叉编译环境。

2.2.4 minicom 和超级终端的配置及使用

通过前面的叙述,可以了解嵌入式系统开发的程序的运行环境是在硬件开发板上的,这就涉及一个如何把开发板上的信息显示给用户的问题。之前也提到过,对开发板的控制和显示是通过串口线连接 PC 机和开发板的,开发板将信息通过串口线传输到 PC 机的屏幕上显示,这就是我们观察系统运行的方法。

在 Windows 中和 Linux 中都有不少串口通信软件,可以方便地对串口进行配置,其中最主要的配置参数就是数据传输率、数据位、停止位、奇偶校验位和数据流控制位等,这些需要根据实际情况进行相应配置。

Windows 下的串口软件有很多,比如常用有串口调试助手、SecureCRT、DNW、超级终端等。串口调试助手虽然方便,但是在发送指令方面不如后三者来的方便。在后面三种软件中,最普遍使用的就是超级终端。因为在 Windows XP 系统的附件中,就有该软件,只需简单地设置就可使用。当然,对于 Windows Vista 或者 Windows 7 用户而言,微软在系统中去掉了超级终端的软件,那么可以选择 SecureCRT 和 DNW 软件,这两者的设置和使用都很简单,其参数的设置可参考超级终端的设置方法进行设置。

Linux 下的串口通信软件,就不得不说 minicom 了。

1. minicom

minicom 是 Linux 下串口通信软件,它的使用完全依靠键盘的操作。minicom 的操作有些类似于 Emacs,通常是使用组合键来进行操作,如"Ctrl+A　Z",这表示先同时按下 Ctrl 和 A,然后松开此二键再按下 Z。

minicom 有许多功能,下面主要讲解其串口参数的配置及常用方法。

(1) 启动 minicom

minicom 的启动可直接在命令行输入"minicom",如图 2-6 所示。这时,minicom 会进行默认的初始化配置。

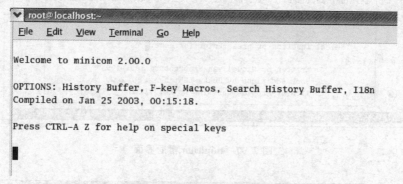

图 2-6　minicom 启动界面

当然,还可以通过使用参数来启动 minicom,主要有以下两种:

• minicom -s　用以在"/etc/minirc.dfl"中编辑系统范围的默认值。使用此参数后,minicom 将不进行初始化,而是直接进入配置菜单。如果因为用户的系统被改变,或者第一次运行 minicom 时 minicom 不能启动,这时使用这个参数就会比较有用。但对于多数系统,基本都已经设定了比较合适的默认值。

• minicom -o　用以跳过初始化代码而不进行初始化。如果用户未复位(reset)就退出了 minicom,又想重启一次会话(session)时,那么可以使用这个选项(不会再有错误提示:modem is locked)。

(2) 查看帮助

在启动界面时可以通过"Ctrl+A　Z"来查看 minicom 的帮助。帮助界面如图 2-7 所示。

(3) 配置 minicom 串口属性

与串口相关的属性主要包括串口号、波特率、数据位和停止位这几部分,这些属性在开发板的用户手册中都会有此说明,可进行查看。根据图 2-7 的帮助提示,键入"O"(代表 Configure Minicom)可进行 minicom 的串口参数配置,当然,还可以直接键入"Ctrl+A　O"来进行配置,如图 2-8 所示。

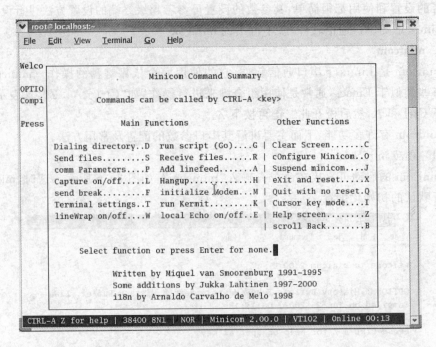

图 2-7 minicom 帮助界面

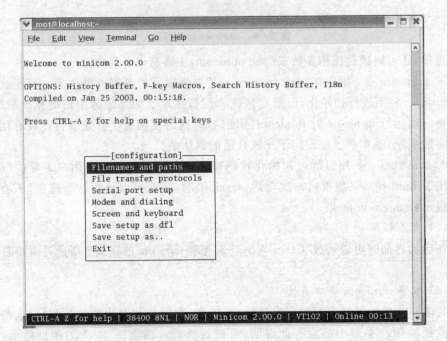

图 2-8 minicom 配置界面

在图 2-8 中选择 Serial port setup 选项，就可进入如图 2-9 所示的配置界面，它也是输入命令"minicom -s"后进入的界面，设置保存后可以查看 minicom 的配置文件/etc/minirc.dfl。

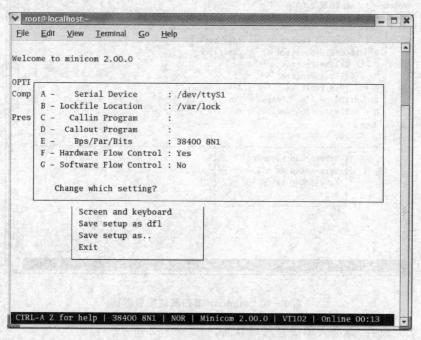

图 2-9 minicom 串口属性配置界面

图 2-9 所示配置是 minicom 启动时的默认配置，可以通过键入每一项前的大写字母，分别对每一项进行更改。如图 2-10 所示就是在 Change which setting 的后面键入了"A"，此时光标转移到第 A 项的对应处。注意这时 ttyS0 代表串口 1，而 ttyS1 代表串口 2。

其他参数设置的进入方法相同。配置完一项后按"回车"键就退出了该项配置界面。配置完后再按下"回车"，就返回上级配置界面，并将其保存为默认配置。之后，重新启动 minicom 使刚才的配置生效。

至此，minicom 的配置就完成了，可以使用 minicom 显示开发板的工作状态了。

2. 超级终端

超级终端是 Windows XP 以前版本的系统中的常用软件，它可以使用户能够通过调制解调器或零调制解调器电缆（即直接连接的电缆）连接到其他计算机、Internet telnet 站点、公告牌服务、联机服务或计算机主机等。

超级终端的配置很简单。首先，选择 Windows 下的"开始"→"附件"→"通讯"→"超级终端"，当遇到询问是否将 Hypertrm 作为默认的 telnet 程序时，选择否即可。这时，会出现如图 2-11 所示的新建超级终端界面，在"名称"处可以给该连接取个名字。

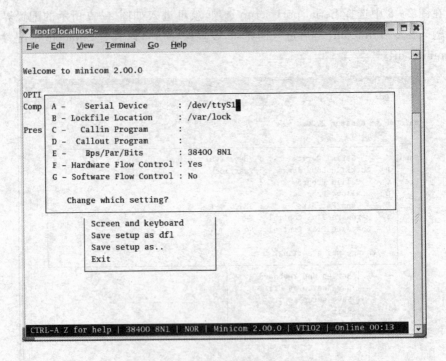

图 2-10 minicom 串口属性配置界面

命名完成后,会进入串口号选择界面,如图 2-12 所示。

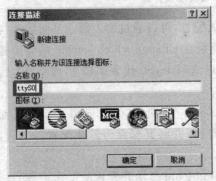

图 2-11 超级终端连接并命名界面

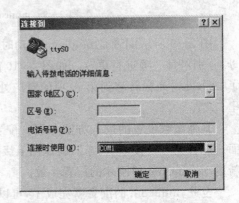

图 2-12 超级终端串口号选择界面

选择好串口号后,进行串口参数的设置,如图 2-13 所示。

这些设置都完成后,超级终端即可使用了。另外,为了避免下次重新建一个超级终端又再设置一遍串口参数,建议将该设置完成的超级终端进行另存为。

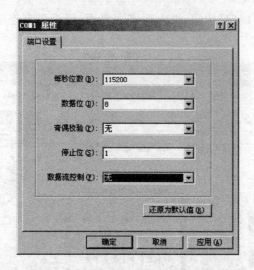

图 2-13 超级终端串口参数设置界面

2.2.5 H-JTAG 和 DNW 的安装和使用

搭建软件环境的工作在前面基本已经完成了,在这里介绍另外两个常用软件的安装和使用的方法。其中 H-JTAG 是由 twentyone 推出的一款免费调试软件,其官方主页为: http://www.hjtag.com,主要使用它来下载 Bootloader。DNW 软件可用来代替超级终端,并且它还能连接开发板的 USB 口,通过 DNW 软件,可以使用 USB 接口的方式把编译好的内核镜像以及根文件系统下载到开发板中运行。这是两个 Windows 平台的软件,其配置和使用都很简单和方便。

1. H-JTAG

(1) 安装 H-JTAG

H-JTAG 的软件可从网上下载,或者从开发板提供的软件资源里找到。其安装很简单,只需要打开安装文件,按照提示将其安装到电脑中即可,和其他一般的应用程序的安装并无区别。

安装完成后,一般都会在电脑的桌面上生成一个 H-JTAG 和一个 H-Flasher 的快捷方式,双击 H-JTAG 快捷方式,程序将自动检测是否连接了 JTAG 设备,如未做过任何设置,会跳出一个提示窗口,如图 2-14 所示。

图 2-14 第一次打开后的提示

单击图2-14的"确定"按钮,进入程序主界面,因为没有连接任何目标器件,因此显示如图2-15所示。

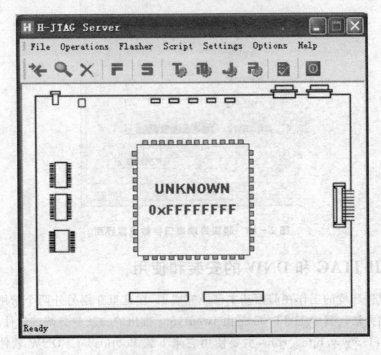

图2-15 H-JTAG主界面

(2) 设置JTAG端口

在H-JTAG主界面里选择Setting→Jtag Setting,得到的界面如图2-16所示。在其中设置完成后单击OK键返回主界面。

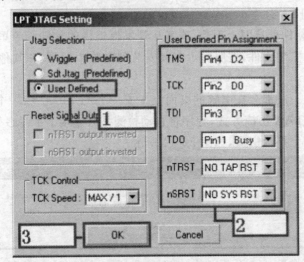

图2-16 设置JTAG端口

(3) 检测器件

端口设置好之后,连接好开发板(电源接通,连接并口的 JTAG 线),并启动开发板。单击主界面的 Detect target(🔍)或者选择 Operations→Detect target。如果成功检测到 CPU,则显示如图 2-17 所示,否则会提示错误。如果检测不到 CPU,可以尝试重启开发板、重新连接 JTAG 线以及重新开启 H-JTAG 软件等方式。如若还不成功,请检查驱动安装是否正确、H-JTAG 配置是否有问题。

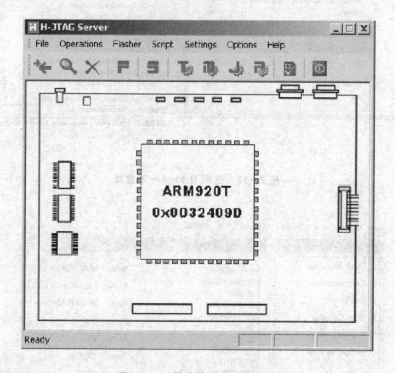

图 2-17 器件检测成功的界面

(4) H-Flasher 的设置

H-Flasher 的设置很重要,单击主界面的 Start H-Flasher 🚩,或者选择 Flasher→Start H-Flasher 可打开 Flash 烧写程序,以启动 H-Flasher 软件(如图 2-18(a)所示),其配置主要是根据特定的芯片进行一些设置。首先打开 Load 菜单,弹出文件选择界面,定位到 H-Jtag 安装目录下的 HFC Examples 目录,该目录下包括一些常用的 CPU 以及 flash 的配置文件。根据笔者的开发板,选择 S3C2440+K9F1208.hfc 文件,如图 2-18(b)所示。选择好文件后会出现如图 2-19 的界面。

(5) H-JTAG 烧写 Bootloader 过程

首先,打开 H-Flasher,然后选择图 2-19 中左侧的 Programming 菜单,将开发板复位,再单击右边的 Check 按钮,此时能正确检测到 Flash 与 CPU,如图 2-20 所示。

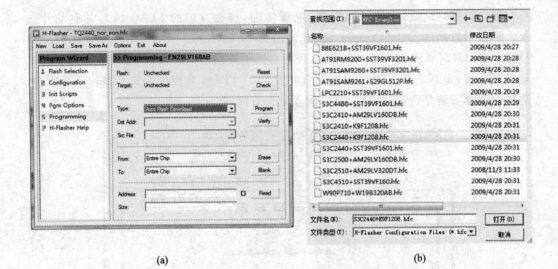

图 2-18 选择 H-Flasher 配置单

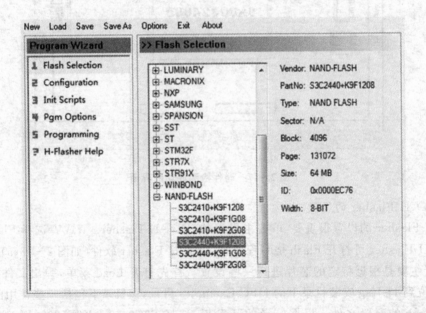

图 2-19 配置单选择成功

然后,选择需要烧写的文件类型、Flash 的 block 位置以及 page 页面,最后选择需要烧写的文件,笔者选择的是针对烧写 S3C2440 的 Bootloader 进行的配置,然后单击右边的 Program 按钮,开始进行 Flash 烧写。烧写过程如图 2-21 所示。至此,H-JTAG 的安装与使用就介绍完毕了。

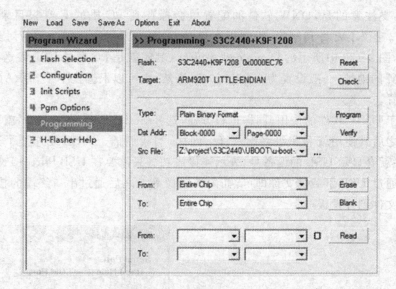

图 2-20 Programming 界面

图 2-21 烧写 Bootloader 过程

2. DNW

对于 DNW 软件,其使用方法更加简单,它甚至不用安装,只需要像串口调试助手之类的软件一样打开即可使用。它的界面如图 2-22 所示。它的菜单栏主要包括三部分:Serial Port、USB Port 和 Configuration。选择 Configuration→Options,对串口以及 USB 端口进行选择和设置。主要涉及串口的波特率、串口号以及 USB 的下载地址,如图 2-23 所示。

在此，要注意的是，DNW 软件的配置单会保存到 PC 机的 C 盘根目录下，名为"dnw.ini"，建议不要将其删除，否则下次启动 DNW 的时候，还需要重新对其进行设置。此外，图 2-23 中所示的 Download Address 其实就是 PC 通过 USB 发送到开发板的 SDRAM 的地址，一般设置为 0x30000000，当然，也可以根据程序在 SDRAM 中的位置进行配置。

而对于 DNW 软件的使用，同样也很方便，选择 Serial Port→Connect，就可打开串口连接。之后其使用就和超级终端一样。同样，当我们插上 USB 线连接了开发板之后，标题栏就会显示 USB 的设备号，表示连接成功。只需要在 USB Port→Transmit 中选择所要通过 USB 下载的文件即可，如内核镜像等。之后通过串口终端的控制操作，即可传输文件到开发板中。

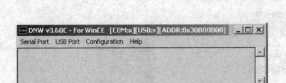

图 2-22　DNW 界面

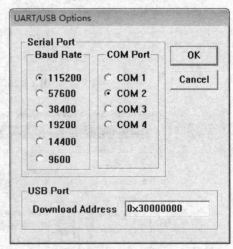

图 2-23　DNW 配置

本章小结

自本章开始，我们正式迈入嵌入式移植开发的实战之旅。在这一章中我们介绍了如何搭建一个完整的嵌入式开发环境。主要分为硬件环境和软件环境两部分。其中相对重要的是软件平台的搭建，这里，默认已经安装好了虚拟机和 Red Hat 9.0 系统，在这基础上剩下的工作包括：在虚拟机中设置 Linux 与 Windows 共享目录、NFS 的配置与启动、嵌入式交叉编译工具的安装、minicom 和超级终端的配置及使用、H-JTAG 和 DNW 的配置和使用。

第 3 章 Bootloader 移植

Bootloader 广泛用于有操作系统的手持终端设备、智能家电及机顶盒等嵌入式设备上,它负责完成硬件初始化、操作系统引导和系统配制等,相当于 PC 机上的 BIOS。对于一个嵌入式的 Linux 系统而言,Bootloader 是整个系统运行的基础。但是对于不同的 ARM 平台而言所使用的 Bootloader 都会有所不同。完成 Bootloader 的移植是在特定的硬件平台上实现系统构建和运行的至关重要的一个步骤。

本章要点:
- Bootloader 简介与启动分析;
- U - Boot 的配置、编译和链接过程;
- U - Boot 代码分析;
- U - Boot 的移植。

3.1 Bootloader 简介

3.1.1 Bootloader 概念

对于一个计算机系统而言,当系统加电后,在操作系统内核启动或用户应用程序运行之前,首先必须运行 ROM 中的一段程序代码。通过这段程序,为最终调用操作系统内核,运行用户应用程序准备好正确的环境。这段代码就是要介绍的引导加载程序。

如果稍微熟悉计算机的组成,那么一定知道,对于 PC 机而言,其引导加载程序由 BIOS(Basic Input/Output System)和位于硬盘 MBR 中的 OS BootLoader(操作系统引导程序,比如 NTLOADER,LILO 和 GRUB 等)一起组成。BIOS 在完成硬件检测和资源分配后,将硬盘 MBR 中的 BootLoader 读到系统的 RAM 中,然后将控制权交给 OS BootLoader。BootLoader 的主要运行任务就是将内核映像从硬盘上读到 RAM 中,然后跳转到内核的入口点去运行,即开始启动操作系统。

但是在嵌入式操作系统中通常并没有像 BIOS 那样的固件程序(有的嵌入式 CPU 也会内嵌一段短小的启动程序),因此整个系统的加载启动任务就完全由引导程序 BootLoader 来完成。对于 ARM 体系结构的 CPU 来说,第一条指令从 0x00000000 开始执行。在嵌入式开发板中需要把存储器件 ROM 或 Flash 映射到这个地址,而在这个地址处安排的通常就是系统的 Bootloader。通过这段小程序,可以初始化硬件设备、建立内存空间的映射图,从而将系统的软硬件环境带到一个合适的状态,以便为最终调用操作系统内核准备好正确的环境。

大多数 Bootloader 都包含两种不同的操作模式：启动加载模式和下载模式，这两种模式的区别仅对于开发人员才有意义。从用户的角度看，Bootloader 的作用就是用来加载操作系统。

1. 启动加载模式

这种模式也称为自主(Autonomous)模式。在上电后，Bootloader 从目标机上的某个固态存储设备上将操作系统加载到 RAM 中运行，整个过程并没有用户的介入。这种模式是 Bootloader 的正常工作模式，已正式发布的嵌入式产品的 Bootloader 显然必须工作在这种模式下。

2. 下载模式

在这种模式下，目标机上的 Bootloader 将通过串口连接或网络连接等通信手段从主机(Host)下载文件，比如：下载内核映像和根文件系统映像等。从主机下载的文件通常首先被 Bootloader 保存到目标机的 RAM 中，然后再被 Bootloader 写到目标机上的 Flash 类固态存储设备中。Bootloader 的这种模式通常在第一次安装内核与根文件系统时被使用；此外，以后的系统更新也会使用 Bootloader 的这种工作模式。工作于这种模式下的 Bootloader 通常都会向它的终端用户提供一个简单的命令行接口。

需要指出的是，在开发板和主机间进行文件的传输的具体方法是很多的。可以使用较为简单的串口协议，如 xmodem/ymodem/zmodem 等；也可以使用网络协议来传输，如在主机上开通了 tftp 和 nfs 服务后就可以使用 tftp 和 nfs 协议来传输文件了。当然也还有其他方法，例如使用 USB 下载等。网络协议速度快和使用方便，使得开发板和主机间的网络传输成为很好的选择。图 3-1 就是在 Bootloader 里利用网络协议实现开发板和主机的数据传输的示意图。

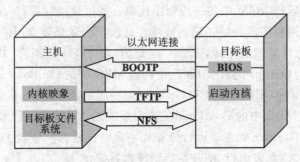

图 3-1　网络协议实现开发板和主机的数据传输的示意图

通常，Bootloader 是严重地依赖于硬件而实现的，特别是在嵌入式领域。每种不同的体系结构的处理器都有不同的 Bootloader。但是随着 Bootloader 的发展，一些比较强大的 Bootloader，比如 U-Boot 就从最初的仅仅支持 PowerPC，到现在还可以支持 MIPS，ARM 和 X86 等多种体系结构。但是，除了体系结构外，Bootloader 的建立还依赖于不同的板级设备的配置。对于不同的开发板，即使基于同一种处理器而构建，但是由于配置的外围设备存在差异，也需要对 Bootloader 进行修改，以适应不同的操作环境。

3.1.2 Bootloader 启动流程分析

1. Bootloader 所处的层次结构

在了解 Bootloader 的启动流程之前有必要先知道 Bootloader 在嵌入式 Linux 操作系统层次结构中的具体位置。

一个嵌入式 Linux 系统从软件的角度看通常可以分为四个层次:

① 引导加载程序。包括固化在固件(firmware)中的 boot 代码(可选)和 BootLoader 两大部分。

② Linux 内核。特定于嵌入式板子的定制内核以及内核的启动参数。内核启动参数可以是默认的,也可以是从 Bootloader 传递而来的。当 Bootloader 没有传递参数的时候,内核启动参数被设置为默认值。

③ 文件系统。包括根文件系统和建立于 Flash 内存设备之上的文件系统。通常用 ramdisk 来作为 rootfs。文件系统提供管理系统的各种配置文件和系统运行所需要的各种应用程序及库。例如给用户提供 Linux 控制界面的 shell 程序、动态链接程序运行需要的 glibc 库等。

④ 用户应用程序。特定用户的应用程序也存储在文件系统中。有时在用户应用程序和内核层之间可能还会包括一个嵌入式图形用户界面。常用的嵌入式 GUI 有:Qt/Embedded 和 MiniGUI 等。

图 3-2 就是一个将固态存储设备进行分区后来装载 Bootloader、内核启动参数、内核映像和根文件系统映像的空间分配结构示意图。

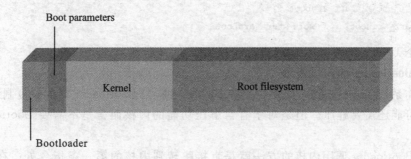

图 3-2 嵌入式 Linux 系统的分区结构

2. Bootloader 启动的两个阶段

从操作系统的角度看,Bootloader 的总目标就是正确地调用内核来执行。另外,由于 Bootloader 的实现依赖于 CPU 的体系结构,因此大多数 Bootloader 都分为 stage1 和 stage2 两大部分,以便使 Bootloader 的功能更加强大和提供更加良好的移植性能。

stage1 主要是一些依赖于 CPU 体系结构的代码,比如硬件设备初始化代码等。这一阶段的代码主要是通过汇编来实现的,以达到短小精悍和高效的目的。stage1 为位

置无关代码,通常在 Flash 中运行。所有的指令为相对寻址,可以在任何位置运行。stage1 完成的主要任务有:

- 硬件设备初始化包括:关闭 Watchdog、关闭中断、设置 CPU 的速度和时钟频率、配置 SDRAM 存储控制器及 IO、关闭处理器内部指令/数据 Cahce 等;
- 为加载 Bootloader 的 stage2 代码准备 RAM 空间(这个地址由链接脚本指定,为运行域地址,通常为 RAM 的高端地址),测试内存空间是否有效;
- 复制 Bootloader 的 stage2 代码到 RAM 空间中;
- 设置好堆栈;
- 跳转到 stage2 的 C 入口点。

需要指出的是,对于 stage1 中将 stage2 的代码复制到 RAM 空间不是必须的,对于有片上执行功能的存储器(NOR FLASH)而言,完全可以让 stage2 的代码在其上执行的。但是执行效率要远低于 RAM。

stage2 则通常用 C 语言来实现,这样可以实现更复杂的功能,而且代码会具有更好的可读性和可移植性。stage2 完成的主要任务有:

- 初始化本阶段要使用到的硬件设备;
- 检测系统内存映射(memory map);
- 没有用户干预时将内核映像和根文件系统映像从 Flash 读到 RAM 空间中;
- 为内核设置启动参数;
- 调用内核。

以 U-Boot-2009.08 为例,对于 ARM9 而言,实现两个阶段跳转的指令存放在"/cpu/arm920t/start.S"中,通过以下两行代码实现:

```
ldr    pc, _start_armboot
_start_armboot:    .word start_armboot
```

整个 U-Boot-2009.08 的启动流程如图 3-3 所示。

3. Bootloader 的内核调用

操作系统的内核映像一般是存储在 Flash 上的,当 Bootloader 将内核复制到 RAM 中之后可能还需要解压。但是对于有自解压功能的内核而言是不需要 Bootloader 来解压的。

而 Bootloader 调用内核的方法就是直接跳转到内核的第一条指令处。在调用内核之前下列的条件必须要满足:

(1) CPU 寄存器的设置

- R0 为 0;
- R1 为机器类型 ID;
- R2 为启动参数,标记列表在 RAM 中的起始基地址。

(2) CPU 工作模式

- 必须禁止中断(IRQs 和 FIQs);

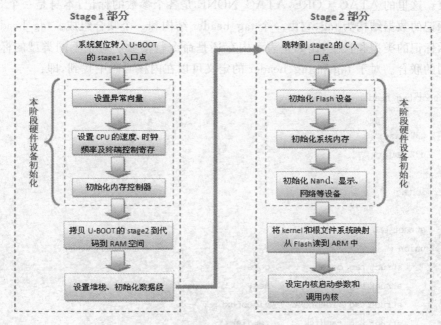

图 3-3　U-Boot 启动流程图

- CPU 必须设置为 SVC 模式。

（3）Cache 和 MMU 的设置
- MMU 必须关闭；
- 指令 Cache 可以打开也可以关闭；
- 数据 Cache 必须关闭。

如果使用 C 语言，调用内核如下：

```
void( * theKernel)(int zero, int arch, u32 params_addr) = (void( * )(int, int, u32)) KER-
NEL_RAM_BASE;
…
theKernel(0, ARCH_NUMBER, (u32)kernel_params_start);
```

4. Bootloader 与内核交互

前面已经提到，当内核启动的时候，启动参数一般是从 Bootloader 中传递而来的。那么 Bootloader 传递参数的存放地址和参数的数据结构就都是需要关心的。

由于 Bootloader 和内核不是同时启动运行的，因此 Bootloader 要向内核传递参数只有将参数存放在一个指定的地址，然后内核再从这个地址中读取启动参数。

在 Linux 内核中，传递参数的数据结构是以标记的形式来体现的。而参数的传递通过标记列表的形式来实现。标记列表由 ATAG_CORE 开始，以 ATAG_NONE 标记结束。这里的 ATAG_CORE,ATAG_NONE 是各个参数的标记,本身是一个 32 位值。标记的数据结构为 tag,它由一个 tag_header 结构和一个联合组成。tag_header 结构表示标记的类型和长度,比如是表示内存还是命令行参数。对于不同类型的标记使用不同的联合。对于 tag 和 tag_header 的定义可以在内核源码中找到,即:

```c
struct tag_header
{
    u32 size;
    u32 tag;
};
struct tag
{
    struct tag_header hdr;
    union {
        struct tag_core         core;
        struct tag_mem32        mem;
        struct tag_videotext    videotext;
        struct tag_ramdisk      ramdisk;
        struct tag_initrd       initrd;
        struct tag_serialnr     serialnr;
        struct tag_revision     revision;
        struct tag_videolfb     videolfb;
        struct tag_cmdline      cmdline;
        struct tag_acorn        acorn;
        structtag_memclk        memclk;
    } u;
};
```

除了 ATAG_CORE 和 ATAG_NONE 之外,其他的参数标记还包括:ATAG_MEM32,ATAG_INITRD,ATAG_RAMDISK,ATAG_COMDLINE 等。每个参数标记就代表一个参数结构体,由各个参数结构体构成了标记列表。

下面是一个参数列表设置的简单例子,来说明参数是如何传递的。

```c
tag_arrray = (struct tag *) 0x30000100;   //假设约定的参数存放地址为 0x30000100
tag_array->hdr.tag = ATAG_CORE;   //以标记 ATAG_CORE 开始
tag_array->hdr.size = tag_size(tag_core);
tag_array->u.core.flags = 0;
tag_array->u.core.pagesize = 0;
tag_array->u.core.rootdev = 0;
tag_array = tag_next(tag_array);   //tag_next()指向的是当前标记的末尾
tag_array->hdr.tag = ATAG_MEM;   //设置内存标记
```

```
tag_array->hdr.size = tag_size(tag_mem32);
tag_array->u.mem.size = 0x04000000;    //设置内存的大小
tag_array->u.mem.start = 0x30000000;   //设置内存起始地址
tag_array = tag_next(tag_array);
……
tag_array->hdr.tag = ATAG_NONE;    //以标记 ATGA_NONE 结束
tag_array->hdr.size = 0;
tag_array = tag_next(tag_array);
```

当标记列表设置完成之后,将参数存放到与内核约定的地址,就能够实现参数的传递了。

3.1.3 常用的 Bootloader 介绍

目前已经有各种各样的 Bootloader 供用户选择和使用。而用户可以根据 Bootloader 所支持的处理器体系结构来做出决定。通常在嵌入式系统中比较常见的是 U-Boot,vivi 和 Blob;在 PC 机上比较常见的是 Grub 和 Lilo。表 3-1 列出了一些常见的 Bootloader 以及支持的体系结构。

表 3-1 常见的 Bootloader

Bootloader	Monitor	描述	X86	ARM	PowerPC
Lilo	否	Linux 磁盘引导程序	是	否	否
Grub	否	GNU 引导的 Lilo 替代程序	是	否	否
Loadlin	否	从 DOS 引导 Linux	是	否	否
ROLO	否	从 ROM 引导 Linux 而不需要 BIOS	是	否	否
Etherboot	否	通过以太网卡启动 Linux 引导程序	是	否	否
Linux BIOS	否	完全替代 BUIS 的 Linux 引导程序	是	否	否
Blob	否	LART 等硬件平台的引导程序	否	是	否
U-Boot	是	通用引导程序	是	是	是
RedBoot	是	基于 eCos 的引导程序	是	是	是
vivi	是	Mizi 公司针对 SAMSUNG 的 ARM CPU 设计的引导程序	否	是	否

对于 ARM 体系结构的处理器而言,比较常用的 Bootloader 主要有 U-Boot,vivi 和 Blob。

1. U-Boot

U-Boot 支持的处理器构架包括 PowerPC,ARM,MIPS,X86。U-Boot 的功能强大,涵盖了绝大部分处理器构架,提供大量外设驱动,支持多个文件系统,附带调试、脚本和引导等工具。同时 U-Boot 可配置性非常强,它所支持的命令也可以通过配置来增减。

2. vivi

vivi 是韩国 Mizi 公司开发的 Bootloader。vivi 是专门为 SAMSUNG 的 ARM 架构的 CPU 专门设计的。其操作简单,针对性强,基本可以直接使用,需要修改的代码部分比较少。同时由于网络上针对 vivi 的修改资料很多,使得 vivi 能够支持的下载模式也变得十分丰富。

3. Blob

Blob 是 Boot Loader Object 的缩写,是一款功能强大的 Bootloader。它遵循 GPL,源代码完全开放。Blob 既可以用来简单的调试,也可以启动 Linux kernel。Blob 最初是 Jan–Derk Bakker 和 Erik Mouw 为一块名为 LART(Linux Advanced Radio Terminal)的板子写的,该板使用的处理器是 StrongARM SA–1100。现在 Blob 已经被移植到了很多 CPU 上,包括 S3C44B0。

3.2 U–Boot 代码分析

3.2.1 U–Boot 简介

U–Boot,全称 Universal Boot Loader,是遵循 GPL 条款的开放源码项目。从 FADSROM、8xxROM、PPCBOOT 逐步发展演化而来。其源码目录、编译形式与 Linux 内核很相似,事实上,不少 U–Boot 源码就是相应的 Linux 内核源程序的简化,尤其是一些设备的驱动程序,这从 U–Boot 源码的注释中能体现这一点。

U–Boot 不仅仅支持嵌入式 Linux 系统的引导,当前,它还支持 NetBSD, VxWorks, QNX, RTEMS, ARTOS, LynxOS 嵌入式操作系统。其目前要支持的目标操作系统是 OpenBSD, NetBSD, FreeBSD, 4.4BSD, Linux, SVR4, Esix, Solaris, Irix, SCO, Dell, NCR, VxWorks, LynxOS, pSOS, QNX, RTEMS, ARTOS。这是 U–Boot 中 Universal 的一层含义,另外一层含义则是 U–Boot 除了支持 PowerPC 系列的处理器外,还能支持 MIPS、X86、ARM、NIOS、XScale 等诸多常用系列的处理器。这两个特点正是 U–Boot 项目的开发目标,即支持尽可能多的嵌入式处理器和嵌入式操作系统。就目前来看,U–Boot 对 PowerPC 系列处理器支持最为丰富,对 Linux 的支持最完善。

在本书中我们选用 U–Boot 作为 Bootloader 是基于其以下这些特性:

- 开放源码;
- 支持多种嵌入式操作系统内核,如 Linux、NetBSD, VxWorks, QNX, RTEMS, ARTOS, LynxOS;
- 支持多个处理器系列,如 PowerPC、ARM、X86、MIPS、XScale;
- 较高的可靠性和稳定性;
- 高度灵活的功能设置,适合 U–Boot 调试、操作系统不同引导要求、产品发布等；
- 丰富的设备驱动源码，如串口、以太网、SDRAM、FLASH、LCD、NVRAM、EEPROM、RTC、键盘等；
- 较为丰富的开发调试文档与强大的网络技术支持；

3.2.2 U-Boot 代码结构

本书采用的 U-Boot 是 U-Boot-2009-08，并在此基础上进行分析和移植。要获取 U-Boot-2009-08 的源码可以直接从网站"ftp://ftp.denx.de/pub/u-boot"上下载。下载得到的是 U-Boot-2009.08.tar.bz2 文件，解压缩后就能得到全部源码了。解压的命令如下：

```
root@localhost example]# tar -jxvf u-boot-2009.08.tar.bz2
```

U-Boot-2009-08 的主要目录和说明如表 3-2 所列。

表 3-2 U-Boot-2009-08 主要目录及说明

		U-Boot-2009.08 主要目录及说明
+	board	一些已经支持的开发板相关文件，主要包含 SDRAM、FLASH、网卡驱动等
	common	与处理器体系结构无关的通用代码，如：内存大小探测与故障检测
+	cpu	与处理器相关的文件。每个子目录中都包括 cupc、interrupt.c 和 start.s
	disk	Disk 驱动分区相关信息代码
	doc	U-Boot 的说明文档
+	drivers	通用设备驱动程序，如：网卡、FLASH、串口、USB 总线等
+	examples	可在 U-Boot 下运行的示例程序，如：hello_world.c、timer.c 等
+	fs	支持文件系统的文件，如：Cramfs、fat、fdos、JFFS2、registeris 等
+	include	U-Boot 文件，还有各硬件平台的汇编文件、系统配置文件和对文件系统支持的文件
	lib_xxx	处理器体系结构相关文件，如：lib_arm 包含的是 ARM 体系结构的文件
	net	与网络功能相关的文件，如：bootp、nfs、tftp 等
+	post	上电自检文件目录
+	tools	用于创建 U-Boot、S-Record 和 Bin 镜像文件的工具

这些目录中所要存放的文件有其规则，可以分成三类：
- 第一类目录与处理器体系结构或者开发板硬件直接相关；
- 第二类目录是一些通用的函数或者驱动程序；
- 第三类目录是 U-Boot 的应用程序、工具或者文档。

在移植过程中可以根据以上的分类作为指导。例如所做的修改是和平台相关的，就在 cpu/XXX 中进行；如果是和开发板相关的就在 board/XXX 中进行；如果是使用命令来驱动外设的读/写或者运行,那么要在 drivers/XXX 对相应的设备操作做出必要的修改。

目前,U-Boot-2009-08 所支持的架构较最初版本而言有了很大的提升。其支持 14 种架构(包括 i386、m68k、AVR32 等);45 种类型的 CPU(包括 ARM720T、ARM920T、74XX_7 XX 等)和几百种的开发板。这些开发板来自于不同公司的不同产品,用户很容易找到和自己的开发板相似的配置,在此基础上稍作修改即可。

3.2.3 U-Boot 代码编译

由于 U-Boot 支持的硬件平台很多,针对于某款具体的开发板而言要了解文件和程序的执行顺序,最好的方法就是认真阅读 Makefile 文件。由此可知,对 U-Boot 进行完全编译可以得到三种可执行文件:

- U-Boot.bin:二进制可执行文件,就是直接烧写到 ROM 和 NOR Flash 中的文件。
- U-Boot:ELF 格式的可执行文件。
- U-Boot.srec:Motorola S-Record 格式的可执行文件。

此外,在编译 U-Boot 成功后还会生成一些工具,这些工具存放在 tools 子目录下。将他们复制到 /usr/local/bin 目录下,就可以直接在命令行模式下对这些工具进行调用了。例如,在编译内核的时候可以使用 mkimage 工具生成 U-Boot 格式的内核映像文件 uImage。

编译 U-Boot 并不困难,只需要在命令行模式下进入解压后的 U-Boot 的根目录下,并简单地输入"make"指令就能够实现编译。但是直接输入"make"指令后却会出现如下的错误:

```
[root@localhost u-boot-2009.08]# make
System not configured - see README
make: *** [all] Error 1
```

出现以上错误的原因是没有根据可选用的配置编译选项进行平台的选择和配置。如果依照以下的步骤就能够编译成功:

```
[root@localhost u-boot-2009.08]# make smdk2410_config
Configuring for smdk2410 board...
[root@localhost u-boot-2009.08]# make
Generating include/autoconf.mk
Generating include/autoconf.mk.dep
...
```

在上述命令中,make smdk2410_config 是针对 SMDK2410 开发板进行配置。其中的 smdk2410_config 做为 make 的命令参数,在 Makefile 中被定义了,如下是 Makefile 中的一段代码:

```
sheevaplug_config: unconfig
    @ $(MKCONFIG) $(@:_config=) arm arm926ejs $(@:_config=) Marvell kirkwood

smdk2400_config: unconfig
    @ $(MKCONFIG) $(@:_config=) arm arm920t smdk2400 samsung s3c24x0

smdk2410_config: unconfig
    @ $(MKCONFIG) $(@:_config=) arm arm920t smdk2410 samsung s3c24x0
```

其中，sheevaplug_config，smdk2400_config 和 smdk2410_config 是定义的三种平台，如果将它们传递给 make 作为参数，那么就能够确定编译的目标，而编译的文件在后面一行进行指定。sheevaplug_config、smdk2400_config 和 smdk2410_config 均可在 CPU 目录下找到。

如果编译没有问题，那么最后生成的 U-Boot.bin 就可以下载到开发板的 Flash 中用来引导操作系统了。

3.2.4 U-Boot 代码导读

1. 配置代码

首先来查看 U-Boot 的配置代码，在顶层的 Makefile 中可以看到如下代码：

```
MKCONFIG: = $(SRCTREE)/mkconfig
......
unconfig:
@rm -f $(obj)include/config.h $(obj)include/config.mk \
    $(obj)board/*/config.tmp $(obj)board/*/*/config.tmp \
    $(obj)include/autoconf.mk $(obj)include/autoconf.mk.dep
......
smdk2410_config: unconfig
@ $(MKCONFIG) $(@:_config=) arm arm920t smdk2410 samsung s3c24x0
```

如果在 U-Boot-2009-08 的根目录下编译，那么 MKCONFIG 就是根目录下的 mkconfig 文件，当执行 make smdk2410_cofing 指令时，将首先执行 unconfig 指令。unconfig 指令的定义如以上代码所示，其中"@"的作用是执行该命令时不再 shell 显示。obj 变量就是编译输出的目录。因此 unconfig 的作用就是清除上次执行 make *_config 命令生成的配置文件(如 include/config.h，include/config.mk 等)。

在执行完 unconfig 之后还将继续往下执行。$(MKCONFIG)在上面程序中指定为"$(SRCTREE)/mkconfig"。$(@:_config=)为将传进来的所有参数中的"_config"替换为空(其中"@"指规则的目标文件名，在这里就是"smdk2410_config")。此处就是将"smdk2410_config"中的"_config"去掉，得到"smdk2410"。

因此"@ $(MKCONFIG) $(@:_config=) arm arm920t smdk2410 samsung

s3c24x0"实际上就是执行了如下命令：

```
./mkconfig smdk2410  arm arm920t smdk2410 samsung s3c24x0
```

即将"smdk2410 arm arm920t smdk2410 samsung s3c24x0"作为参数传递给当前目录下的mkconfig脚本执行。在mkconfig脚本中给出了mkconfig的用法：

```
# Parameters: Target Architecture CPU Board [VENDOR] [SOC]
```

传递给mkconfig的参数的意义为：
- smdk2410　Target(目标板型号)；
- arm　Architecture(目标板的CPU架构)；
- arm920t　CPU(具体使用的CPU型号)；
- smdk2410　Board(开发板名称)；
- samsung　VENDOR(生产厂家名)；
- s3c24x0　SOC(片上系统)。

下面再来看看mkconfig脚本的作用。

(1) 确定开发板名称(BOARD_NAME)

```
11 APPEND = no          # Default: Create new config file
12 BOARD_NAME = ""      # Name to print in make output
13
14 while [ $# -gt 0 ] ; do
15      case "$1" in
16      --) shift ; break ;;
17      -a) shift ; APPEND = yes ;;
18      -n) shift ; BOARD_NAME = "${1%%_config}" ; shift ;;
19      *)  break ;;
20      esac
21 done
22
23 [ "${BOARD_NAME}" ] || BOARD_NAME = "$1"
```

第11行APPEND=no中的赋值no表示创建新的配置文件，如果是yes则表示追加到配置文件中。

第14行中环境变量$#表示传递给脚本的参数个数，这里的命令有6个参数，因此$#是6。

第16～18行中shift的作用是使$1=$2，$2=$3，$3=$4…，而原来的$1将丢失。因此while循环的作用是依次处理传递给mkconfig脚本的选项。由于并没有传递给mkconfig任何的选项，因此while循环中的代码不起作用，最后将BOARD_NAME的值设置为$1的值，在这里就是smdk2410。

(2) 检查参数的合法性

```
25 [ $# -lt 4 ] && exit 1
26 [ $# -gt 6 ] && exit 1
27
28 echo "Configuring for ${BOARD_NAME} board..."
```

上面代码的作用是检查参数个数和参数是否正确,参数个数少于 4 个或多于 6 个都被认为是错误的。

(3) 创建到开发板的相关目录的链接

```
30 #
31 # Create link to architecture specific headers
32 #
33 if [ "$SRCTREE" != "$OBJTREE" ] ; then
……
45 else
46      cd ./include
47      rm -f asm
48      ln -s asm-$2 asm
49 fi
```

第 33 行判断编译目标是否输出到外部目录下,如果是则执行 34~44 行代码,如果编译目标是输出到和源代码一样的目录下,那么执行 46~48 行代码。由于在本书中直接在源代码下编译的,因此是执行 else 语句后的代码。

第 46~48 行代码表示进入了 include 目录下,删除了上一次配置时的链接文件,并在 include 目录下建立了到 asm-arm 目录的符号链接 asm,其中的 ln -s asm-$2 asm 即 ln -s asm-arm asm。

继续看目录链接的相关代码:

```
51 rm -f asm-$2/arch
52
53 if [ -z "$6" -o "$6" = "NULL" ] ; then
54      ln -s ${LNPREFIX}arch-$3 asm-$2/arch
55 else
56      ln -s ${LNPREFIX}arch-$6 asm-$2/arch
57 fi
58
59 if [ "$2" = "arm" ] ; then
60      rm -f asm-$2/proc
61      ln -s ${LNPREFIX}proc-armv asm-$2/proc
62 fi
63
```

第 51 行删除了 asm-arm/arch，因为 $2=arm。

第 53~57 行建立符号链接 include/asm-arm/arch，若 $6(SOC)为空，则使其链接到 include/asm-arm/arch-arm920t 目录，否则就使其链接到 include/asm-arm /arch-s3c24x0 目录。（事实上 include/asm-arm/arch-arm920t 并不存在，因此 $6 是不能为空的，否则会编译失败）。

第 59~62 行判断目标板是否是 ARM 架构，如果是，则上面的代码将建立符号连接 include/asm-arm/proc，使其链接到 proc-armv 目录。

（4）构建 include/config.mk 文件

```
64  #
65  # Create include file for Make
66  #
67  echo "ARCH    = $2" >  config.mk
68  echo "CPU     = $3" >> config.mk
69  echo "BOARD   = $4" >> config.mk
70
71  [ "$5" ] && [ "$5" ! = "NULL" ] && echo "VENDOR  = $5" >> config.mk
72
73  [ "$6" ] && [ "$6" ! = "NULL" ] && echo "SOC     = $6" >> config.mk
74
```

上面代码将会把如下内容写入 inlcude/config.mk 文件：

```
ARCH = arm
CPU = arm920t
BOARD = smdk2410
VENDOR = samsung
SOC = s3c24x0
```

（5）构建 include/config.h 文件

```
75  #
76  # Create board specific header file
77  #
78  if [ "$APPEND" = "yes" ]          # Append to existing config file
79  then
80          echo >> config.h
81  else
82          > config.h                 # Create new config file
83  fi
84  echo "/ * Automatically generated - do not edit */" >>config.h
85  echo "# include <configs/$1.h>" >>config.h
86  echo "# include <asm/config.h>" >>config.h
87
```

若 APPEND 为 no,则创建新的 include/config.h 文件。若 APPEND 为 yes,则将新的配置内容追加到 include/config.h 文件后面。由于 APPEND 的值保持"no",因此 config.h 被创建了,并添加了如下的内容:

```
/* Automatically generated - do not edit */
#include <configs/smdk2410.h>
#include <asm/config.h>
```

对于以上出现的"#include <configs/smdk2410.h>"就是针对特定开发板的配置文件了。它的路径是 include/configs/smdk2410.h,通过对这个文件的裁剪和添加,能够达到配置 smdk2410 开发板的目的。其他开发板配置文件的相应路径为 include/configs/<board_name>.h。

配置文件 include/configs/smdk2410.h 中的相关代码基本上都是以 CONFIG_ 开头的宏定义,这些宏作用包括:选择 CPU、SOC、开发板类型、设置系统时钟、选择设备驱动、设置 U-Boot 提示符、设置 U-Boot 默认下载地址等。基本的格式如下:

```
/*
 * Miscellaneous configurable options
 */
#define CONFIG_SYS_LONGHELP        /* undef to save memory */
#define CONFIG_SYS_PROMPT "SMDK2410 # "  /* Monitor Command Prompt */
#define CONFIG_SYS_CBSIZE    256   /* Console I/O Buffer Size    */
```

这些宏不仅仅作为参数设置的作用,还能决定在编译、链接过程中相关文件的代码是否会被编译。也就是说宏定义主要用来设置 U-Boot 的功能、选择使用文件中的哪一部分。

2. 编译、连接代码

由之前的介绍已知,在进行完 U-Boot 的配置后,执行"make all"指令就能够完成编译工作。下面对编译和链接的代码进行介绍,让读者了解 U-Boot 都使用了那些文件、文件的执行顺序和可执行文件的内存占用情况等。首先看根目录下 Makefile 的如下代码:

```
157 # load ARCH, BOARD, and CPU configuration
158 include $(obj)include/config.mk
159 export   ARCH CPU BOARD VENDOR SOC
160
161 # set default to nothing for native builds
162 ifeq ($(HOSTARCH),$(ARCH))
163 CROSS_COMPILE ? =
164 endif
165
166 # load other configuration
```

```
167 include $(TOPDIR)/config.mk
168
```

第 158 行将前面配置产生的 include/config.mk 包含进来，在 include/config.mk 文件中定义了 ARCH、CPU、BOARD、VENDOR 和 SOC 等几个变量的值。

第 162～164 行用于指定交叉编译的工具。

第 167 行将顶层的配置文件也包含进来。下面看看顶层配置文件 config.mk 中的几条重要语句：

```
82 # Load generated board configuration
83 sinclude $(OBJTREE)/include/autoconf.mk
84
85 ifdef   ARCH
# include architecture dependend rules
86 sinclude $(TOPDIR)/lib_$(ARCH)/config.mk
87 endif
……
99 ifdef   BOARD
# include board specific rules
100 sinclude $(TOPDIR)/board/$(BOARDDIR)/config.mk
101 endif
……
118 LDSCRIPT := $(TOPDIR)/board/$(BOARDDIR)/u-boot.lds
……
169 LDFLAGS += -Bstatic -T $(obj)u-boot.lds $(PLATFORM_LDFLAGS)
170 ifneq ($(TEXT_BASE),)
171 LDFLAGS += -Ttext $(TEXT_BASE)
172 endif
```

在以上代码中第 82～101 行主要是依据各个配置参数将相应的配置文件包含进来，第 118 行是根据开发板指定相应的链接文件。第 169～172 行中的 TEXT_BASE 与 U-Boot 根目录文件 board/Samsung/smdk2410/config.mk 中 TEXT_BASE＝0x33F8000 相对应。也就是说在 LDFLAGS 中应该有-T cpu/arm920t/u-boot.lds -Text 0x33F8000。

看完顶层的 config.mk 文件后继续看 Makefile 代码，以下的三段代码是要产生".o"和".a"类型的文件来构成 U-Boot：

```
169 #########################################################
170 # U-Boot objects....order is important (i.e. start must be first)
171
172 OBJS    = cpu/$(CPU)/start.o
……
347 $(OBJS):        depend
348 $(MAKE) -C cpu/$(CPU) $(if $(REMOTE_BUILD),$@,$(notdir $@))
```

OBJS = cpu/$(CPU)/start.o,即为 cpu/arm920t/start.o,而要产生 cpu/arm920t/start.o 需要进入 cpu/$(CPU)进行编译:

```
186 LIBS    = lib_generic/libgeneric.a
187 LIBS   += lib_generic/lzma/liblzma.a
188 LIBS   += lib_generic/lzo/liblzo.a
……
350 $(LIBS):        depend $(SUBDIRS)
351                 $(MAKE) -C $(dir $(subst $(obj),,$@))
```

代码中可以看到 LIBS 包括的目标非常多,都是将子目录的源码编成".a"库文件,通过执行每个目录的 Makefile 来实现。

```
254 LIBBOARD  = board/$(BOARDDIR)/lib$(BOARD).a
255 LIBBOARD := $(addprefix $(obj),$(LIBBOARD))
353 $(LIBBOARD):    depend $(LIBS)
354                 $(MAKE) -C $(dir $(subst $(obj),,$@))
```

通过以上代码产生 board/$(BOARDDIR)/lib$(BOARD).a,对 S3C2410 来说,因为 VENDIR=Samsung,所以这里 BOARDDIR = $(VENDOR)/$(BOARD),因此 LIBBOARD = board/samsung/smdk2410/libsmdk2410.a。

当所有的".a"和".o"文件生成后,就需要进行链接了。Makefile 中与链接相关的代码如下:

```
    294 # Always append ALL so that arch config.mk's can add custom ones
    295 ALL += $(obj)u-boot.srec $(obj)u-boot.bin $(obj)System.map $(U_BOOT_NAND) $(U_BOOT_ONENAND)
    296
    297 all:        $(ALL)
    298
    299 $(obj)u-boot.hex:      $(obj)u-boot
    300                 $(OBJCOPY) ${OBJCFLAGS} -O ihex $< $@
    301
    302 $(obj)u-boot.srec:     $(obj)u-boot
    303                 $(OBJCOPY) -O srec $< $@
    304
    305 $(obj)u-boot.bin:      $(obj)u-boot
    306                 $(OBJCOPY) ${OBJCFLAGS} -O binary $< $@
……
    337 $(obj)u-boot:   depend $(SUBDIRS) $(OBJS) $(LIBBOARD) $(LIBS) $(LDSCRIPT) $(obj)u-boot.lds
```

第 337 行生成了 elf 格式的 U-Boot,不能直接在裸机上运行(这也不是绝对的,主要是因为 U-Boot 中没有加载器,如果为 U-Boot 写一个加载器就可以跑 elf 文件了)。所以可以看到 U-Boot.srec、U-Boot.bin 是用 $(OBJCOPY) 从 U-Boot 生成的。

在第 337 行还看到有指定的链接文件。其实就是执行链接时所需要的链接脚本,链接脚本是程序链接的依据,它规定了可执行文件中的程序的输出格式是大端还是小端,程序如何来布局,程序的入口是哪里等一系列的功能。下面来看看位于 cpu/arm920t 目录下的链接脚本 U-Boot.lds:

```
32 OUTPUT_FORMAT("elf32-littlearm","elf32-littlearm","elf32-littlearm")
33 OUTPUT_ARCH(arm)
34 ENTRY(_start)
35 SECTIONS
36 {
37          . = 0x00000000;
38
39          . = ALIGN(4);
40          .text :
41          {
42                  cpu/arm920t/start.o     (.text)
43                  *(.text)
44          }
45
46          . = ALIGN(4);
47          .rodata : { *(SORT_BY_ALIGNMENT(SORT_BY_NAME(.rodata*))) }
48
49          . = ALIGN(4);
50          .data : { *(.data) }
51
52          . = ALIGN(4);
53          .got : { *(.got) }
54
55          . = .;
56          __u_boot_cmd_start = .;
57          .u_boot_cmd : { *(.u_boot_cmd) }
58          __u_boot_cmd_end = .;
59
60          . = ALIGN(4);
61          __bss_start = .;
62          .bss (NOLOAD) : { *(.bss) . = ALIGN(4); }
63          _end = .;
64 }
```

由以上代码可以看出程序的布局和入口点,其中 cpu/arm920t/start.o 被放在最前面,这样就可以保证 start.s 中的第一条语句最先执行。

综合本小节对编译和链接过程的代码分析,可以总结出 U-Boot 编译和链接的执行流程为以下四个步骤:

- 编译 cpu/$(CPU)/start.o,当然不同的 cpu 可能还需要编译一些特别的文件;
- 执行所配置的平台的相关目录,以及通用目录下面的 Makefile,编成对应的".o"和".a"文件;
- 将上面的".o"和".a"文件按照相关的配置与对应的链接脚本进行链接生成 U-Boot;
- 之后使用对应的工具从 U-Boot 生成所需的目标文件,如 U-Boot.bin、U-Boot.srec。

3. 第一段代码

由以上的分析可知,U-Boot 运行第一阶段代码的工作概括而言就包括两个部分:硬件的初始化和为加载第二阶段的代码准备 RAM 空间。

Bootloader 最先执行 cpu/arm920t/start.S。

开始的一段代码是处理器的异常处理向量表。

```
39 .globl _start       //U-Boot 的启动入口
40 _start: b    start_code    //系统各个异常向量对应的跳转代码
41         ldr      pc, _undefined_instruction   //未定义的指令异常
42         ldr      pc, _software_interrupt      //软中断异常
43         ldr      pc, _prefetch_abort          //内存操作异常
44         ldr      pc, _data_abort   //数据异常
45         ldr      pc, _not_used     //未使用
46         ldr      pc, _irq          //慢速中断异常
47         ldr      pc, _fiq          //快速中断异常
```

下面的这段代码主要是定义各段的位置:

```
73 _TEXT_BASE:
74 .word     TEXT_BASE    //TEXT_BASE 在前面有提到,在/board/xxx/config.mk 中定义
75
76 .globl _armboot_start
77 _armboot_start:
78          .word _start  //定义代码段起始地址,也是 TEXT_BASE
79
80 /*
81  * These are defined in the board-specific linker script.
82  */
83 .globl _bss_start    //根据上面提到的链接脚本确定的
84 _bss_start:
85          .word __bss_start
```

```
86
87 .globl _bss_end
88 _bss_end:
89           .word _end    //这个也是由链接脚本确定的
```

接着是将 CPU 的工作模式设置为管理模式(即 SVC 模式):

```
108 start_code:
......
112         mrs     r0,cpsr
113         bic     r0,r0,#0x1f
114         orr     r0,r0,#0xd3
115         msr     cpsr,r0
```

接着包括关闭 watchdog,设置 FCLK、HCLK、PCLK 的比例(即设置 CLKDIVN 寄存器),关闭 MMU 和 CACHE 等。重点需要分析的是重定向代码,也就是将 Bootloader 自身由 FLASH 中复制到 SDRAM 中去,从而再跳转到 SDRAM 中执行。在 SDRAM 中运行指令的效率比 Flash 中高出很多。在分析重定向代码前看到 start.S 中还有如下一段代码:

```
254         /*
255          * before relocating, we have to setup RAM timing
256          * because memory timing is board-dependend, you will
257          * find a lowlevel_init.S in your board directory.
258          */
259         mov     ip, lr
260
261         bl      lowlevel_init
```

也就是说在重定向前 start.S 调用了位于 board/samsung/smdk2410 中的 lowlevel_init.S,它是与开发板相关的,可以根据外设的不同对其进行修改。lowlevel_init.S 代码如下:

```
129 _TEXT_BASE:
130         .word   TEXT_BASE
131
132 .globl lowlevel_init
133 lowlevel_init:
134         /* memory control configuration */
135         /* make r0 relative the current location so that it */
136         /* reads SMRDATA out of FLASH rather than memory ! */
137         ldr     r0, = SMRDATA
138         ldr     r1, _TEXT_BASE
139         sub     r0, r0, r1
```

```
140         ldr     r1, = BWSCON        /* Bus Width Status Controller */
141         add     r2, r0, #13 * 4
142 0:
143         ldr     r3, [r0], #4
144         str     r3, [r1], #4
145         cmp     r2, r0
146         bne     0b
147
148         /* everything is fine now */
149         mov     pc, lr
150
151         .ltorg
152 /* the literal pools origin */
153
154 SMRDATA:
……
```

以上代码第137行中的 SMRDATA 表示13个寄存器的值的存放的起始地址,这个起始地址是连接地址。138行表示获得代码段的起始地址,值为 TEXT_BASE = 0x33F80000。139行计算出13个寄存器在 FLASH 中的存放地址,计算方法是连接地址减去 TEXT_BASE。接下来的的代码就是对存储控制器的设置。设置完成后就能够进行重定向了,重定向代码在 start.S 中,其内容如下:

```
180 relocate://把 uboot 重新定位到 RAM
181         adr     r0, _start      // r0 是代码的当前位置
182         ldr     r1, _TEXT_BASE  //测试是否从 FLASH 到 RAM
183         cmp     r0, r1          //如果是调试阶段不进行重定向
184         beq     stack_setup
185
186         ldr     r2, _armboot_start  //r2 是 armboot 的开始地址
187         ldr     r3, _bss_start      //r3 是代码段的结束地址
188         sub     r2, r3, r2          //r2 得到了 armboot 的大小
189         add     r2, r0, r2          //r2 得到的是源代码结束地址
190
191 copy_loop://重新定位代码
192         ldmia   r0!, {r3-r10}       //从源地址[r0]中复制
193         stmia   r1!, {r3-r10}       //复制到目标地址[r1]
194         cmp     r0, r2              //复制数据块直到源数据末尾地址[r2]
195         ble     copy_loop
```

重定向代码中第181行用于获得当前代码的地址信息,如果 U-Boot 从 RAM 中开始运行的,那么第181行指定得到的地址信息为 r0 = TEXT_BASE = 0x33F80000;

如果在 Flash 开始运行,那么 r0＝0x00000000,这时将会执行 copy_loop 标识的代码。

再下来就是设置栈,栈的设置灵活性很大,只要让 sp 寄存器指向没有使用的内存即可。栈设置的代码如下:

```
199 stack_setup:
200     ldr     r0, _TEXT_BASE      //TEXT_BASE 为代码段的开始地址:0x33F80000
201     sub     r0, r0, ＃CONFIG_SYS_MALLOC_LEN    //代码段下面留出内存实现 malloc
202     sub     r0, r0, ＃CONFIG_SYS_GBL_DATA_SIZE  //留出内存来存储全局变量
203 ＃ifdef CONFIG_USE_IRQ
204     sub     r0, r0, ＃(CONFIG_STACKSIZE_IRQ + CONFIG_STACKSIZE_FIQ)
205 ＃endif
206     sub     sp, r0, ＃12     //留出 12 字节的内存给 abort 异常
207 //以下内存都为堆栈
208 clear_bss:
209     ldr     r0, _bss_start
210     ldr     r1, _bss_end
211     mov     r2, ＃0x00000000
212
213 clbss_l:str    r2, [r0]
214     add     r0, r0, ＃4
215     cmp     r0, r1
216     ble     clbss_l
```

当栈设置完成之后,通过以下的代码跳转到 C 代码中去,Bootloader 第一阶段的使命完成。

```
218     ldr     pc, _start_armboot
219
220 _start_armboot: .word start_armboot
```

第一阶段的代码除了以上列举的之外还有一些对处理器的设置和对中断的处理代码,但是这些代码与移植的关系不大,读者只需要了解大概的用途即可。

4. 第二段代码

由第一段代码知道,第二阶段的代码从 lib_arm/board.c 中的 start_armboot 函数开始,程序流程如图 3-4 所示。

第二阶段的代码主要完成的功能包括对硬件的初始化和对相关硬件的驱动程序的加载。由于本书篇幅所限,下面将对第二阶段的代码进简要的概括。

(1) 初始化本阶段要使用到的硬件设备

初始化的硬件设备包括设置开发板的相关参数,如设置 MPLL、系统时钟和初始化串口等。对于开发板初始化的函数主要在 board/samsung/smdk2410/board.c 文件中的 board_init()函数中实现。值得一提的是,board_init()函数还对机器的类型 ID 和

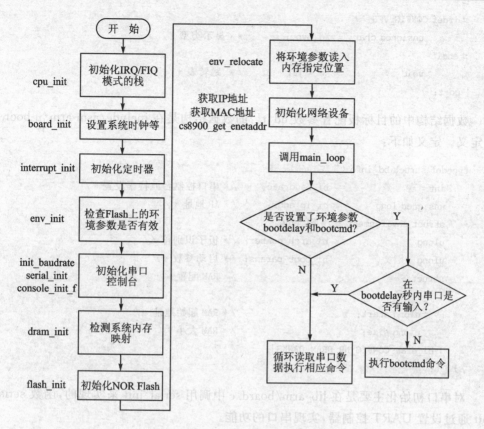

图 3-4 U-Boot 第二阶段流程图

引导参数地址进行了设置。其代码如下：

```
        /* arch number of SMDK2410-Board */
gd->bd->bi_arch_number = MACH_TYPE_SMDK2410;
        /* adress of boot parameters */
gd->bd->bi_boot_params = 0x30000100;
```

需要注意的是 gd_t 类型的变量 gd。这个变量负责传递引导内核的核心参数，在 include/asm-arm/global_data.h 中进行定义，其定义如下：

```
typedef struct   global_data {
    bd_t              * bd;
    unsigned long     flags;
    unsigned long     baudrate;
    unsigned long     have_console;    /* 调用 serial_init() */
    unsigned long     reloc_off;       /* 重定向的偏移 */
    unsigned long     env_addr;        /* 环境结构的地址 */
    unsigned long     env_valid;       /* 环境是否合法的校验和 */
    unsigned long     fb_base;         /* 帧缓冲的地址 */
```

```
#ifdef CONFIG_VFD
    unsigned char        vfd_type;        /*显示类型*/
#endif
    void                 **jt;            /* 跳转表 */
} gd_t;
```

数据结构中的目标板配置参数 bd_t{} 的数据结构是在 include/asm-arm/u-boot.h 中定义。定义如下：

```
typedef struct bd_info {
    int                  bi_baudrate;     /*串口控制台波特率设置*/
    unsigned long        bi_ip_addr;      /* IP 地址 */
    struct environment_s *bi_env;
    ulong                bi_arch_number;  /*板子识别符*/
    ulong                bi_boot_params;  /*启动参数*/
    struct                                /* RAM 配置 */
    {
        ulong start;                      /* RAM 起始地址 */
        ulong size;                       /* RAM 大小 */
    } bi_dram[CONFIG_NR_DRAM_BANKS];
} bd_t;
```

对串口初始化主要是在 lib_arm/board.c 中调用 serial_init 来实现的，函数 serial_init 通过设置 UART 控制器，实现串口的功能。

(2) 检测系统内存映射(memory map)

对于特定的开发板而言，内存分配是明确的，board/samsung/smdk2410/board.c 中的 dram_init 函数指定了开发板的内存起始地址是 0x30000000，大小为 0x4000000。其代码如下：

```
gd->bd->bi_dram[0].start = PHYS_SDRAM_1;
gd->bd->bi_dram[0].size = PHYS_SDRAM_1_SIZE;
```

(3) 映像的读入

将内核映像和根文件系统映像从 Flash 上读到 RAM 空间中。

(4) 为内核设置启动参数

U-Boot 是通过标记列表向内核传递参数。setup_memory_tags 和 setup_commandline_tag 这两个标记列表定义在 lib_arm/bootm.c 中。如果要为内核设置启动参数，那么通常设置这两个标记就可以了，再在配置文件 include/configs/smdk2410.h 中增加两个配置项：

```
#define CONFIG_SETUP_MEMORY_TAGS    1
#define CONFIG_CMDLINE_TAG          1
```

对于ARM构架的CPU来说,都是通过lib_arm/bootm.c中的do_bootm_linux函数来启动内核的。

(5) U-Boot命令的格式

用户是通过U-Boot的命令来实现交互的,由于U-Boot为用户做好了命令的接口,用户甚至能够根据具体的开发板配置来对命令进行添加。U-Boot的命令都是通过宏U_BOOT_CMD来定义的。这个宏定义在include/command.h中,其定义如下:

```
#define U_BOOT_CMD(name,maxargs,rep,cmd,usage,help) \
cmd_tbl_t __u_boot_cmd_##name Struct_Section = {#name, maxargs, rep, cmd, usage, help}
```

可以看到U_BOOT_CMD共有六个参数,各项参数定义如下。
- name:命令的名字,它不是一个字符串;
- maxargs:最大的参数个数;
- repeatable:是否在按下"回车"键后重复运行;
- command:对应的函数指针;
- usage:函数的使用说明;
- help:命令的帮助。

U-Boot的每一条命令对应着一个cmd_tbl_t结构体。这个结构体是在.u_boot_cmd中定义的。在cpu/arm920t/u-boot.lds中有如下代码:

```
__u_boot_cmd_start = .;
.u_boot_cmd : { *(.u_boot_cmd) }
__u_boot_cmd_end = .;
```

程序就是根据命令的名字在内存段__u_boot_cmd_start到__u_boot_cmd_end中找到cmd_tbl_t结构体,然后再调用命令相关的函数的。

3.2.5 U-Boot命令

U-Boot为用户提供了很丰富的操作命令,通过这些命令用户能够实现基本常用的各项操作。下面通过列表的方式介绍一些U-Boot常用的命令,如表3-3所列。

表3-3 U-Boot常用命令

help	帮助命令,用于对U-Boot支持的命令列出简单说明
bdinfo	查看目标系统参数和变量、目标板的硬件配置和各种变量参数
printenv	打印环境变量

续表 3-3

命令	说明
setenv	设置新的环境变量。环境变量通常有： setenv ipaddr *.*.*.*　设置本机 IP setenv serverip *.*.*.*　设置服务器 IP setenv gatewayip *.*.*.*设置网关 IP setenv ethaddr *.*.*.*　设置网络芯片 MAC 地址
saveenv	将当前定义的所有变量及其值存入 flash 中
loadb	通过串口 Kermit 协议下载二进制数据
tftp	通过网络下载程序，需要先设置好网络配置，例如：tftp 32000000 vmlinux（application. bin 应位于 tftp 服务程序的目录，vmlinux 通过 TFTP 读入到物理内存 32000000 处
mm	修改内存，地址自动递增
nm	修改内存，地址不自动递增
mw	用模型填充内存，例如：mw 32000000 ff 10000（把内存 0x32000000 开始的 0x10000 字节设为 0xFF）
cp	复制一块内存到另一块
cmp	比较两块内存区
protect	写保护操作。 protect on 1:0～3（就是对第一块 Flash 的 0～3 扇区进行保护）； protect off 1:0～3 取消写保护
erase	擦除扇区。 erase：删除 Flash 的扇区； erase 1:0～2（就是对每一块 Flash 的 0～2 扇区进行删除）
nfs	nfs 32000000 192.168.3.244:file.txt，也就是把 192.168.3.244（Linux 主机的 NFS 共享目录）中的 file.txt 读入内存 0x32000000 处
usb	usb start：启动 usb 功能。 usb info：列出设备； usb scan：扫描 usb storage(U 盘)设备
ping	只能开发板 PING 别的机器
bootp	通过网络启动，需要提前设置好硬件地址
go	执行内存中的二进制代码，一个简单的跳转到指定地址
bootm	执行内存中的二进制代码
fatls	列出 DOS FAT 文件系统,例如： fatls usb 0 列出第一块 U 盘中的文件
fatload	读入 FAT 中的一个文件，例如： fatload usb 0:0 32000000 file.txt 把 USB 中的 aa.txt 读到物理内存 0x32000000 处
flinfo	列出 Flash 的信息
run	执行设置好的脚本

3.3 U-Boot 移植

本节将以 U-Boot 的 U-Boot-2009-08 版本来介绍将 U-Boot 移植到 S3C2440 开发板。由于目前的 U-Boot 中没有对 S3C2440 的支持，因此，需要自己动手移植。下面对本书使用 S3C2440 开发板的基本外接硬件进行介绍：

- BANK0 外接容量为 2 MB，位宽为 8B 的 NOR Flash 芯片 AM29LV160。
- BANK4 外接 100 MB 网卡芯片 DM9000，位宽为 16B。
- BANK6 外接两片容量为 32 MB、位宽为 16 位的 SDRAM 芯片 K4S561632C，组成容量为 64 MB、位宽为 32 的内存。
- 通过 NAND Flash 控制器外接容量为 64 MB，位宽为 8B 的 NAND Flash 芯片 K9F1216U0A。

移植 U-Boot 需增加的功能如下：

- 添加对 S3C2440 开发板的支持；
- 支持 Nand Flash 读写；
- 支持从 Nand Flash 中启动；
- 支持 DM9000 网卡；
- 支持 Yaffs 文件系统。

移植环境包括如下几部分。

- 主机：VMWare-Red Hat Linux 9.0；
- 开发板：S3C2440 开发板，包括两片 SDRAM：HY57V561620(32 MB)，Nor Flash：EN29LV160AB(2M)，Nand Flash：K9F2G08U0C(256 MB)，网卡：DM9000
- 编译器：arm-linux-gcc-4.3.2；
- U-Boot：U-Boot-2009.08。

3.3.1 在 U-Boot 中建立自己的开发板

虽然目前 U-Boot 对很多 CPU 直接支持(可以查看 board 目录的一些子目录)，如：smdk2400、smdk2410 和 smdk6400，但没有 S3C2440，所以就在这里建立自己的开发板项目。

由于 S3C2440 和 S3C2410 的接口资源比较相似，仅在外接设备和 CPU 的运行频率等方面有些差别，所以在 board/samsung/下建立文件夹 smdk2440。以下是建立开发板的详细步骤。

(1) 创建开发板文件

```
[root@localhost usr]# tar -jxvf u-boot-2009.08.tar.bz2    //解压源码 u-boot 源码
[root@localhost usr]# cd u-boot-2009.08/board/samsung     //进入 samsung 目录
[root@localhost samsung]# mkdir smdk2440     //创建 smdk2440 文件夹作为所用的开发板
```

```
[root@localhost samsung]#cp -rf smdk2410/* smdk2440/
```
//将 smdk2410 下所有的代码复制到 smdk2440 下
```
[root@localhostsamsung]#cd smdk2440    //进入 smdk2440 目录
[root@localhostsmdk2440]#mv smdk2410.c smdk2440.c
```
//将 smdk2440 下的 smdk2410.c 改名为 smdk2440.c
```
[root@localhostsmdk2440]#cd ../../../     //回到 U-Boot 根目录
[root@localhost u-boot-2009.08]#cp include/configs/smdk2410.h include/configs/smdk2440.h
```
//建立 2440 头文件

（2）修改编译选项

打开 Makefile 文件：

```
[root@localhost u-boot-2009.08]#gedit board/samsung/smdk2440/Makefile
```
//修改 smdk2440 下 Makefile 的编译项
```
28 COBJS   := smdk2410.o flash.o
```

将最后一行修改为：

```
28 COBJS   := smdk2440.o flash.o
```

修改 U-Boot 根目录下 Makefile 文件。查找到 smdk2410_config, 在它下面按照 smdk2410_config 格式建立 smdk2440_config 的编译选项，还要指定交叉编译器。

```
[root@localhost u-boot-2009.08]#gedit Makefile    //打开根目录下 Makefile 对其进行修改
163 CROSS_COMPILE ?= arm-linux-   //指定交叉编译器为 arm-linux-gcc
2997 smdk2410_config : unconfig   //2410 编译选项格式
2998 @$(MKCONFIG) $(@:_config=) arm arm920t smdk2410 samsung s3c24x0
2999 smdk2440_config : unconfig   //仿照 2410 建立 2440 编译选项格式
3000 @$(MKCONFIG) $(@:_config=) arm arm920t smdk2440 samsung s3c24x0
```

为了检验在 U-Boot 中 2440 开发板是否建立成功，对其进行编译看是否能够成功：

```
[root@localhost u-boot-2009.08]#make smdk2440_config   //配置 smdk2440 编译选项
[root@localhost u-boot-2009.08]#make
```
//编译后在根目录下会出现 u-boot.bin 文件，则 U-Boot 移植的第一步就算完成了

到此为止已在 U-Boot 中建立了属于自己的 smdk2440 开发板了，但是这些操作只是建立了基本的框架，要使 U-Boot 完全支持开发板硬件平台还需要根据不同的硬件接口设备对 U-Boot 进行修改。

（3）让 U-Boot 能够在板子上"动起来"

为了能够添加与 S3C2440 相对应的代码，需要在 include/configs/smdk2440.h 头

文件中添加 CONFIG_S3C2440 宏：

```
[root@localhost u-boot-2009.08] gedit include/configs/smdk2440.h
```

在代码：

```
#define CONFIG_ARM920T      1       /* This is an ARM920T Core */
#define CONFIG_S3C2410      1       /* in a SAMSUNG S3C2410 SoC */
#define CONFIG_SMDK2410     1       /* on a SAMSUNG SMDK2410 Board */
```

后添加

```
#define CONFIG_S3C2440      1       //添加 2440 开发板的宏定义
```

下面对 U-Boot 启动的第一段代码（即汇编代码）部分进行修改。在 cpu/arm920t/start.S 中有两句代码是关于 AT91RM9200DK 的 LED 初始代码，不适用于本书的开发板，将其注释掉，然后添加自己的代码，使其能够通过 LED 来指示 Bootloader 的运行状态。其代码如下：

```
/* bl coloured_LED_init
bl red_LED_on */       //将这两句代码注释掉
/*************以下代码为增加的部分********************/
#if defined(CONFIG_S3C2440)
/* 在本书的开发板上是 GPB 5 6 7 8 外接小灯 B 改后在板子上 LED1 亮,其他的不亮 */
#define GPBCON 0x56000010  /* 以下寄存器的地址通过查询 S3C2440 的数据手册得到 */
#define GPBDAT 0x56000014
#define GPBUP  0x56000018
ldr r0, =GPBUP    /* 设置上拉电阻寄存器 */
ldr r1, =0x7FF    //即二进制 11111111111,关闭 PB 口上拉
str r1, [r0]
ldr r0, =GPBCON   /* 设置控制寄存器 */
ldr r1, =0x154FD
str r1, [r0]
ldr r0, =GPBDAT   /* 设置数据寄存器 */
ldr r1, =0x1C0
str r1, [r0]
#endif
```

由于 2440 在一些寄存器设置、中断禁止和时钟设置部分与 2410 有差别，要使硬件初始化正确设置，需对这些设置代码进行修改或者添加。例如在 S3C2410 中 FCLK 一般设为 200 MHz，分频比 FCLK:HCLK:PCLK=1:2:4；而在 S3C2440 开发板中，将 FCLK 设为 405 MHz，分频比 FCLK:HCLK:PCLK=1:4:8。同时还将 UPLL 设为 48 MHz（即 UCLK 为 48 MHz）用以在内核中支持 USB 控制器。

在 cpu/arm920t/start.S 中代码修改如下*：

---

* 本书中加粗的代码表示是添加的。

```
#ifdefined(CONFIG_S3C2400)||defined(CONFIG_S3C2410)||defined(CONFIG_S3C2440)
    /* turn off the watchdog */

#ifdefined(CONFIG_S3C2400)
#define pWTCON      0x15300000
#define INTMSK      0x14400008    /* Interupt-Controller base addresses */
#define CLKDIVN     0x14800014    /* clock divisor register */
#else    //下面 2410 和 2440 的寄存器地址是一致的
#define pWTCON      0x53000000
#define INTMSK      0x4A000008    /* Interupt-Controller base addresses */
#define INTSUBMSK   0x4A00001C
#define CLKDIVN     0x4C000014    /* clock divisor register */
#endif

    ldr    r0, =pWTCON
    mov    r1, #0x0
    str    r1, [r0]


    /*
     * mask all IRQs by setting all bits in the INTMR - default
     */
    mov    r1, #0xffffffff
    ldr    r0, =INTMSK
    str r1, [r0]
#if defined(CONFIG_S3C2410)
    ldr    r1, =0x3ff
    ldr    r0, =INTSUBMSK
    str    r1, [r0]
#endif
#if defined(CONFIG_S3C2440)    //添加 s3c2440 的中断禁止部分
    ldr    r1, =0x7fff          //根据 s3c2440 芯片手册,INTSUBMSK 寄存器有 15 位可用
    ldr    r0, =INTSUBMSK
    str    r1, [r0]
#endif
#if defined(CONFIG_S3C2440)    //添加 s3c2440 的时钟部分
#define MPLLCON     0x4C000004    //系统主频配置寄存器基地址
#define UPLLCON     0x4C000008    //USB 时钟频率配置寄存器基地址
    ldr    r0, =CLKDIVN          //设置分频系数 FCLK:HCLK:PCLK = 1:4:8
    mov    r1, #5
    str    r1, [r0]


    ldr    r0, =MPLLCON          //设置系统主频为 405 MHz
```

```
        ldr   r1, = 0x7F021      //这个值参考芯片手册"PLL VALUE SELECTION TABLE"部分
        str   r1, [r0]

        ldr   r0, = UPLLCON      //设置USB时钟频率为48 MHz
        ldr   r1, = 0x38022      //这个值参考芯片手册"PLL VALUE SELECTION TABLE"部分
        str   r1, [r0]
#else //其他开发板的时钟部分,这里就不用管,因为现在是做s3c2440的
        /* FCLK:HCLK:PCLK = 1:2:4 */
        /* default FCLK is 120 MHz ! */
        ldr   r0, = CLKDIVN
        mov   r1, #3
        str   r1, [r0]
#endif
#endif           /* CONFIG_S3C2400 || CONFIG_S3C2410 || CONFIG_S3C2440 */
```

S3C2440 的时钟设置代码除了在以上的 start.S 部分还需要在另外两个文件中进行修改,首先修改 board/samsung/smdk2440/smdk2440.c 中的时钟初始化部分,注意主频和 USB 时钟频率参数的设置要与 start.S 中的一致。smdk2440.c 代码修改如下:

```
#define FCLK_SPEED 2      //设置默认的主频为2,那么修改设置的值有效
#if FCLK_SPEED == 0       /* Fout = 203MHz, Fin = 12MHz for Audio */
#define M_MDIV      0xC3
#define M_PDIV      0x4
#define M_SDIV      0x1
#elif FCLK_SPEED == 1     /* Fout = 202.8MHz */
#define M_MDIV      0xA1
#define M_PDIV      0x3
#define M_SDIV      0x1
#elif FCLK_SPEED == 2     /* Fout = 405MHz */
/* 以下三个值根据S3C2440芯片手册进行设置,和start.S一致 */
#define M_MDIV      0x7F
#define M_PDIV      0x2
#define M_SDIV      0x1
#endif


#define USB_CLOCK 2    //设置默认为2,那么修改设置的值有效
#if USB_CLOCK == 0
#define U_M_MDIV    0xA1
#define U_M_PDIV    0x3
#define U_M_SDIV    0x1
#elif USB_CLOCK == 1
```

```
#define U_M_MDIV      0x48
#define U_M_PDIV      0x3
#define U_M_SDIV      0x2
#elif USB_CLOCK == 2
/* 以下三个值根据 S3C2440 芯片手册进行设置,和 start.S 一致 */
#define U_M_MDIV      0x38
#define U_M_PDIV      0x2
#define U_M_SDIV      0x2
#endif
```

在设置串口波特率时需获得系统时钟,也就是 Bootloader 第二阶段的 start_armboot 函数调用 serial_inint 函数对串口进行初始化时候,会调用 get_PCLK 函数,这个函数在 cpu/arm920t/s3c24x0/speed.c 中定义。但是因为 S3C2410 和 S3C2440 的 MPLL、UPLL 的计算公式不一样,所以需要对 speed.c 中的 get_PLLCL 等函数进行修改。修改主要是根据设置的分频系数 FCLK:HCLK:PCLK=1:4:8 修改获取时钟频率的函数。speed.c 代码修改如下:

```
static ulong get_PLLCLK(int pllreg)
{
    S3C24X0_CLOCK_POWER * const clk_power = S3C24X0_GetBase_CLOCK_POWER();
    ulong r, m, p, s;
    if (pllreg == MPLL)
        r = clk_power->MPLLCON;
    else if (pllreg == UPLL)
        r = clk_power->UPLLCON;
    else
        hang();
    m = ((r & 0xFF000) >> 12) + 8;
    p = ((r & 0x003F0) >> 4) + 2;
    s = r & 0x3;
#if defined(CONFIG_S3C2440)//
    if (pllreg == MPLL)
    {
        return((CONFIG_SYS_CLK_FREQ * m * 2) / (p << s));   //这个公式是根据数据手
册得到的:PLL = (2 * m * Fin)/(p * 2s)
    }
#endif
    return((CONFIG_SYS_CLK_FREQ * m) / (p << s));
}
ulong get_HCLK(void)
{
    S3C24X0_CLOCK_POWER * const clk_power = S3C24X0_GetBase_CLOCK_POWER();
```

```
    #if defined(CONFIG_S3C2440)
return(get_FCLK()/4);
        #endif
    return((clk_power->CLKDIVN & 0x2) ? get_FCLK()/2 : get_FCLK());
}
```

为了体现修改后的 U-Boot 是针对 S3C2440 的,可打开 include/configs/smdk2440.h 函数,修改如下:

```
#define CONFIG_SYS_PROMPT      "SMDK2410 # "    /* Monitor Command
修改为:
#define CONFIG_SYS_PROMPT      "SMDK2440 # "    /* Monitor Command
```

按照以上步骤修改 U-Boot 之后,再执行配置和编译命令:make smdk2440_config 和 make all 指令,生成的 U-Boot.bin 文件就能够在 S3C2440 开发板上运行了。再将其烧写到 Nor Flash 中去,结果终端有输出信息并且出现类似 Shell 的命令行,这说明这一部分移植完成。

3.3.2 支持 Nor Flash

在嵌入式 bootloader 中,有两种方式来引导启动内核:从 Nor Flash 启动和从 Nand Flash 启动。U-Boot 中默认是从 Nor Flash 启动。在本书中所使用的是 2 MB 的 EN29LV160AB 作为 Nor Flash 芯片。但是在 U-Boot 中只有对 AMD 的 LV400 和 LV800l 两款 Nor 芯片的支持,本节将介绍在 U-Boot 中如何移植代码以支持开发板上的 Nor Flash,其具体步骤如下:

① 打开文件 include/configs/smdk2440.h,修改 Nor Flash 参数:

```
#if 0        //注释掉下面两个类型的 Nor Flash 设置,因为不是所用型号
    #define CONFIG_AMD_LV400    1 /* uncomment this if you have a LV400 flash */
    #define CONFIG_AMD_LV800    1 /* uncomment this if you have a LV800 flash */
#endif
    #define CONFIG_EON_29LV160AB    1        //添加 EN29LV160AB 设置
    #define PHYS_FLASH_SIZE         0x200000 //EN29LV160AB 容量是 2 MB
    #define CONFIG_SYS_MAX_FLASH_SECT  (35)  //根据 EN29LV160AB 的芯片手册描述,共 35 个
                                              扇区
    #define CONFIG_ENV_ADDR    (CONFIG_SYS_FLASH_BASE + 0x80000)  //暂设置环境变量
的首地址为 0x80000   //在 512K 处放 uboot 参数
```

② 打开文件 include/flash.h,添加 Nor 芯片的基本信息:

```
#define EON_ID_LV160AB    0x22492249    //添加芯片 ID
#define EON_MANUFACT      0x001c001c    //添加制造商信息
```

③ 打开文件 board/samsung/smdk2440/flash.c,修改 Nor Flash 的驱动。文件中

对 Nor Flash 的操作分别有初始化、擦除和写入，所以主要修改与硬件密切相关的三个函数 flash_init,flash_erase 和 write_hword：

```
#define MAIN_SECT_SIZE      0x8000  //定义为 32 KB 主要扇区的大小
#define MEM _FLASH_ADDR1    (*(volatile u16 *)(CONFIG_SYS_FLASH_BASE + (0x00000555 << 1)))
#define MEM _FLASH_ADDR2    (*(volatile u16 *)(CONFIG_SYS_FLASH_BASE + (0x000002AA << 1)))
//由于把 Nor Flash 连接到了 s3c2440 的 bank0 上,因此 Nor Flash 中的地址相对于 S3C2440 来
说基址为 0x00000000,即 CONFIG_SYS_FLASH_BASE = 0。而之所以又把 Nor Flash 中的地址向左移一
位(即乘以 2),是因为把 S3C2440 的 ADDR1 连接到了 Nor Flash 的 A0 上的缘故。
……
ulong flash_init (void)
{
    int i, j;
    ulong size = 0;
    for (i = 0; i < CONFIG_SYS_MAX_FLASH_BANKS; i++) {
        ulong flashbase = 0;
        flash_info[i].flash_id =
#if defined(CONFIG_AMD_LV400)
            (AMD_MANUFACT & FLASH_VENDMASK) |
            (AMD_ID_LV400B & FLASH_TYPEMASK);
#elif defined(CONFIG_AMD_LV800)
            (AMD_MANUFACT & FLASH_VENDMASK) |
            (AMD_ID_LV800B & FLASH_TYPEMASK);
#elif defined(CONFIG_EON_29LV160AB)
            (EON_MANUFACT & FLASH_VENDMASK) |
            (EON_ID_LV160AB & FLASH_TYPEMASK);
#else
#error "Unknown flash configured"
#endif
        flash_info[i].size = FLASH_BANK_SIZE;
        flash_info[i].sector_count = CONFIG_SYS_MAX_FLASH_SECT;
        memset (flash_info[i].protect, 0, CONFIG_SYS_MAX_FLASH_SECT);
        if (i == 0)
            flashbase = PHYS_FLASH_1;
        else
            panic ("configured too many flash banks! \n");
//由数据手册可知 EN29LV160AB 第 0 扇区大小为 8 KB,第 1、2 为 4 KB,第 3 为 16 KB,后面 31 扇
区为 32 KB。前 4 个扇区加起来刚好是主要扇区的大小(即 32 KB),所以做出以下修改
        for (j = 0; j < flash_info[i].sector_count; j++)
        {
```

```c
if (j <= 3)
{
/* 1st one is 8 KB */
if (j == 0)
{
flash_info[i].start[j] = flashbase + 0;
}
/* 2nd and 3rd are both 4 KB */
if ((j == 1) || (j == 2))
{
flash_info[i].start[j] = flashbase + 0x2000 + (j - 1) * 0x1000;
}
/* 4th 16 KB */
if (j == 3)
{
flash_info[i].start[j] = flashbase + 0x4000;
}
}
else
{
flash_info[i].start[j] = flashbase + (j - 3) * MAIN_SECT_SIZE;
}
}
size += flash_info[i].size;
    }
    flash_protect (FLAG_PROTECT_SET,
                CONFIG_SYS_FLASH_BASE,
                CONFIG_SYS_FLASH_BASE + monitor_flash_len - 1,
        &flash_info[0]);
    flash_protect (FLAG_PROTECT_SET,
                CONFIG_ENV_ADDR,
                CONFIG_ENV_ADDR + CONFIG_ENV_SIZE - 1, &flash_info[0]);

    return size;
}
void flash_print_info (flash_info_t * info)
{
    int i;
    switch (info->flash_id & FLASH_VENDMASK) {
    case (AMD_MANUFACT & FLASH_VENDMASK):
        printf ("AMD: ");
        break;
```

```c
        case (EON_MANUFACT & FLASH_VENDMASK):
    printf ("EON: ");
    break;
default:
        printf ("Unknown Vendor ");
        break;
    }
    switch (info->flash_id & FLASH_TYPEMASK) {
    case (AMD_ID_LV400B & FLASH_TYPEMASK):
        printf ("1x Amd29LV400BB (4Mbit)\n");
        break;
    case (AMD_ID_LV800B & FLASH_TYPEMASK):
        printf ("1x Amd29LV800BB (8Mbit)\n");
        break;
    case (EON_ID_LV160AB & FLASH_TYPEMASK):
        printf ("1x EN29LV160AB (16Mbit)\n");
        break;
    default:
        printf ("Unknown Chip Type\n");
        goto Done;
        break;
    }

}
int flash_erase (flash_info_t * info, int s_first, int s_last)
{

    if ((info->flash_id & FLASH_VENDMASK) !=
        (EON_MANUFACT & FLASH_VENDMASK)) {
        return ERR_UNKNOWN_FLASH_VENDOR;
    }
……
}
```

经过以上的移植之后将对 U-Boot 进行配置和编译,将其烧写到 Nor Flash 中可以看到输出控制台上打印出"Flash:2M"的相关信息,说明 U-Boot 对 EN29LV160AB 已经完全支持了。

3.3.3 支持 Nand Flash

以前较早的 U-Boot 版本进入第二阶段后,对 Nand Flash 的支持有新旧两套代码,新代码在 drivers/nand 目录下,旧代码在 drivers/nand_legacy 目录下,CFG_

NAND_LEGACY 宏决定使用哪套代码,如果定义了该宏就使用旧代码,否则使用新代码。但是现在的 U-Boot-2009.08 版本对 Nand 的初始化、读/写实现是基于最近的 Linux 内核的 MTD 架构,删除了以前传统的执行方法,使移植没有以前那样复杂了,实现 Nand 的操作和基本命令都直接在 drivers/mtd/nand 目录下。

下面分析在 U-Boot 中执行某一 Nand 命令时,上层到底层发生的变化。

① U-Boot 启动到第二个阶段后,lib_arm/board.c 文件中的 start_armboot 函数调用了 drivers/mtd/nand/nand.c 文件中的 nand_init 函数:

```
#if defined(CONFIG_CMD_NAND)
    puts ("NAND: ");
    nand_init();           /* go init the NAND */
#endif
```

② nand_init 调用同文件下的 nand_init_chip 函数;

③ nand_init_chip 函数调用/drivers/mtd/nand/s3c2410_nand.c 文件下的 board_nand_init 函数,然后再调用/drivers/mtd/nand/nand_base.c 函数中的 nand_scan 函数;

④ nand_scan 函数会调用同文件下的 nand_scan_ident 等函数。

因为对 Nand Flash 的操作,实际上就是对 Nand 控制器的操作,而 S3C2440 的 Nand 控制器和 S3C2410 相比,有很大的不同。所以 s3c2410_nand.c 下对 Nand 操作的函数就是移植需要实现的部分了,其与具体的 Nand Flash 硬件密切相关。为了使移植简单方便些,这里直接在 s3c2410_nand.c 文件下进行修改,打开./drivers/mtd/nand/s3c2410_nand.c 文件,代码修改如下:

```
    ……
    #define __REGb(x) (*(volatile unsigned char *)(x))
#define __REGi(x) (*(volatile unsigned int *)(x))
#define NF_BASE   0x4e000000
#if defined(CONFIG_S3C2410)&& ! define (CONFIG_S3C2440)
#define NFCONF    __REGi(NF_BASE + 0x0)
#define NFCMD     __REGb(NF_BASE + 0x4)
……
#define S3C2410_ADDR_NALE 4
#define S3C2410_ADDR_NCLE 8
#endif
#if defined(CONFIG_S3C2440)
#define S3C2410 _ADDR_NALE 0x08
#define S3C2410 _ADDR_NCLE 0x0c
#define NFCONF    __REGi(NF_BASE + 0x0)
#define NFCONT    __REGb(NF_BASE + 0x4)
```

```c
#define NFCMD       __REGb(NF_BASE + 0x8)
#define NFADDR      __REGb(NF_BASE + 0xc)
#define NFDATA      __REGb(NF_BASE + 0x10)
#define NFMECCD0    __REGb(NF_BASE + 0x14)
#define NFMECCD1    __REGb(NF_BASE + 0x18)
#define NFSECCD     __REGb(NF_BASE + 0x1c)
#define NFSTAT      __REGb(NF_BASE + 0x20)
#define NFESTAT0    __REGb(NF_BASE + 0x24)
#define NFESTAT1    __REGb(NF_BASE + 0x28)
#define NFMECC0     __REGb(NF_BASE + 0x2c)
#define NFMECC1     __REGb(NF_BASE + 0x30)
#define NFSECC      __REGb(NF_BASE + 0x34)
#define NFSBLK      __REGb(NF_BASE + 0x38)
#define NFEBLK      __REGb(NF_BASE + 0x3c)
#define NFECC0      __REGb(NF_BASE + 0x2c)
#define NFECC1      __REGb(NF_BASE + 0x2d)
#define NFECC2      __REGb(NF_BASE + 0x2e)
#define S3C2410_NFCONT_EN             (1<<0)
#define S3C2410_NFCONT_INITECC        (1<<4)
#define S3C2410_NFCONT_nFCE           (1<<1)
#define S3C2410_NFCONT_MAINECCLOCK    (1<<5)
#define S3C2410_NFCONF_TACLS(x)       ((x)<<12)
#define S3C2410_NFCONF_TWRPH0(x)      ((x)<<8)
#define S3C2410_NFCONF_TWRPH1(x)      ((x)<<4)
#endif
ulong IO_ADDR_W = NF_BASE;
static void s3c2410_hwcontrol(struct mtd_info *mtd, int cmd, unsigned int ctrl)
{
//struct nand_chip *chip = mtd->priv;
DEBUGN("hwcontrol(): 0x%02x 0x%02x\n", cmd, ctrl);
if (ctrl & NAND_CTRL_CHANGE) {
  //ulong IO_ADDR_W = NF_BASE;   //防止出现找不到ID "No NAND device found!"错误
  IO_ADDR_W = NF_BASE;
  if (!(ctrl & NAND_CLE))
  IO_ADDR_W |= S3C2410_ADDR_NCLE;
  if (!(ctrl & NAND_ALE))
  IO_ADDR_W |= S3C2410_ADDR_NALE;
  //chip->IO_ADDR_W = (void *)IO_ADDR_W;
#if defined(CONFIG_S3C2410)
  if (ctrl & NAND_NCE)
  NFCONF &= ~S3C2410_NFCONF_nFCE;
  else
```

```c
    NFCONF |= S3C2410_NFCONF_nFCE;
#endif
#if defined(CONFIG_S3C2440) && !defined (CONFIG_S3C2410)
    if (ctrl & NAND_NCE)
      NFCONT &= ~S3C2410_NFCONT_nFCE;
    else
      NFCONT |= S3C2410_NFCONT_nFCE;
#endif
  }
  if (cmd != NAND_CMD_NONE)
    //writeb(cmd, chip->IO_ADDR_W);
    writeb(cmd, (void *)IO_ADDR_W);
}
… …
#ifdef CONFIG_S3C2410_NAND_HWECC
void s3c2410_nand_enable_hwecc(struct mtd_info * mtd, int mode)
{
  DEBUGN("s3c2410_nand_enable_hwecc(%p, %d)\n", mtd, mode);
#if defined(CONFIG_S3C2410) && !defined (CONFIG_S3C2440)
  NFCONF |= S3C2410_NFCONF_INITECC;
#endif
#if defined(CONFIG_S3C2440)
  NFCONT |= S3C2410_NFCONT_INITECC;
#endif
}
… …
#endif
int board_nand_init(struct nand_chip * nand)
{
  u_int32_t cfg;
  u_int8_t tacls, twrph0, twrph1;
  S3C24X0_CLOCK_POWER * const clk_power = S3C24X0_GetBase_CLOCK_POWER();
  DEBUGN("board_nand_init()\n");
  clk_power->CLKCON |= (1 << 4);
  /* initialize hardware */
#if defined(CONFIG_S3C2410) && !defined (CONFIG_S3C2440)
  twrph0 = 3; twrph1 = 0; tacls = 0;
  cfg = S3C2410_NFCONF_EN;
  cfg |= S3C2410_NFCONF_TACLS(tacls - 1);
  cfg |= S3C2410_NFCONF_TWRPH0(twrph0 - 1);
  cfg |= S3C2410_NFCONF_TWRPH1(twrph1 - 1);
  NFCONF = cfg;
```

```
    /* initialize nand_chip data structure */
    nand->IO_ADDR_R = nand->IO_ADDR_W = (void *)0x4e00000c;
 #endif
 #if defined(CONFIG_S3C2440)
    twrph0 = 4; twrph1 = 2; tacls = 0;
    cfg = 0;
    cfg |= S3C2410_NFCONF_TACLS(tacls - 1);
    cfg |= S3C2410_NFCONF_TWRPH0(twrph0 - 1);
    cfg |= S3C2410_NFCONF_TWRPH1(twrph1 - 1);
    NFCONF = cfg;
    NFCONT = (0<<13)|(0<<12)|(0<<10)|(0<<9)|(0<<8)|(0<<6)|(0<<5)|(1<<4)|(0<<1)|(1<<0);
    /* initialize nand_chip data structure */
    nand->IO_ADDR_R = nand->IO_ADDR_W = (void *)0x4e000010;
 #endif
    /* read_buf and write_buf are default */
    /* read_byte and write_byte are default */
```

除了以上增加 s3c2440_nand.c 的文件之外,还要在开发板的配置文件 include/configs/smdk2440.h 中定义支持 Nand 的相关的宏:

```
    /* Command line configuration. */
    #define CONFIG_CMD_NAND

    /* NAND flash settings */
    #if defined(CONFIG_CMD_NAND)
    #define CONFIG_SYS_NAND_BASE            0x4E000000   //Nand 配置寄存器基地址
    #define CONFIG_SYS_MAX_NAND_DEVICE      1
    #define CONFIG_MTD_NAND_VERIFY_WRITE    1
    //#define NAND_SAMSUNG_LP_OPTIONS       1   //注意:M 的 Nand Flash,所以不用
    #endif
```

进行了以上的修改后重新编译 U-Boot,出现了以下的错误,如图 3-5 所示:

```
drivers/mtd/nand/libnand.a(nand.o)(.text+0x28): In function `nand_init':
/opt/u-boot-2009.08/drivers/mtd/nand/nand.c:53: undefined reference to `board_nand_init'
make: *** [u-boot] 错误 1
[root@localhost u-boot-2009.08]#
```

图 3-5 添加 Nand 支持后编译出错

下面分析出错的原因。从错误提示信息可知错误发生在 drivers/mtd/nand/nand.c 的第 53 行。到源码该目录下找到该行代码后发现,这一行调用了一个函数 board_ nand_init(),错误在于该函数未定义。一想要解决该问题,首先要找到 board_nand_init()在那个文件中定义。如果仔细按照上面的步骤来寻找会发现,在修改的 drivers/mtd/nand/s3c2410_nand.c 文件中有该函数的实现。于是第一反应往往会去看在 nand.c 中是否包含了 s3c2410_nand.c 的头文件,一看没有,马上在 nand.c 中加上了"#include <s3c2410.h>",结果一编译还是和原来同样的问题,下面来看看出错原因。

该处问题并不是没有包含头文件,nand.c 中包含了 nand.h 头文件,在 nand.h 中通过"extern int board_nand_init(struct nand_chip * nand)"进行了函数的导入,所以只要包含 nand.h 头文件就可以了。下面看一下/drivers/mtd/nand 目录下的 makefile 文件,其部分内容如图 3-6 所示:

```
ifdef CONFIG_CMD_NAND
COBJS-y += nand.o
COBJS-y += nand_base.o
COBJS-y += nand_bbt.o
COBJS-y += nand_ecc.o
COBJS-y += nand_ids.o
COBJS-y += nand_util.o

COBJS-$(CONFIG_NAND_ATMEL) += atmel_nand.o
COBJS-$(CONFIG_DRIVER_NAND_BFIN) += bfin_nand.o
COBJS-$(CONFIG_NAND_DAVINCI) += davinci_nand.o
COBJS-$(CONFIG_NAND_FSL_ELBC) += fsl_elbc_nand.o
COBJS-$(CONFIG_NAND_FSL_UPM) += fsl_upm.o
COBJS-$(CONFIG_NAND_KIRKWOOD) += kirkwood_nand.o
COBJS-$(CONFIG_NAND_MPC5121_NFC) += mpc5121_nfc.o
COBJS-$(CONFIG_NAND_NDFC) += ndfc.o
COBJS-$(CONFIG_NAND_NOMADIK) += nomadik.o
COBJS-$(CONFIG_NAND_S3C2410) += s3c2410_nand.o
COBJS-$(CONFIG_NAND_S3C64XX) += s3c64xx.o
COBJS-$(CONFIG_NAND_OMAP_GPMC) += omap_gpmc.o
COBJS-$(CONFIG_NAND_PLAT) += nand_plat.o
endif
                                    50,0-1        61%
```

图 3-6 Makefile 部分内容

从 Makefile 中可知,若想编译 nand.c 生成 nand.o,需要先编译他依赖的文件,s3c2410_nand.c 就是其中之一。而想要编译 s3c2410_nand.c 生成 s3c2410_nand.o,需要定义 CONFIG_NAND_S3C2410 的值为 1。所以,在 include/configs/smdk2440.h 中加上该宏定义后问题就会迎刃而解:

```
#ifndef __CONFIG_H
#define __CONFIG_H
#define CONFIG_NAND_S3C2410    1
```

修改后重新编译 U-Boot,并将生成的 U-Boot.bin 文件烧写到 Nor Flash 中就可以看到 Nand Flash 能够被成功检测。其启动信息如下：

```
U-Boot 2009.08 (Dec 23 2009 - 15:23:40)

DRAM:  64 MB
Flash: 2 MB
NAND:  256 MiB
*** Warning - bad CRC, using default environment
In:    serial
Out:   serial
Err:   serial
[SMDK2440]#
[SMDK2440]# nand info
Device 0: NAND 256MiB 3,3V 8-bit, sector size 128 KiB
```

从启动信息中可以看出，现在 U-Boot 已经对开发板上 64 MB 的 Nand Flash 完全支持了。Nand 相关的基本命令也都可以正常使用了。

3.3.4 支持从 Nand Flash 中启动

通过以上步骤的操作，移植的 U-Boot 可以检测到 Nand Flash 并且可以对其使用 U-Boot 命令进行操作。而本节的内容是实现 U-Boot 从 Nand Flash 中启动，要实现这个功能的关键就是代码的复制，即如何将存储在 Nand Flash 中的代码复制到 SDRAM 中去运行。对 S3C2440 而言，Nor Flash 是存储设备，而 Nand Flash 是 I/O 外设，因此对它们的操作是有本质的差别的。U-Boot 中对 ARM 的支持部分没有 Nand Flash 启动代码的支持，只有 Nor Flash 的，即复制 U-Boot 的那部分代码只适用于 Nor Flash，不适用于 Nand Flash。也就是说要想 U-Boot 从 Nand Flash 上启动得自己去实现了。下面将详细的介绍从 Nand Flash 中启动的移植过程。

首先打开 include/configs/smdk2440.h 文件，在文件的末尾加入和 Nand Flash 相关的宏定义。其添加的代码如下：

```
/*
 * Nand flash register and enviomnent variables
 */
#define CONFIG_S3C2440_NAND_BOOT   1
#define NAND_CTL_BASE?  0x4E000000   //Nand Flash 配置寄存器基地址，查 2440 手册可得知
#define bINT_CTL(Nb)   __REG(INT_CTL_BASE+(Nb))
#define UBOOT_RAM_BASE   0x33f80000
#define STACK_BASE       0x33F00000   //定义堆栈的地址
#define STACK_SIZE       0x8000       //堆栈的长度大小
```

其次要屏蔽掉 cpu/arm920t/start.S 中从 Nor Flash 中启动的部分(也就是 relocate 部分），由于 Nand Flash 和 Nor Flash 有区别，Nand Flash 中的代码要复制到 SDRAM 中才能别执行，因此需添加从 Nand Flash 中复制程序代码到 SDRAM 中运行的功能。代码修改如下：

```
#if 0       //屏蔽掉从 Nor Flash 启动部分
#ifndef CONFIG_SKIP_RELOCATE_UBOOT
relocate:            /* relocate U-Boot to RAM */
    adr r0, _start      /* r0 <- current position of code */
    ldr r1, _TEXT_BASE  /* test if we run from flash or RAM */
    cmp r0, r1          /* don't reloc during debug */
    beq stack_setup
    ldr r2, _armboot_start
    ldr r3, _bss_start
    sub r2, r3, r2      /* r2 <- size of armboot */
    add r2, r0, r2      /* r2 <- source end address */
copy_loop:
    ldmia r0!, {r3-r10} /* copy from source address [r0] */
    stmia r1!, {r3-r10} /* copy to   target address [r1] */
    cmp r0, r2          /* until source end addreee [r2] */
    ble copy_loop
#endif /* CONFIG_SKIP_RELOCATE_UBOOT */
#endif

//下面添加 2440 中 U-Boot 从 Nand Flash 启动
#ifdef CONFIG_S3C2440_NAND_BOOT

#define oNFCONF     0x00
#define oNFCONT     0x04
#define oNFCMD      0x08
#define oNFSTAT     0x20
#define LENGTH_UBOOT 0x60000


    mov r1, #NAND_CTL_BASE      //复位 Nand Flash
    ldr r2, =((7<<12)|(7<<8)|(7<<4)|(0<<0))
    str r2, [r1, #oNFCONF]      //设置配置寄存器的初始值，参考 s3c2440 手册
    ldr r2, [r1, #oNFCONF]

    ldr r2, =((1<<4)|(0<<1)|(1<<0))
    str r2, [r1, #oNFCONT]      //设置控制寄存器
    ldr r2, [r1, #oNFCONT]


    ldr r2, =(0x6)              //RnB Clear
```

```
        str r2, [r1, #oNFSTAT]
ldr r2, [r1, #oNFSTAT]


    mov r2, #0xff            //复位 command
    strb r2, [r1, #oNFCMD]
    mov r3, #0               //等待
nand1:
    add r3, r3, #0x1
    cmp r3, #0xa
    blt nand1


nand2:
    ldr r2, [r1, #oNFSTAT]   //等待就绪
    tst r2, #0x4
    beq nand2


    ldr r2, [r1, #oNFCONT]
    orr r2, r2, #0x2         //取消片选
    str r2, [r1, #oNFCONT]


    //get read to call C functions (for nand_read())
    ldr sp, DW_STACK_START   //为 C 代码准备堆栈,DW_STACK_START 定义在下面
    mov fp, #0


    //copy U-Boot to RAM
    ldr r0, = TEXT_BASE      //传递给 C 代码的第一个参数:U-Boot 在 RAM 中的起始地址
    mov r1, #0x0             //传递给 C 代码的第二个参数:Nand Flash 的起始地址
    mov r2, # LENGTH_UBOOT   //传递给 C 代码的第三个参数:U-Boot 的长度大小(128k)
    bl nand_read_ll          //此处是调用 C 代码中读 Nand 的函数,要自己编程实现
    tst r0, #0x0
    beq ok_nand_read
  bad_nand_read:
    loop2: b loop            //infinite loop
  ok_nand_read:  //检查搬移后的数据,如果前 4 KB 完全相同,表示搬移成功
    mov r0, #0
    ldr r1, = TEXT_BASE
    mov r2, #0x400           //4 bytes * 1024 = 4 KB
  go_next:
    ldr r3, [r0], #4
    ldr r4, [r1], #4
    teq r3, r4
    bne notmatch
```

```
    subs r2, r2, #4
    beq stack_setup
    bne go_next
 notmatch：
    loop3：b loop3              //infinite loop
 #endif                          //CONFIG_S3C2440_NAND_BOOT
 _start_armboot：.word start_armboot   //在下面加上 DW_STACK_START 的定义
 .align 2
 DW_STACK_START：.word STACK_BASE+STACK_SIZE−4
```

在以上的汇编中调用了 nand_read_ll 函数,这要自己编程实现,这个函数实现的是 Nand Flash 的寻找和读。在 board/samsang/smdk2440 下新建一个 nand_read.c 文件代码如下：

```
#include <common.h>
#include <linux/mtd/nand.h>
#define __REGb(x) (*(volatile unsigned char *)(x))
#define __REGw(x) (*(volatile unsigned short *)(x))
#define __REGi(x) (*(volatile unsigned int *)(x))
#define NF_BASE 0x4e000000
#if defined(CONFIG_S3C2410) && !define (CONFIG_S3C2440)
#define NFCONF   __REGi(NF_BASE + 0x0)
#define NFCMD    __REGb(NF_BASE + 0x4)
#define NFADDR   __REGb(NF_BASE + 0x8)
#define NFDATA   __REGb(NF_BASE + 0xc)
#define NFSTAT   __REGb(NF_BASE + 0x10)
#define NFSTAT_BUSY 1
#define nand_select() (NFCONF &= ~0x800)
#define nand_deselect() (NFCONF |= 0x800)
#define nand_clear_RnB() do {} while (0)
#elif defined(CONFIG_S3C2440) || defined(CONFIG_S3C2442)
#define NFCONF     __REGi(NF_BASE + 0x0)
#define NFCONT     __REGi(NF_BASE + 0x4)
#define NFCMD      __REGb(NF_BASE + 0x8)
#define NFADDR     __REGb(NF_BASE + 0xc)
#define NFDATA     __REGb(NF_BASE + 0x10)
#define NFDATA16   __REGw(NF_BASE + 0x10)
#define NFSTAT     __REGb(NF_BASE + 0x20)
#define NFSTAT_BUSY 1
#define nand_select()      (NFCONT &= ~(1 << 1))
#define nand_deselect()    (NFCONT |= (1 << 1))
#define nand_clear_RnB()   (NFSTAT |= (1 << 2))
```

```c
#endif

static inline void nand_wait(void)
{
    int i;
    while (!(NFSTAT & NFSTAT_BUSY))
        for (i = 0; i<10; i++);
}

struct boot_nand_t {
    int page_size;
    int block_size;
    int bad_block_offset;
    // unsigned long size;
};

static int is_bad_block(struct boot_nand_t * nand, unsigned long i)
{
    unsigned char data;
    unsigned long page_num;
    nand_clear_RnB();
    if (nand->page_size == 512) {
        NFCMD = NAND_CMD_READOOB; /* 0x50 */
        NFADDR = nand->bad_block_offset & 0xf;
        NFADDR = (i >> 9) & 0xff;
        NFADDR = (i >> 17) & 0xff;
        NFADDR = (i >> 25) & 0xff;
    } else if (nand->page_size == 2048) {
        page_num = i >> 11; /* addr / 2048 */
        NFCMD = NAND_CMD_READ0;
        NFADDR = nand->bad_block_offset & 0xff;
        NFADDR = (nand->bad_block_offset >> 8) & 0xff;
        NFADDR = page_num & 0xff;
        NFADDR = (page_num >> 8) & 0xff;
        NFADDR = (page_num >> 16) & 0xff;
        NFCMD = NAND_CMD_READSTART;
    } else {
        return -1;
    }
    nand_wait();
    data = (NFDATA & 0xff);
    if (data != 0xff)
```

```c
        return 1;
    return 0;
}

static int nand_read_page_ll(struct boot_nand_t * nand, unsigned char * buf, unsigned long addr)
{
    unsigned short * ptr16 = (unsigned short *)buf;
    unsigned int i, page_num;
    nand_clear_RnB();
    NFCMD = NAND_CMD_READ0;
    if (nand->page_size == 512) {
        /* Write Address */
        NFADDR = addr & 0xff;
        NFADDR = (addr >> 9) & 0xff;
        NFADDR = (addr >> 17) & 0xff;
        NFADDR = (addr >> 25) & 0xff;
    } else if (nand->page_size == 2048) {
        page_num = addr >> 11; /* addr / 2048 */
        /* Write Address */
        NFADDR = 0;
        NFADDR = 0;
        NFADDR = page_num & 0xff;
        NFADDR = (page_num >> 8) & 0xff;
        NFADDR = (page_num >> 16) & 0xff;
        NFCMD = NAND_CMD_READSTART;
    } else {
        return -1;
    }
    nand_wait();
#if defined(CONFIG_S3C2410)&& ! define (CONFIG_S3C2440)
    for (i = 0; i < nand->page_size; i++) {
        *buf = (NFDATA & 0xff);
        buf++;
    }

#elif defined(CONFIG_S3C2440) || defined(CONFIG_S3C2442)

    for (i = 0; i < (nand->page_size>>1); i++) {
        *ptr16 = NFDATA16;
        ptr16++;
    }
```

```c
#endif
        return nand->page_size;
}

static unsigned short nand_read_id()
{
        unsigned short res = 0;
        NFCMD = NAND_CMD_READID;
        NFADDR = 0;
        res = NFDATA;
        res = (res << 8) | NFDATA;
        return res;
}

extern unsigned int dynpart_size[];

/* low level nand read function */
int nand_read_ll(unsigned char *buf, unsigned long start_addr, int size)
{
        int i, j;
        unsigned short nand_id;
        struct boot_nand_t nand;
        /* chip Enable */
        nand_select();
        nand_clear_RnB();
        for (i = 0; i < 10; i++)
                ;
        nand_id = nand_read_id();
        if (0) {                                  /* dirty little hack to detect if nand id is misread */
                unsigned short * nid = (unsigned short *)0x31fffff0;
                *nid = nand_id;
        }
        if (nand_id == 0xec76 ||                  /* Samsung K91208 */
            nand_id == 0xad76 ) {                 /* Hynix HY27US08121A */
                nand.page_size = 512;
                nand.block_size = 16 * 1024;
                nand.bad_block_offset = 5;
        // nand.size = 0x4000000;
        } else if (nand_id == 0xecf1 ||           /* Samsung K9F1G08U0B */
                   nand_id == 0xecda ||           /* Samsung K9F2G08U0B */
                   nand_id == 0xecd3 ) {          /* Samsung K9K8G08 */
```

```
            nand.page_size = 2048;
            nand.block_size = 128 * 1024;
            nand.bad_block_offset = nand.page_size;
//          nand.size = 0x8000000;
        } else {
            return -1;  // hang
        }
        if ((start_addr & (nand.block_size - 1)) || (size & ((nand.block_size - 1))))
            return -1;  /* invalid alignment */
        for (i = start_addr; i < (start_addr + size);) {
#ifdef CONFIG_S3C2410_NAND_SKIP_BAD
            if (i & (nand.block_size - 1) = = 0) {
                if (is_bad_block(&nand, i) ||
                  is_bad_block(&nand, i + nand.page_size)) {
                    /* Bad block */
                    i + = nand.block_size;
                    size + = nand.block_size;
                    continue;
                }
            }
#endif
            j = nand_read_page_ll(&nand, buf, i);
            i + = j;
            buf + = j;
        }
        /* chip Disable */
        nand_deselect();
        return 0;
}
```

以上代码中需要注意的是 Nand Flash 寻址方式要根据具体的芯片操作方式来确定，读者可以参看 Nand Flash 芯片的数据手册。为了将以上代码编译到 U-Boot 中，还需要修改开发板目录 board/Samsung/smdk2440/下的 Makefile：

```
COBJS    : = smdk2440.o flash.o nand_read.o
```

S3C2440 从 Nor 和 Nand 启动在原理上不些不同。若从 Nor 启动，就是直接从 Nor Flash 的 0 地址开始执行(Flash 映射到 bank0)，可以执行 Flash 内部的任意地址的内容。而从 Nand 启动，是在运行之前，由 CPU 自动地复制 Nand 前 4 KB 的内容到内部的 4 KB RAM 中，再从内部的 RAM 中的 0 地址开始执行复制过去的代码。这部分代码所要完成的工作就是进行必要的硬件初始化以及将 Nand Flash 中的代码复制到 SDRAM 中，然后跳转到 SDRAM 中相应的位置，开始执行。因此，必须保证在跳到

SDARM 相应地址开始运行之前所有初始化的代码,都在前 4 KB 范围之内,否则将无法启动系统。所以要修改/cpu/arm920t/u-boot.lds 文件,使 lowlevel_init.o 在前 4 KB 范围:

```
    .text :
{
    cpu/arm920t/start.o     (.text)
    board/samsung/smdk2440/lowlevel_init.o (.text)
    board/samsung/smdk2440/nand_read.o (.text)
    *(.text)
}
```

经过以上对代码的修改和移植实现对 U-Boot 重新配置和编译后下载到 Nand Flash 中,实现开发板上的 Nand Flash 启动。当接通电源后就能在串口控制台看到打印的启动信息,说明 U-Boot 成功的从 Nand Flash 中启动了,但是会输出"*** Warning-bad CRC, using default environment"的提示,这是因为 U-Boot 在默认的情况下把环境变量都是保存到 Nor Flash 中的,所以要修改代码,让它保存到 Nand 中。这时可以打开 include/configs/smdk2440.h 文件,对代码进行如下修改:

注释以下两行代码:

```
//#define CONFIG_ENV_IS_IN_FLASH 1
//#define CONFIG_ENV_SIZE 0x20000 /* Total Size of Environment Sector */
```

然后加入下列代码:

```
#define CONFIG_ENV_IS_IN_NAND  1
#define CONFIG_ENV_OFFSET      0x60000   //将环境变量保存到 nand 中的 0x60000 位置,必须在块的起始位置
#define CONFIG_ENV_SIZE        0x20000   //必须为块大小的整数倍,否则会提示错误信息,将擦除整个块
```

将代码再进行编译并烧写到 Nand Flash 后,从 Nand 中启动,运行 saveenv 指令再重启则不再出现"*** Warning-bad CRC, using default environment"的提示了,说明成功将环境变量保存到了 Nand Flash 中。

3.3.5 支持网卡 DM9000

由于在 U-Boot 中使用网口来传输数据的速度大大高于串口,因此需要在 U-Boot 中添加对网卡芯片 DM9000 的支持。

在 U-Boot-2009.08 对网卡芯片 CS8900 和 DM9000 都有比较完善的代码支持,这些代码在目录 drivers/net 中。但 U-Boot 默认在 S3C24XX 系列中可对 CS8900 网卡芯片进行配置。因此要对代码做一些修改以便能够支持 DM9000。和 DM9000 驱动有关的代码主要在 drivers/net/dm9000x.c 和 drivers/net/dm9000x.h 这两个文件中,读

者可以仔细的阅读相关代码。以下介绍添加对 DM9000 代码支持的步骤。

首先通过查阅 dm9000x.c 和 dm9000x.h 这两个文件,发现代码使用需要添加一些宏定义,这些宏定义在开发板的头文件 include/configs/smdk2440.h 中添加,同时还要在头文件中注释掉有关 CS8900 的宏定义:

```
//屏蔽掉 U-Boot 默认对 CS8900 网卡的支持
/* * Hardware drivers */
#if 0
#define CONFIG_DRIVER_CS8900 1 /* we have a CS8900 on-board */
#define CS8900_BASE         0x19000300
#define CS8900_BUS16        1 /* the Linux driver does accesses as shorts */
#endif
//添加 u-boot 对 DM9000X 网卡的支持
#define CONFIG_DRIVER_DM9000     1
#define CONFIG_NET_MULTI         1
#define CONFIG_DM9000_NO_SROM    1
#define CONFIG_DM9000_BASE       0x20000300      //网卡片选地址
#define DM9000_IO            CONFIG_DM9000_BASE
#define DM9000_DATA          (CONFIG_DM9000_BASE + 4)   //网卡数据地址
//恢复被注释掉的网卡 MAC 地址和修改适合的开发板 IP 地址
#define CONFIG_ETHADDR       08:00:3e:26:0a:5b     //开发板 MAC 地址
#define CONFIG_NETMASK       55.255.255.0
#define CONFIG_IPADDR        192.168.3.100         //开发板 IP 地址
#define CONFIG_SERVERIP      192.168.3.244         //Linux 主机 IP 地址
//添加网络使用命令
/*
 * Command line configuration.
 */
#include <config_cmd_default.h>
#define CONFIG_CMD_CACHE
#define CONFIG_CMD_DATE
#define CONFIG_CMD_ELF
#define CONFIG_CMD_PING
```

其次,添加完宏定义后还需要在 board/Samsung/smdk2440/smdk2440.c 中添加 DM9000 初始化的代码,在文件末尾 dram_init 函数后添加代码:

```
#include <net.h>
#include <netdev.h>
#ifdef CONFIG_DRIVER_DM9000
int board_eth_init(bd_t *bis)
{
    return dm9000_initialize(bis);
}
#endif
```

再次,为了防止在使用网卡的时候出现"could not establish link"的错误,需要修改 drivers/net/dm9000x.c 中的 dm9000_init 函数中的部分代码。主要是将一部分代码屏蔽:

```c
#if 0
    i = 0;
    while (! (phy_read(1) & 0x20)) {    /* autonegation complete bit */
        udelay(1000);
        i++;
        if (i == 10000) {
            printf("could not establish link\n");
            return 0;
        }
    }
#endif
```

最后,在网卡驱动中关闭网卡的地方进行修改,以使 ping 指令能够顺利的使用:

```c
static void dm9000_halt(struct eth_device * netdev)
{
    #if 0
      DM9000_DBG("%s\n", __func__);
    /* RESET devie */
    phy_write(0, 0x8000);              /* PHY RESET */
    DM9000_iow(DM9000_GPR, 0x01);      /* Power-Down PHY */
    DM9000_iow(DM9000_IMR, 0x80);      /* Disable all interrupt */
    DM9000_iow(DM9000_RCR, 0x00);      /* Disable RX */
    #endif
}
```

经过以上的移植,U-Boot 的网络传输功能就基本可以使用了,将编译好的 u-boot.bin 文件烧写到 Nand Flash 且从 Nand Flash 中启动能看到:bootloader 可以顺利地检测到 dm9000 并且可以使用 NFS 和 TPTP 等网络功能。通过网络传输能够大大的加快文件的下载速度,提高开发进度。启动界面如下:

```
U-Boot 2009.08 (5月 24 2011 - 10:40:31)
DRAM:   64 MB
Flash:  2 MB
NAND:   256 MiB
In:     serial
Out:    serial
Err:    serial
```

```
Net:   dm9000
[SMDK2440] #
```

3.3.6 支持 YAFFS 文件系统

在实现 U-Boot 对 YAFFS 文件系统进行下载支持的移植之前,有必要对 Nand Flash 和 YAFFS 文件系统的一些基础知识进行一些介绍。

通常一个 Nand Flash 存储设备由若干块组成;1 个块由若干页组成。一般 128 MB 以下容量的 Nand Flash 芯片,一页大小为 528 B,依次分为 2 个 256 B 的主数据区和 16 B 的额外空间;128 MB 以上容量的 Nand Flash 芯片,一页大小通常为 2 KB。由于 Nand Flash 出现位反转的概率较大,一般在读写时需要使用 ECC 进行错误检验和恢复。

YAFFS 文件系统设计时充分考虑到 Nand Flash 以页为存取单位等的特点,将文件组织成固定大小的段(Chunk)。以 528 B 的页为例,YAFFS 文件系统使用前 512 B 存储数据、16 B 的额外空间,用以存放数据的 ECC 和文件系统的组织信息等(称为 OOB 数据)。通过 OOB 数据,不但能实现错误检测和坏块处理;同时可以避免加载时对整个存储介质的扫描,加快了文件系统的加载速度。一个页面的具体结构如表 3-4 所列。

表 3-4 YAFFS 页面结构

字节	用途	字节	用途
0~511	存储数据	518~519	系统信息
512~515	系统信息	520~522	后 256 字节的 ECC
516	数据状态字	523~524	系统信息
517	块状态字	525~527	前 256 字节的 ECC

由此可知,与其他文件系统相比,在生成 YAFFS 镜像时就包含了 OOB 数据,所以在烧写 YAFFS 镜像时,不需要计算 ECC,仅依次写入 512 B 的数据和 16 B 的 OOB 数据即可。同时,YAFFS 镜像要使用分区上的第一个块来存储一个名为 Yaffs_Object-Header 的结构体。该结构体记录了该分区中的文件、路径以及相关的链接,所以在烧写时还需要跳过第一个可用的块。YAFFS 文件系统目前常用的版本为 YAFFS 2,性能在许多方面都有了很大的提高。

在 U-Boot-2009.08 中已经可以使用 nand write... 和 nand write.jffs2... 等命令来烧写内核或者是 Cramfs、JFFS2 文件系统的映像文件。但不支持 YAFFS 文件系统的烧写。为了方便开发,通常在 Bootloader 中添加烧写 YAFFS 文件系统映像文件的功能。具体的实现方式就是在 U-Boot 中增加 nand write.yaffs 命令。其具体的移植步骤如下:

① 在 include/configs/smdk2440.h 头文件中定义一个管理对 YAFFS2 支持的宏，开启 U-Boot 中对 Nand Flash 默认分区的宏：

```
#define CONFIG_MTD_NAND_YAFFS2 1  //定义一个管理对YAFFS2支持的宏
//以下代码为开启Nand Flash默认分区,此处的分区要和内核中的分区保持一致
#define MTDIDS_DEFAULT "nand0 = nandflash0"
#define MTDPARTS_DEFAULT "mtdparts = nandflash0:384k(bootloader)," \
        "128k(params)," \
        "5m(kernel)," \
        "-(root)"
```

② 在 U-Boot 对 Nand 操作的指令集列表中添加将 YAFFS 写入 Nand 的命令，相关操作在文件 common/cmd_nand.c 中进行，主要对 U_BOOT_CMD 进行修改：

```
U_BOOT_CMD(nand, CONFIG_SYS_MAXARGS, 1, do_nand,
    "NAND sub-system",
    "info - show available NAND devices\n"
#if defined(CONFIG_MTD_NAND_YAFFS2)//以下只定义写Yaffs的功能
"nand write[.yaffs2] - addr off|partition size - write 'size' byte yaffs image\n"
" starting at offset off' from memory address addr' (.yaffs2 for 512 + 16 NAND)\n"
#endif
……
);
```

③ 在 common/cmd_nand.c 中断的 do_nand 函数中添加在 Nand 中烧写 YAFFS 文件系统的相关代码：

```
int do_nand(cmd_tbl_t * cmdtp, int flag, int argc, char * argv[])
{……
if(strncmp(cmd, "read", 4) = = 0 || strncmp(cmd, "write", 5) = = 0) {
        int read;
        ……
        if (! s || ! strcmp(s, ".jffs2") ||
            ! strcmp(s, ".e") || ! strcmp(s, ".i")) {
            if (read)
                ret = nand_read_skip_bad(nand, off, &size,
                        (u_char *)addr);
            else
                ret = nand_write_skip_bad(nand, off, &size,
                        (u_char *)addr);
        }
#if defined(CONFIG_MTD_NAND_YAFFS2)
```

```
    else if (s ! = NULL && (! strcmp(s, ".yaffs2"))){
nand->rw_oob = 1;    //读写OBB区标志设为1
    nand->skipfirstblk = 1;   //跳过第一个块标志设为1
    ret = nand_write_skip_bad(nand,off,&size,(u_char * )addr);
            //调用nand_write_skip_bad函数,在drivers/mtd/nand/nand_util.c中定义
    nand->skipfirstblk = 0;
    nand->rw_oob = 0;
}
#endif
……
    }
```

④ 在include/linux/mtd/mtd.h头文件的mtd_info结构体中添加步骤③用到的rw_oob和skipfirstblk数据成员:

```
struct mtd_info {
    u_char type;
    u_int32_t flags;
    uint64_t size;    /* Total size of the MTD */
#if defined(CONFIG_MTD_NAND_YAFFS2)
    u_char rw_oob;
    u_char skipfirstblk;
#endif
……
};
```

⑤ 在第③步中曾调用nand_write_skip_bad函数,该函数在文件drivers/mtd/nand/nand_util.c中定义,需要在这一步添加对Nand OBB的相关操作:

```
int nand_write_skip_bad(nand_info_t * nand, loff_t offset, size_t * length, u_char * buffer)
{
    int rval;
    size_t left_to_write = * length;
    size_t len_incl_bad;
    u_char * p_buffer = buffer;
#if defined(CONFIG_MTD_NAND_YAFFS2)
    if(nand->rw_oob = = 1)
    {
        size_t oobsize = nand->oobsize;
        size_t datasize = nand->writesize;
        int datapages = 0;
```

```c
        if ((( * length) % (nand->oobsize + nand->writesize)) != 0)
        {
         printf ("Attempt to write error length data! \n");
         return -EINVAL;
        }
        datapages = * length/(datasize + oobsize);
        * length = datapages * datasize;
        left_to_write = * length;
    }
#endif
    /* Reject writes, which are not page aligned */
    if ((offset & (nand->writesize - 1)) != 0 ||
     (* length & (nand->writesize - 1)) != 0) {
        printf ("Attempt to write non page aligned data\n");
        return -EINVAL;
    }
    len_incl_bad = get_len_incl_bad (nand, offset, * length);
    if ((offset + len_incl_bad) >= nand->size) {
        printf ("Attempt to write outside the flash area\n");
        return -EINVAL;
    }
#if ! defined(CONFIG_MTD_NAND_YAFFS2)
    if (len_incl_bad == * length) {
        rval = nand_write (nand, offset, length, buffer);
        if (rval != 0)
            printf ("NAND write to offset %llx failed %d\n",offset, rval);
        return rval;
    }
#endif
    while (left_to_write > 0) {
        size_t block_offset = offset & (nand->erasesize - 1);
        size_t write_size;
        WATCHDOG_RESET ();
        if (nand_block_isbad (nand, offset & ~(nand->erasesize - 1))) {
            printf ("Skip bad block 0x%08llx\n",
                offset & ~(nand->erasesize - 1));
            offset += nand->erasesize - block_offset;
            continue;
        }
#if defined(CONFIG_MTD_NAND_YAFFS2)    //以下代码为跳过第一个块
```

```c
        if(nand->skipfirstblk==1)
         {
             nand->skipfirstblk=0;
             printf ("Skip the first good block %llx\n", offset & ~(nand->erasesize-1));


             offset += nand->erasesize - block_offset;
             continue;
         }
#endif
        if (left_to_write < (nand->erasesize - block_offset))
             write_size = left_to_write;
         else
             write_size = nand->erasesize - block_offset;
             rval = nand_write (nand, offset, &write_size, p_buffer);
         if (rval != 0) {
             printf ("NAND write to offset %llx failed %d\n",
                 offset, rval);
             *length -= left_to_write;
             return rval;
         }
         left_to_write -= write_size;
         printf(" %d%% is complete.",100-(left_to_write/(*length/100)));
         offset += write_size;
#if defined(CONFIG_MTD_NAND_YAFFS2)
         if(nand->rw_oob==1)
         {
             p_buffer += write_size+(write_size/nand->writesize*nand->oobsize);
         }
         else
         {
             p_buffer += write_size;
         }
#else
         p_buffer += write_size;
#endif
     }
     return 0;
}
```

⑥ 最后一步是在 nand_write 函数进行修改,使其支持 YAFFS2。这个函数在文件 drivers/mtd/nand/nand_base.c 中定义。代码修改如下:

```c
static int nand_write(struct mtd_info * mtd, loff_t to, size_t len, size_t * retlen, const uint8_t * buf)
{
    struct nand_chip * chip = mtd->priv;
    int ret;

#if defined(CONFIG_MTD_NAND_YAFFS2)
    int oldopsmode = 0;
    if(mtd->rw_oob = = 1)
    {
        int i = 0;
        int datapages = 0;
        size_t oobsize = mtd->oobsize;
        size_t datasize = mtd->writesize;
        uint8_t oobtemp[oobsize];
        datapages = len / (datasize);
        for(i = 0; i < (datapages); i++)
        {
            memcpy((void *)oobtemp, (void *)(buf + datasize * (i + 1)), oobsize);
            memmove((void *)(buf + datasize * (i + 1)), (void *)(buf + datasize * (i + 1) + oobsize), (datapages - (i + 1)) * (datasize) + (datapages - 1) * oobsize);
            memcpy((void *)(buf + (datapages) * (datasize + oobsize) - oobsize), (void *)(oobtemp), oobsize);
        }
    }
#endif
    /* Do not allow reads past end of device */
    if ((to + len) > mtd->size)
        return -EINVAL;
    if (!len)
        return 0;
    nand_get_device(chip, mtd, FL_WRITING);
    chip->ops.len = len;
    chip->ops.datbuf = (uint8_t *)buf;

#if defined(CONFIG_MTD_NAND_YAFFS2)
    if(mtd->rw_oob! = 1)
    {
        chip->ops.oobbuf = NULL;
    }
    else
```

```
        {
            chip->ops.oobbuf = (uint8_t *)(buf + len);
            chip->ops.ooblen = mtd->oobsize;
            oldopsmode = chip->ops.mode;
            chip->ops.mode = MTD_OOB_RAW;
        }
#else
    chip->ops.oobbuf = NULL;
#endif
    ret = nand_do_write_ops(mtd, to, &chip->ops);
    *retlen = chip->ops.retlen;
    nand_release_device(mtd);
#if defined(CONFIG_MTD_NAND_YAFFS2)
    chip->ops.mode = oldopsmode;
#endif
    return ret;
}
```

经过以上的代码移植,U-Boot 就能够完全支持 YAFFS2 文件的烧写了,将 U-Boot 重新编译并下载到 Nand Flash 中,开发板选择从 Nand Flash 中启动。在控制台中输入 nand help 可以查看 Nand 的命令,可以看到多了一个 nand write[.yaffs2] 命令。这个就是用以下载 YAFFS2 文件系统到 Nand 中的命令了。

3.3.7　U-Boot 引导内核

U-Boot 运行的最终目的还是要实现 Linux 内核的引导,而要实现内核的引导有几个配置参数是需要注意的,否则引导内核将无法实现。本节对这些参数进行逐个的说明。

(1) 机器码的确定

在 U-Boot 和 Kernel 中都有一个机器码,机器码指定了机器的类型,是一个对机器做唯一标识的数值。只有 U-Boot 和 Kernel 中这两个机器码一致时才能够引导内核,否则会出现匹配错误信息,或者直接死机。U-Boot 中的机器码信息在 include/asm-arm/mach-type.h 中,而具体的设置则是在相应开发板的文件夹下,以本书新建的开发板 smdk2440 为例,机器码设置则在 board/Samsung/smdk2440/smdk2440.h 中。

首先查看 include/asm-arm/mach-type.h 文件可以看到机器码定义如下:

```
……
#define MACH_TYPE_S3C2443         1005
#define MACH_TYPE_OMAP_LDK        1006
#define MACH_TYPE_SMDK2460        1007
#define MACH_TYPE_SMDK2440        1008
……
```

本书中选择 MACH_TYPE_SMDK2440 作为机器码,还需要修改机器码设置代码。打开文件 board/Samsung/smdk2440/smdk2440.h:

```
gd->bd->bi_arch_number = MACH_TYPE_SMDK2410;
```

改为:

```
gd->bd->bi_arch_number = MACH_TYPE_SMDK2440;
```

同时在内核 2.6.30.4 文件 arch/arm/mach-s3c2440/mach-smdk2440.c 中也要做相应的修改使机器码保持一致,这在下一章内核的移植中将会介绍到。

(2) Linux 启动参数的确定

Linux 启动参数的配置主要包括在 include/configs/smdk2440.h 中增加以下几个相关宏定义:

```
#define CONFIG_SETUP_MEMORY_TAGS 1    //向内核传递内存分布信息
#define CONFIG_CMDLINE_TAG 1    //向内核传递命令行参数
#define CONFIG_BOOTARGS "noinitrd root=/dev/mtdblock3 init=/linuxrc console=ttySAC0"    //命令行参数,必须与 Linux 内核配置里启动选项的命令行参数一致
#define CONFIG_BOOTDELAY 3    //自动启动的延时
#define CONFIG_BOOTCOMMAND "nand read 0x31000000 0x000a0000 0x5a0000; bootm 0x31000000"
//自动启动的命令,将 nand 中 0xa0000-0x005a0000(为存放内核分区)的内容读到内存 0x31000000 中,然后用 bootm 命令来执行
```

3.3.8 移植后 U-Boot 的使用

(1) 制作内核映像

经过编译后的 U-Boot 在根目录下的 tools 目录中,会产生工具 mkimage,利用它可以给编译的内核 zImage 添加一个数据头信息部分,添加数据头后的 image 通常叫 uImage,uImage 是可以被 U-Boot 直接引导的内核镜像。将 U-Boot 下 tools 中的 mkimage 复制到主机/usr/local/bin 目录下,这样就可以在主机的任何目录下使用该工具了。mkimage 使用格式如下:

```
mkimage [-x] -A arch -O os -T type -C comp -a addr -e ep -n name -d data_file[:data_file...] image
```

其中,编译选项介绍如下:

- -A:set architecture to 'arch'   //指定 CPU 类型,比如 ARM
- -O:set operating system to 'os'   //指定操作系统,比如 Linux
- -T:set image type to 'type'   //指定 image 类型,比如 Kernel
- -C:set compression type 'comp'   //压缩类型
- -a:set load address to 'addr' (hex) //指定 image 的载入地址
- -e:set entry point to 'ep' (hex)   //内核的入口地址

- -n:set image name to 'name'　　//image 在头结构中的命名
- -d:use image data from 'datafile'　　//无头信息的 image 文件名
- -x:set XIP (execute in place)　　//设置执行位置

下面是一个 mkimage 工具的使用实例,它将内核 linux-2.6.30.4 的 zImage 映像转换成了 uImage.img:

```
mkimage -n 'linux-2.6.30.4' -A arm -O linux -T kernel -C none -a 0x30008000 -e 0x30008000 -d zImage uImage.img
```

(2) 烧写内核映像文件

首先确保在主机上开通了 tftp 服务,并且将生成的相关 uImage 文件放到了 tftp 的相关目录下,要实现下载文件、擦除 Nand Flash、烧写 uImage 到 Nand 中可以通过以下三条指令来实现:

```
tftp 0x31000000 uImage.img    //将 uImage.img 下载到内存 0x31000000 处
nand erase 0xa0000 0x5a0000    //擦除 Nand Flash 的 0xa0000 0x5a0000 的内容
nand write 0x31000000 0xa0000 0x5a0000    //将内存 0x31000000 处的内容写入到 nand 的 0xa0000 处
```

(3) 烧写 YAFFS 文件系统映像

假设 YAFFS 文件系统的映像文件名为 yaffs.img,首先保证主机开通了 tftp 服务,并将它放在 tftp 的相关目录下。然后使用 nand write.yaffs2 命令把事先制作好的 YAFFS2 文件系统下载到 Nand Flash 中:

```
tftp 0x31000000 root-2.6.30.4.bin    //用 tftp 将 yaffs2 文件系统下载到内存的 0x31000000 位置
nand erase 0x5a0000 0xF900000 //擦除 Nand Flash 的文件系统分区
nand write.yaffs2 0x31000000 0x5a0000 0x658170
//将内存中的 yaffs2 文件系统写入 Nand 的文件系统分区,0x658170 是 yaffs2 文件系统的实际大小
```

本章小结

本章对 Bootloader 的基本概念和启动模式进行了简要的介绍,不仅介绍了 U-Boot 的启动过程和配置、编译、链接过程,还对 U-Boot 的重要的部分代码进行了注解。本章主要是对 U-Boot 在 S3C2440 开发板上的移植过程进行解析。读者通过对本章的学习能够掌握 U-Boot 的工作原理和移植方法,为嵌入式开发打下的基础。

第 4 章　内核移植

内核是操作系统的核心。一方面,它管理底层的各个接口部件,实现对硬件的编程控制和接口操作;另一方面,为用户应用程序提供一个高级的执行环境。由于不同硬件平台的硬件资源和运行环境的差别,对操作系统内核的要求也会有所差别。因此要实现在特定的开发平台上运行操作系统,就必须对操作系统内核进行剪裁。Linux 支持的硬件平台十分丰富,它是一个平台适应性很强的操作系统。本章将详细介绍内核的基本结构和移植技术。

本章要点:
➢ Linux 内核的结构;
➢ 内核 Makefile 分析;
➢ 内核的配置;
➢ 内核在 S3C2440 上的移植;
➢ 内核对 YAFFS 文件系统的支持;
➢ 内核中 RTC、LCD、DM9000 驱动的移植。

4.1　Linux 内核结构

虽然 Linux 内核的源码文件有将近 2 万多个,但是其设计采用了模块化的方法,使得这些文件的组织结构并不复杂。本节介绍内核的主要结构和源码目录。

4.1.1　内核组成

Linux 内核主要由五个子系统组成:进程调度,内存管理,虚拟文件系统,网络接口,进程间通信。

1. 进程调度(SCHED)

进程调度控制进程对 CPU 的访问。选择下一个进程运行时,由调度程序选择最值得运行的进程。可运行进程实际上是等待 CPU 资源的进程,如果某个进程在等待其他资源,则该进程是不可运行进程。Linux 使用了比较简单的基于优先级的进程调度算法选择新的进程。

2. 内存管理(MM)

内存管理允许多个进程安全的共享主内存区域。Linux 的内存管理支持虚拟内存,即在计算机中运行的程序,其代码、数据、堆栈的总量可以超过实际内存的大小,操作系统只是把当前使用的程序块保留在内存中,其余的程序块则保留在磁盘中。必要时,操作系统负责在磁盘和内存间交换程序块。内存管理从逻辑上分为硬件无关部分和硬件有关部分。硬件无关部分提供了进程的映射和逻辑内存的对换;硬件相关的部分为内存管理硬件提供了虚拟接口。

3. 虚拟文件系统(Virtual File System,VFS)

虚拟文件系统隐藏了各种硬件的具体细节,为所有的设备提供了统一的接口,VFS提供了多达数十种不同的文件系统。虚拟文件系统可以分为逻辑文件系统和设备驱动程序。逻辑文件系统指 Linux 所支持的文件系统,如 ext2,fat 等;设备驱动程序指为每一种硬件控制器所编写的设备驱动程序模块。

4. 网络接口(NET)

网络接口提供了对各种网络标准的存取和各种网络硬件的支持。网络接口可分为网络协议和网络设备驱动程序。网络协议部分负责实现每一种可能的网络传输协议。网络设备驱动程序负责与硬件设备通讯,每一种可能的硬件设备都有相应的设备驱动程序。

5. 进程间通讯(IPC)

进程间通讯支持进程间各种通信机制。

这些通信机制主要有以下部分:管道(Pipe)及有名管道(named pipe);信号(Signal);报文(Message)队列(消息队列);共享内存;信号量(semaphore);套接口(Socket)。

这些子系统虽然实现的功能相对独立,但存在着较强的依赖性(调用依赖模块中相应的函数),所以说 linux 内核是单块结构(monolithic)的。图 4-1 介绍了这五个子系统间的相互关系。

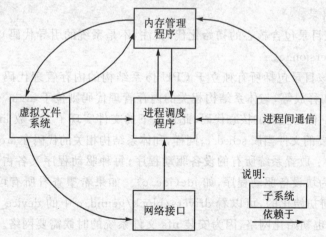

图 4-1 内核子系统的相互关系

各个子系统间的相互关系如下:

- 进程调度与内存管理之间的关系:这两个子系统互相依赖。在多道程序环境下,程序要运行的话必须为之创建进程,而创建进程的第一件事情就是将程序和数据装入内存。
- 进程间通信与内存管理的关系:进程间通信子系统要依赖内存管理支持共享内存通信机制,这种机制允许两个进程除了拥有自己的私有空间,还可以存取共同的内存区域。

- 虚拟文件系统与网络接口之间的关系:虚拟文件系统利用网络接口支持网络文件系统(NFS),也利用内存管理支持 RAMDisk 设备。
- 内存管理与虚拟文件系统之间的关系:内存管理利用虚拟文件系统支持交换,交换进程(swapd)定期由调度程序调度,这也是内存管理依赖于进程调度的唯一原因。当一个进程存取的内存映射被换出时,内存管理向文件系统发出请求,同时挂起当前正在运行的进程。

除了这些依赖关系外,内核中的所有子系统还要依赖于一些共同的资源。这些资源包括所有子系统都用到的"过程",例如:分配和释放内存空间的过程,打印警告或错误信息的过程,还有系统的调试过程等等。

4.1.2 内核目录

Linux 内核的核心源程序文件按树形结构进行组织,其核心源程序通常都安装在 /usr/src/linux 下,在源程序树的最上层,其主要子目录介绍如下。

- arch/:该目录包括了所有和体系结构相关的核心代码。它的每一个子目录都代表一种支持的体系结构,例如 i386 是 Intel CPU 及与之相兼容体系结构的子目录,而 arm 子目录是关于 ARM 平台下各种芯片兼容的代码。
- include/:该目录包括编译核心所需要的大部分头文件。与平台无关的头文件在 include/linux 子目录下,与 ARM 相关的头文件在 include/ams-arm 子目录下,Intel CPU 相关的头文件在 include/asm-i386 子目录下,而 include/scsi 目录则是有关 SCSI 设备的头文件目录。
- init/:该目录包含核心的初始化代码(注:不是系统的引导代码),它包含两个文件 main.c 和 Version.c。
- mm/:该目录包括所有独立于 CPU 体系结构的内存管理代码,如页式存储管理内存的分配和释放等,与体系结构相关的内存管理代码则位于 arch/*/mm/。
- kernel/:作为主要的核心代码,此目录下的文件实现了大多数 linux 系统的内核函数,其中最重要的文件当属 sched.c;同样,和体系结构相关的代码在 arch/*/kernel 中;
- drivers/:放置系统所有的设备驱动程序;每种驱动程序又各占用一个子目录:例如/block 下为块设备驱动程序,如 ide(ide.c)。如果希望查看所有可能包含文件系统的设备是如何初始化的,可以看 drivers/block/genhd.c 中的 device_setup()。它不仅初始化硬盘,也初始化网络,因为安装 nfs 文件系统的时候需要网络。
- Documentation/:文档目录,没有内核代码,只是一套有用的文档。
- fs/:作为所有的文件系统代码和各种类型的文件操作代码,它的每一个子目录支持一个文件系统,例如在嵌入式中常用闪存设备的文件系统:Cramfs、Romfs、Ramfs、JFFS2 和 YAFFS 等文件系统。
- ipc/:这个目录包含核心的进程间通讯的代码。
- lib/:放置核心的库代码,与处理器结构相关的库代码放在 arch/*/lib 目录下。

- net/：内核中与网络相关的代码,每个子目录放置一个具体的网络协议或者网络模型代码。
- scripts/：描述文件和脚本,用于对核心的配置。
- crypto/：常用加密和散列算法,还有一些压缩和 CRC 校验算法。
- block/：块设备的通用函数。
- security/：安全和密码的相关代码。
- sound/：音频设备的驱动程序。
- usr/：用来制作一个压缩的 cpio 归档文件。

S3C2440 是 ARM 架构的芯片,其体系相关的代码在 arch/arm 目录下,在进行 Linux 移植时,主要的工作就是修改这个目录下的文件。图 4-2 表示的是内核源码的树形结构。

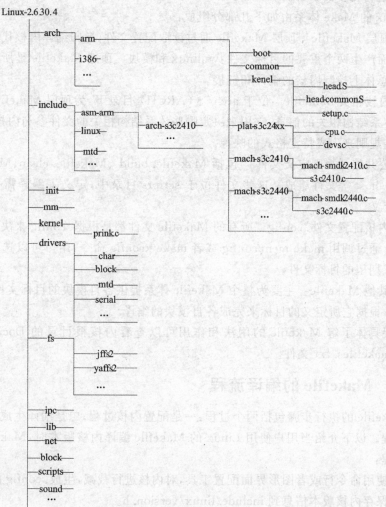

图 4-2 内核源码的树形结构

4.2 内核 Makefile 分析

在前面的章节已经对 Makefile 做了基本的介绍，通过 Makefile 可以决定编译哪些文件、以何种形式进行编译以及文件链接的顺序和规则。本节将要对 Linux 内核的 Makefile 进行简要的分析，让读者对 Linux 内核的编译和链接过程有初步的了解。

4.2.1 内核 Makefile 的分类

在 Linux 内核源码中能够找到很多的 Makefile，在这些 Makefile 中往往包含了其他的如配置信息和通用规则的文件。在对内核进行移植之前有必要对 Linux 的 Makefile 体系进行初步的了解。

Linux 的 Make 体系由如下几部分组成：

① 顶层 Makefile　顶层 Makefile 通过读取配置文件，递归编译内核代码树的相关目录，从而产生两个重要的目标文件：vmlinux 和模块。顶层 Makefile 是所有 Makefile 的核心，总体上控制内核的编译和链接。

② 内核相关 Makefile　位于 arch/$(ARCH) 目录下，为顶层 Makefile 提供与具体硬件体系结构相关的信息，它用来决定哪些体系结构相关的文件参与内核的生成，并提供一些规则来生成特定格式的映像。

③ 公共编译规则定义文件　包括 Makefile.build 、Makefile.clean、Makefile.lib、Makefile.host 等文件组成。这些文件位于 scripts 目录中，定义了编译需要的公共的规则和定义。

④ 内核配置文件 .config　所有的 Makefile 文件都是根据 .config 来决定使用哪些文件的。通过调用 make menuconfig 或者 make xconfig 命令，用户可以选择需要的配置来生成期望的目标文件。

⑤ 其他 Makefile　主要为整个 Makefile 体系提供各自模块的目标文件定义，上层 Makefile 根据它所定义的目标来完成各自模块的编译。

想要具体了解 Makefile 的用法和作用可以查看内核根目录的 Documentation/kbuild/makefiles.txt 文件。

4.2.2 Makefile 的编译流程

Makefile 的执行步骤包括两个过程：一是配置内核过程；二是编译生成内核目标文件的过程。以下介绍当用户使用 Linux 的 Makefile 编译内核版本时，Makefile 的详细编译流程：

① 使用命令行或者图形界面配置工具，对内核进行裁减，生成 .config 配置文件。

② 保存内核版本信息到 include/linux/version.h。

③ 产生符号链接 include/asm，指向实际目录 include/asm-$(ARCH)。

④ 为最终目标文件的生成进行必要的准备工作。

⑤ 递归进入/init 、/core、/drivers、/net、/lib 等目录和其中的子目录来编译生成所有的目标文件。

⑥ 链接上述过程产生的目标文件以生成 vmlinux，vmlinux 存放在内核代码树的根目录下。

⑦ 最后根据 arch/＄(ARCH)/Makefile 文件定义的后期编译的处理规则建立最终的映像 bootimage，包括创建引导记录、准备 initrd 映像和相关处理。

4.2.3 Makefile 主要内容解析

1. 目标定义

目标定义是 Makefile 文件的核心部分，目标定义通知 Makefile 需要生成哪些目标文件、如何根据特殊的编译选项链接目标文件，同时控制哪些子目录要递归进入进行编译。

首先查看顶层的 Makefile 文件，它决定了根目录下的哪些子目录将被编进内核。

```
477 init-y                  : = init/
478 drivers-y               : = drivers/ sound/ firmware/
479 net-y                   : = net/
480 libs-y                  : = lib/
481 core-y                  : = usr/
……
650 core-y                  + = kernel/ mm/ fs/ ipc/ security/ crypto/ block/
```

从以上内容可以看到顶层的 Makefile 将目录分成了 5 类：init-y、drivers-y、net-y、libs-y 和 core-y。没有出现的 arch 目录则是在 arch/＄(ARCH)/Makefile 中被包含进内核。

arch/＄(ARCH)/Makefile 目录决定了 arch/＄(ARCH)目录下的哪些文件、哪些目录将被编进内核。以 ARM 体系结构为例，在 arch/arm/Makefile 中可以看到如下内容：

```
100 head-y: = arch/arm/kernel/head＄(MMUEXT).o arch/arm/kernel/init_task.o
……
196 core-y            + = arch/arm/kernel/ arch/arm/mm/ arch/arm/common/
197 core-y                        + = ＄(machdirs) ＄(platdirs)
198 core-＄(CONFIG_FPE_NWFPE)      + = arch/arm/nwfpe/
199 core-＄(CONFIG_FPE_FASTFPE)    + = ＄(FASTFPE_OBJ)
200 core-＄(CONFIG_VFP)            + = arch/arm/vfp/

204 libs-y                        : = arch/arm/lib/ ＄(libs-y)
……
```

第100行又出现了另一个类：head-y，不过它直接以文件名的形式出现。定义的 MMUEXT 在值为空时，使用文件 head.S。

第196～200 行进一步扩充了 core-y 的内容。对于 198 行～200 行的宏定义 CONFIG_FPE_NWFPE 等而言，值有 3 种：y、m 或者空。"y"表示编进内核，"m"表示编为模块，"空"表示不使用。

第 204 行进一步扩充了 libs-y 的内容，这些都是体系结构相关的目录。

需要指出的是体系 makefile 文件和顶层 makefile 文件共同定义了如何建立 vmlinux 文件的规则。$(head-y) 列举首先链接到 vmlinux 的对象文件。$(libs-y) 列举了找到 lib.a 文件的目录。其余的变量列举了找到内嵌对象文件的目录。

2. 目录递归

Makefile 文件只负责当前目录下的目标文件，子目录中的文件由子目录中的 Makefile 负责编译，编译系统使用 obj-y、obj-m 和 lib-y 来自动递归编译各个子目录中的文件。

(1) obj-y 用来定义哪些文件被编译进内核

Makefile 会编译所有 $(obj-y) 中定义的文件，然后调用链接器将这些文件链接到 built-in.o 文件中。最终 built-in.o 文件通过顶层 Makefile 链接到 vmlinux 中。值得注意的是 $(obj-y) 的文件顺序很重要。列表文件可以重复，文件第一次出现时将会链接到 built-in.o 中，后来出现的同名文件将会被忽略。例如 fs/Makefile：

```
obj-$(CONFIG_EXT2_FS) += ext2/
```

如果在内核配置文件 .config 中，CONFIG_EXT2_FS 被设置为 y，则内核 Makefile 会自动进入 ext2 目录来进行编译到内核中。

(2) obj-m 用来定义哪些文件被编译成可加载模块

obj-m 中定义的 .o 文件由当前目录下的 .c 或 .S 文件编译生成，它们不会被编译进 built-in.o 中，而是被编译成可加载模块。

一个模块可以由一个或者几个 ".o" 文件组成。对于只用一个源文件的模块，在 obj-m 中直接增加 ".o" 文件即可。对于有多个源文件的模块，除在 obj-m 中增加一个 ".o" 文件外，还要定义一个 <module_name>-obj 变量来告诉 Makefile，这个 ".o" 文件由哪些文件组成。例如在 drivers/net/Makefile 中有如下定义：

```
32 obj-$(CONFIG_UCC_GETH) += ucc_geth_driver.o
33 ucc_geth_driver-objs := ucc_geth.o ucc_geth_ethtool.o
```

(3) lib-y 用来定义哪些文件被编译成库文件

lib-y 中定义的 ".o" 文件由当前目录下的 ".c" 或 ".S" 文件编译生成。所有包含在 lib-y 定义中的目标文件都将会被编译到该目录下一个统一的库文件 lib.a 中。值得注意的是 lib-y 定义一般被限制在 lib 和 arch/$(ARCH)/lib 目录中。

3. 依赖关系

Linux Makefile 通过在编译过程中生成的形如". 文件名.o.cmd"(比如 main.c 文件,它对应的依赖文件名为.main.o.cmd)来定义相关的依赖关系。

一般文件的依赖关系由如下部分组成：
- 所有的前期依赖文件(包括所有相关的"*.c"和"*.h")；
- 所有与 CONFIG_选项相关的文件；
- 编译目标文件所使用到的命令行。

4. 文件链接

当编译 vmlinux 映像时将使用 arch/$(ARCH)/kernel/vmlinux.lds 链接脚本。相同目录下的 vmlinux.lds.S 文件是用来生成 vmlinux.lds 的。生成 vmlinux.lds 的规则在 scripts/Makefile.build 中：

```
269 # Linker scripts preprocessor (.lds.S -> .lds)
270 # ---------------------------------------------          -----
271 quiet_cmd_cpp_lds_S = LDS        $@
272       cmd_cpp_lds_S = $(CPP) $(cpp_flags) -D__ASSEMBLY__ -o $@ $<
273
274 $(obj)/%.lds: $(src)/%.lds.S FORCE
275         $(call if_changed_dep,cpp_lds_S)
```

4.3 内核配置选项

内核提供了多种不同的工具来简化内核的配置,最简单的一种是字符界面下命令行工具,主要的字符命令行工具包括以下四种：

- make config 这个工具会依次遍历内核所有的配置项,要求用户进行逐项的选择配置。这个工具会耗费用户太多时间,除非万不得以(编译主机不支持其他配置工具)一般不建议使用。
- make menuconfig 这个工具是基于文本选单的配置界面,使用 make menuconfig 需要安装 ncurse,在字符终端下推荐使用该工具。
- make xconfig 当用户使用这个工具对 Linux 内核进行配置时,界面下方会出现这个配置项相关的帮助信息和简单描述,对内核配置选项不太熟悉时,建议使用这个工具来进行内核配置。当用户完成配置后,配置工具会自动生成".config"文件,它被保存在内核代码树的根目录下。
- make oldconfig 如果只是想在原内核配置的基础上,进行小的修改,推荐使用该方法,可以省去很多麻烦。

这些内核配置方式在 scripts/kconfig/Makefile 中通过规则定义的。下面使用 make menuconfig 命令进入内核配置界面,在使用该命令前要修改顶层的 Makefile 文

件,选择硬件体系为 ARM 结构,打开 Makefile 的修改:

```
193 ARCH              ? =
```

修改为:

```
193 ARCH              ? = arm
```

然后在命令行下输入"make menuconfig"后出现的配置界面如图 4-3 所示。

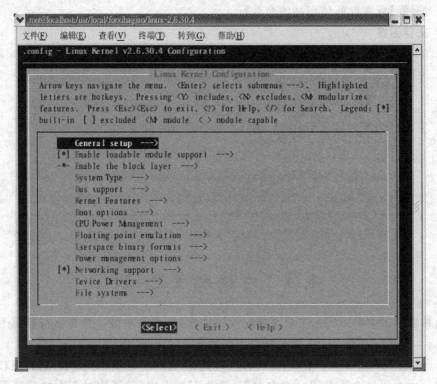

图 4-3 内核配置界面

每一个选项前面都有一个"[ ]"和"< >",其含义如下:
- "[ ]"表示该选项有两种选择方式:
  ◇ [*]　表示直接编译进内核;
  ◇ [ ]　表示不编译。
- "< >"表示该选项有三种选择方式:
  ◇ < * >　表示直接编译进内核;
  ◇ <M>　表示编译成模块形式,但不编译进内核;
  ◇ < >　表示不编译。

以下将介绍 Linux 主要的配置选项和含义。

4.3.1 通用选项

菜单选项 General setup 包含内核通用配置的选项(如表 4-1 所列),在通用配置选项中如果对系统没有特殊要求,可以只选择 System V IPC 配置选项。

表 4-1 通用配置的选项

选项名	说明
Prompt for development and/or incomplete code/drivers	当内核中含有不成熟的代码或驱动,需要把该选项选择为 Y。编译成熟产品时则不需要
Local version-append to kernel release	在内核版本后追加字符串,字符串不超过 64 字节
Automatically append version information to the version string	自动在版本后添加版本信息,编译时需要有 pert 及 git 仓库支持,通常可以不选
Support for paging of anonymous memory (swap)	使内核支持虚拟内存,默认是选择的
System V IPC	进程间通信,通常需要配置
POSIX Message Queues	POSIX 消息队列,通常需要配置
BSD Process Accounting	可以将行程资料记录下来,通常需要配置
Export task/process statistics through netlink	通过 netlink 接口向用户空间导出任务/进程的统计信息
Auditing support	审计支持,SELinux 需要配置
RCU Subsystem	同步机制
Kernel .config support	提供".config"配置文件支持
Kernel log buffer size (16=>64KB,17=>128KB)	内核日志缓冲区大小(16 代表 64 KB,17 代表 128 KB)
Group CPU scheduler	CPU 组调度
Control Group support	控件组支持
Create deprecated sysfs layout for older userspace tools	为旧的用户空间工具创建过时的文件系统风格
Kernel→user space relay support (formerly relayfs)	在某些文件系统上提供从内核空间向用户空间传递大量数据的接口
Namespaces support	命名空间支持
Initial RAM filesystem and RAM disk (initramfs/initrd) support	初始化 RAM 文件系统的源文件。initramfs 可以将根文件系统直接编译进内核,一般是 cipo 文件
Optimize for size	代码优化
Configure standard kernel features (for small systems)	为特殊环境准备的内核选项,通常不需要这些非标准内核
Strip assembler-generated symbols during link	链接时去掉汇编生成的符号
Disable heap randomization	禁用随机 heap
Choose SLAB allocator	选择内核分配管理器,通常需要配置
Profiling support	支持系统评测,通常不选
Activate markers	活动标记
Kprobes	探测工具,开发人员可以选择,通常不选

4.3.2 模块相关选项

菜单选项 Loadable module support 提供系统模块的选择配置,如果系统不使用模块,可以不选择本项。如果对模块的加载方式有特殊的要求,如需强制卸载正在使用的模块的要求,那么可以配置相关的选项。模块相关选项如表 4-2 所列。

表 4-2 模块选项

选项名	说明
Forced module loading	强制加载模块驱动支持
Module unloading	提供模块卸载功能,一般选择此功能
Forced module unloading	强迫模块卸载功能,建议不选
Module versioning support	模块版本,如果选择,模块可以支持多版本内核
Source checksum for all modules	为所有的模块校验源码,可以不选

4.3.3 块相关选项

菜单选项 Block layer 提供了系统调用方式的选项,如表 4-3 所列。

表 4-3 块相关选项

选项名	说明
Support for large block devices and files	使用大容量块设备时选择
Block layer SG support v4	支持通用 SCSI 块设备(第 4 版)
Block layer data integrity support	支持块设备数据完整性
IO Schedulers	I/O 调度器

4.3.4 系统类型、特性和启动相关选项

菜单选项 System Type 主要提供了处理器型号及其特性的配置,本选项是根据源代码根目录下的 Makefile 文件中 SUBARCH 宏的值的不同而变化的,在配置内核时直接选择对应的芯片即可,对特定的平台选择相应的支持类型。

菜单选项 Kernel Features 子菜单包含一些系统特性选项,主要用于选择内核的特性(如表 4-4 所列)。本书针对的是 ARM 平台,一般采用默认值即可。

表 4-4 内核特性选项

选项名	说明
Tickless System (Dynamic Ticks)	动态 tick 定时器
High Resolution Timer Support	高精度计时器支持
Memory split	内存分割
Preemptible Kernel	抢占式内核,建议使用
Use the ARM EABI to compile the kernel	使用 ARM EABI 编译内核

续表 4-4

选项名	说 明
High Memory Support	高位内存支持
Memory model	内存模式，这里只有 Flat Memory 供选择
Add LRU list to track non-evictable pages	对没有使用的页采用最近最少使用算法，建议选择

菜单选项 Boot Options 主要是一些选择内核启动的选项，如表 4-5 所列。

表 4-5 内核启动选项

选项名	说 明
(0) Compressed ROM boot loader base address	zImage 存放的基地址
(0) Compressed ROM boot loader BSS address	BSS 地址
() Default kernel command string	内核启动参数
Kernel Execute-In-Place from ROM	从 ROM 中直接运行内核，该内核使用 make xipImage 编译
(0x00080000) XIP Kernel Physical Location	选择 XIP 后，内核存放的物理地址
Kexec system call	Kexec 系统呼叫

4.3.5 网络协议相关选项

菜单选项 Networking support 提供与网络相关的配置选择，这些选项包含了很多网络协议的支持，但是只需要在 Networking options 子菜单中选择具体的网络协议即可，该项配置的二级子选项较多，这里只给出一级的子菜单项，如表 4-6 所列。

表 4-6 网络相关的选项

选项名	说 明
Networking options	根据实际情况选择需要的网络协议
Amateur Radio support	业余无线电支持，一般不需要
CAN bus subsystem support	CAN 总线子系统支持
IrDA (infrared) subsystem support	红外线支持
Bluetooth subsystem support	蓝牙支持
RxRPC session sockets	RxRPC 会话套接字支持
Wireless	无线电支持
WiMAX Wireless Broadband support	WiMAX 无线宽带支持
RF switch subsystem support	RF 交换子系统支持
Plan 9 Resource Sharing Support (9P2000)	"九号计划档案系统协定"资源共享支持

4.3.6 设备驱动相关选项

菜单选项 Device Driver 提供了所有设备驱动程序的配置选择，需要重点关注的是 MTD 设备相关驱动。由于设备驱动选项的内容十分多，这里只给出其中一部分，如表 4-7 所列。

表 4-7 设备驱动程序选项

选项名	说明
Generic Driver Options	通用驱动选项,一般使用默认选项
Connector - unified userspace <-> kernelspace linker	用户空间和内核空间的统一连接器
Memory Technology Device (MTD) support	MTD 设备支持
Parallel port support	并口支持
Block devices	块设备支持,这个部分需要重视
SCSI device support	SCSI 设备支持
Serial ATA(prod) and Parallel ATA(experimental) drivers	串行 ATA 和并行 ATA 驱动
I2O device support	I^2O 设备支持
ISDN support	ISDN 支持
Input device support	输入设备驱动支持,包括键盘、鼠标和触摸屏等
Character devices	字符设备驱动,这个十分重要
I2C support	I^2C 总线支持
SPI support	SPI 总线支持
Power supply class support	供电系统支持
Sound card support	声卡支持
USB support	USB 设备支持
MMC/SD/SDIO card support	MMC/SD/SDIO 卡驱动支持
Real Time Clock	实时时钟驱动支持

4.3.7 文件系统类型相关选项

菜单选项 File systems 提供了一些文件系统配置的选项,在内核移植完成后需要制作文件系统,文件系统需要内核的引导和支持。因此需要在这部分选项中选择内核支持的文件系统,如表 4-8 所列。

表 4-8 内核支持的文件系统

选项名	说明
Second extended fs support	Ext2 文件系统支持
Ext3 journalling file system support	Ext3 文件系统支持
The Extended 4 (ext4) filesystem	Ext4 文件系统支持
Reiserfs support	Reiserfs 文件系统支持
JFS filesystem support	JFS 文件系统支持
XFS filesystem support	XFS 文件系统支持
OCFS2 file system support	OCFS2 文件系统支持
Btrfs filesystem (EXPERIMENTAL) Unstable disk format	Btrfs 文件系统支持
Dnotify support	文件系统变化通知机制支持

续表 4-8

选项名	说明
Inotify file change notification support	该选项在 2.6.13 内核中引入,是 Dnotify 的替代者
Quota support	磁盘限额支持
Kernel automounter support	自动挂载远程文件系统,如 NFS
Kernel automounter version 4 support	自动挂载远程文件系统,支持版本 4 和版本 3
FUSE (Filesystem in Userspace) support	在用户空间挂载文件系统
CD-ROM/DVD Filesystems	ISO9660 和 UDF 等文件系统支持
DOS/FAT/NT Filesystems	FAT/NTFS 文件系统支持,如果使用 U 盘则需要提供 FAT 文件系统的支持
Pseudo filesystems	表示操作系统,多指内存中的文件系统,如 proc
Miscellaneous filesystems	杂项文件系统,包括 ADFS,BFS 和 BeFS 等十余种文件系统,使用较少,不需选择
Network File Systems	网络文件系统,只有 NFS 使用较多,其他的使用较少,开发过程中可以选用
Partition Types	分区类型。其提供十余种类型,在嵌入式产品中很少使用,不需要选
Distributed Lock Manager	分布式锁管理器

4.3.8 其他选项

以下选项由读者根据平台自行选择。
- Bus support 的子菜单包含了总线接口支持选项。
- CPU Power Management 的子菜单包含了电源管理选项。
- Floating point emulation 的子菜单包含了总线接口支持。
- Kernel hacking 的子菜单包含内核黑客配置选项。
- Library routines 的子菜单包含了库配置选项。
- Security options 的子菜单包含了一些安全配置选项。
- Cryptographic API 的子菜单包含内核加密算法的配置选项。

4.4 内核在 ARM 上的移植

通过以上对内核裁剪配置选项的介绍,读者对内核的配置内容有了一定的了解。下面要进行实际的内核移植操作。本节将修改内核 linux-2.6.30.4,使得它可以支持本书所使用的 TQ2440 开发板;同时本节还修改了相关驱动使其支持网络功能、支持 YAFFS 文件系统、支持 RTC 时钟、支持 LCD 显示;还修改 MTD 设备分区,使得内核可以挂载 Nand Flash 上的文件系统。下面将介绍内核的移植过程。

4.4.1 内核基本结构的移植

在第 2.2.3 节已经介绍了交叉编译环境的建立,可以从网上获取内核 linux-2.6.30.4 的源码,并且将其解压缩到/usr/local/arm 目录下,使用前面介绍过的 tar 指令进行解压:

```
[root@localhost arm]# tar -zxvf linux-2.6.30.4.tar.gz
```

tar 指令的解压过程如图 4-4 所示。

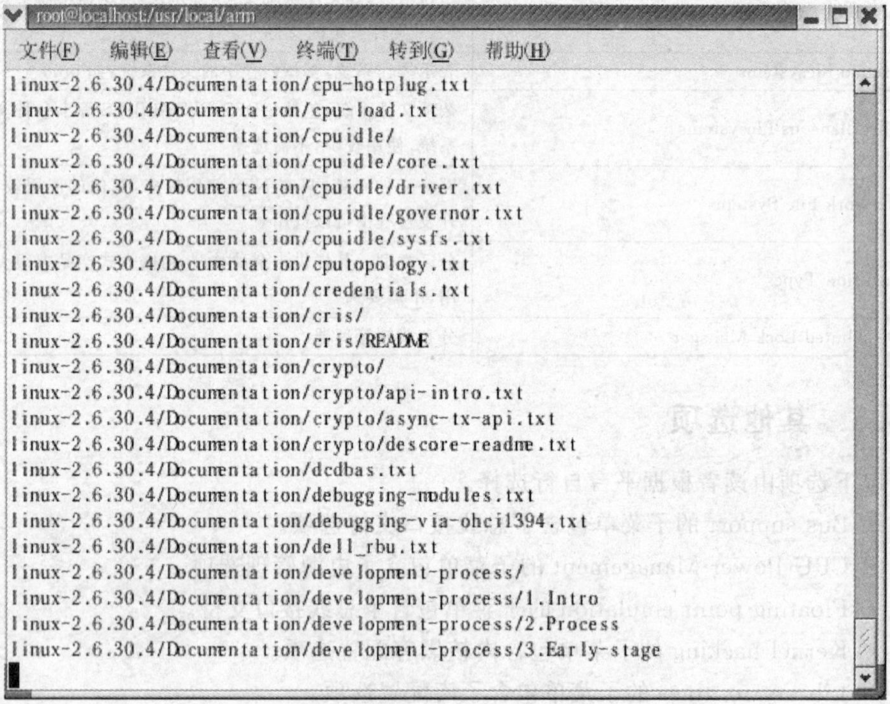

图 4-4 内核解压过程

将内核解压后,按照以下的步骤进行移植。

1. 修改顶层 Makefile

在/usr/local/arm/目录中将 linux-2.6.30.4.tar.gz 解压缩之后,为了确保内核可以正确地编译,先修改顶层 Makefile,将:

```
193 ARCH            ? = $(SUBARCH)
194 CROSS_COMPILE   ? =
```

修改为:

```
193 ARCH            ? = arm
194 CROSS_COMPILE   ? = arm-linux-
```

2. 修改机器码

在 3.3.7 节中提到,当 Bootloader 与内核中的机器码相匹配的时候才能够实现引导内核的功能。在 U – Boot 中选择的机器码是 gd->bd->bi_arch_number＝MACH_TYPE_SMDK2440;查看 U – Boot 中的文件 include/asm-arm/mach-types.h 可以知道 MACH_TYPE_SMDK2440 代表的值是 1008,因此在内核中将机器码:

```
[root@localhost linux-2.6.30.4]#gedit arch/arm/mach-s3c2440/mach-smdk2440.c
176 MACHINE_START(S3C2440, "SMDK2440")
```

改为:

```
176 MACHINE_START(SMDK2440, "SMDK2440")
```

同时在 arch/arm/kernel/head.S 文件中添加以下代码:

```
ENTRY(stext)
mov     r0, #0
mov     r1, #0x3f0      // MACH_TYPE_SMDK2440 的值 1008 换算成十六进制就是 0x3f0
ldr     r2, = 0x30000100
msr cpsr_c, #PSR_F_BIT | PSR_I_BIT | SVC_MODE
……
```

经过以上的修改就能保证 Bootloader 中机器码和内核中的匹配,达到引导内核的目的。

3. 修改系统平台时钟

本书使用的开发板的输入时钟是 12 MHz,因此需要修改系统平台时钟。打开文件 arch/arm/mach-s3c2440/mach-smdk2440.c:

```
160 static void __init smdk2440_map_io(void)
161 {
162     s3c24xx_init_io(smdk2440_iodesc, ARRAY_SIZE(smdk2440_iodesc));
163     //s3c24xx_init_clocks(16934400);
```

修改为:

```
163     s3c24xx_init_clocks(12000000);
164     s3c24xx_init_uarts(smdk2440_uartcfgs,ARRAY_SIZE(smdk2440_uartcfgs));
165 }
```

4. 修改 Nand Flash 分区

第 3.3.4 节已经对 Nand Flash 进行了分区,在内核中需要修改 Nand Flash 的分区和 Bootloader 中的对应处,打开文件 arch/arm/plat-s3c24xx/common-smdk.c,并将结构体 smdk_default_nand_part[]修改如下:

```
109 static struct mtd_partition smdk_default_nand_part[] = {
110         [0] = {
111                 .name   = "U-Boot-2009.08",
112                 .size   = 0x00060000,
113                 .offset = 0,//384KB
114         },
115         [1] = {
116                 .name   = "U-Boot-parameters",
117                 .offset = 0x60000,
118                 .size   = 0x20000,//128KB
119         },
120         [2] = {
121                 .name   = "Kernel-2.6.30.4",
122                 .offset = 0xa0000,
123                 .size   = 0x500000,//5MB
124         },
125         [3] = {
126                 .name   = "Rootfile system",
127                 .offset = 0x5a0000,
128                 .size   = 0xf360000,//249MB
129         }
130 };
```

从以上修改可以看出来,只保留了4个分区,分区0名为U-Boot-2009.08,用于存放U-Boot;分区1名为U-Boot-parameters,用于存放U-Boot的参数;分区2名为Kernel-2.6.30.4,用于存放Linux内核;分区3名为Rootfile system,用于存放根文件系统。

5. 配置内核选项

在对以上的源代码进行修改后,接下来要使用make menuconfig命令进入内核配置界面。需要注意的是,只有在内核的根目录下才能够进入配置界面。配置界面如图4-3所示。下面给出一个内核的基本配置过程。

首先加载S3C24XX的通用配置,在此基础上进行修改,加载的配置文件为arch/arm/configs/smdk2410_defconfig。其加载步骤如下:

在配置的主菜单中选择Load an Alternate Configuration File选项,如图4-5所示。

选中配置文件选项后,进入配置文件路径和名称的输入界面,如图4-6所示。输入配置文件的名称为arch/arm/configs/s3c2410_defconfig。

添加了配置文件后还需要修改以下的一些配置项。

第 4 章　内核移植

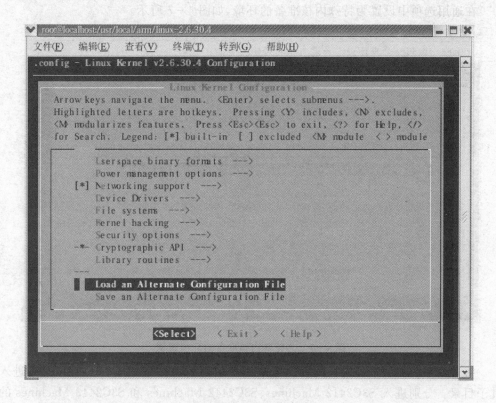

图 4-5　配置文件选项

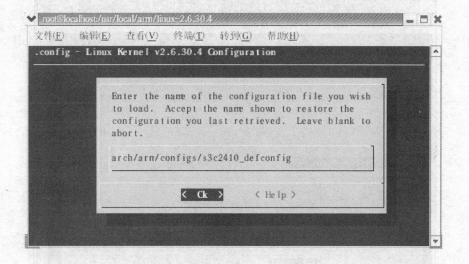

图 4-6　配置文件输入界面

在通用选项中设置为特殊内核准备的环境,如图 4-7 所示。

图 4-7　为特殊内核准备的环境配置

接着对系统类型选项进行配置。选择 System Type(如下图 4-8(a)所示)可进入其子目录。分别进入 S3C2412 Machines、S3C2442 Machines 和 S3C2443 Machines 的子目录,如图 4-8(b),图 4-8(c)和图 4-8(d)所示。

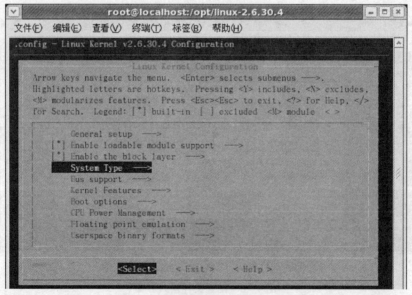

(a) 选择 System Type

图 4-8　配置 System Type

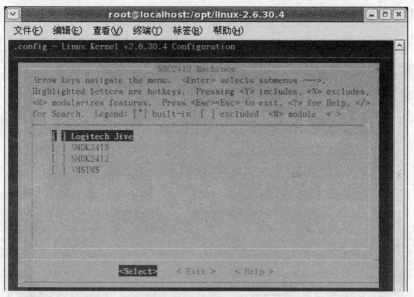

(b) S3C2412 Machines

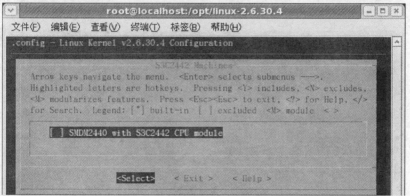

(c) S3C2442 Machines

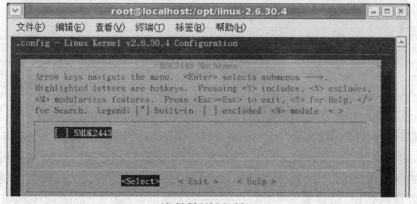

(d) S3C2443 Machines

图 4-8　配置 System Type(续)

分别对 S3C2410 Machines 和 S3C2440 Machines 配置，如图 4-9(a)和(b)所示。

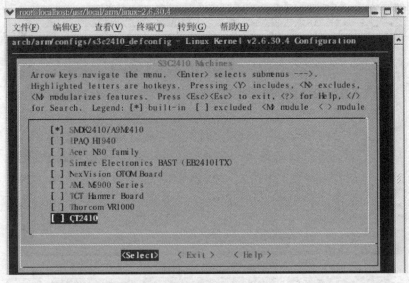

(a) S3C2410 Machines 的设置

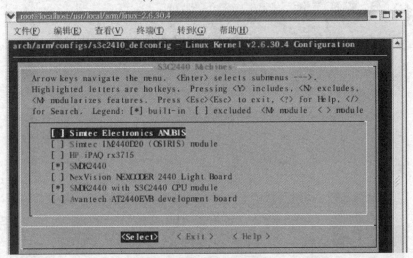

(b) S3C2440 Machines 的配置

图 4-9　S3C2410 Machines 和 S3C2440 Machines 的配置

在对系统特性选项配置时，需要对选项 Use the ARM EABI to compile the kernel 和选项 Allow old ABI binaries to run with this kernel 进行配置。因为在使用交叉编译工具的版本为 arm-linux-gcc4.3.2 时，如果没有对这两项进行配置，就会出现文件系统无法启动的错误，错误提示为"Kernel panic-not syncing：Attempted to kill init！"。其具体的配置如图 4-10 所示。

第 4 章 内核移植

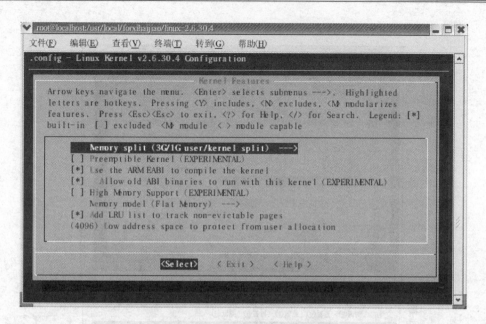

图 4-10 系统类型选项的配置

还需要对启动参数进行配置,在第 3 章对 Linux 的启动参数说明过,并且对 U-Boot 中的启动参数宏 CONFIG_BOOTARGS 进行了设置,下面设置的内容和 CONFIG_BOOTARGS 的值是相同的。在主配置菜单中选择 Boot options,在弹出的窗口中进行配置,其具体过程如下:

① 进入 Boot options 子选项,选择()Default kernel command string,弹出如图 4-11(a)所示对话框;

② 输入启动参数值,如图 4-11(b);

③ 选择 ok 保存配置,如图 4-11(c)。

在设备驱动中需要特别注意的是 MTD 的支持,选择路径为:Device Drivers→Memory Technology Device(MTD) support→NAND Device Support,然后进入 Nand 设备的配置界面进行配置,如图 4-12 所示。

配置完后将配置文件保存为.config,这样方便下次配置时默认加载最后保存的配置,如图 4-13 和图 4-14 所示。

需要注意的是,在保存配置文件的时候必须将配置文件保存为.config,因为在使用 make zImage 命令来制作 linux 内核镜像都是依据.config 这个配置来做的。否则在使用 make zImage 命令时会出现"You have not yet configured your kernel!"的提示。

在进行完以上内核配置步骤并保存退出后,就可以对内核进行编译了,在内核的根目录下运行如下的命令:

```
[root@localhost linux-2.6.30.4]# make zImage
```

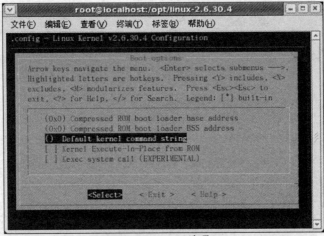

(a) Boot options 选项

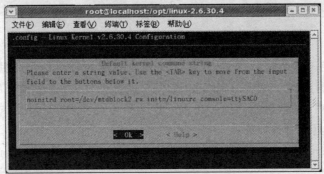

(b) 输入启动参数值

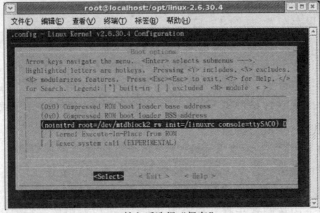

(c) 输入后选择"保存"

图 4-11　启动参数的配置

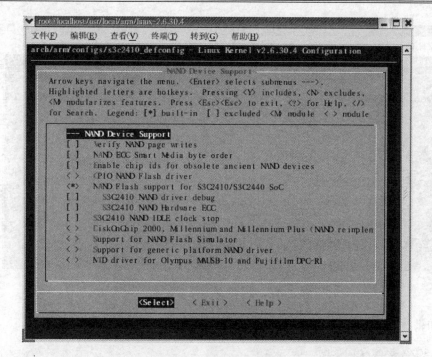

图 4-12　Nand 设备配置

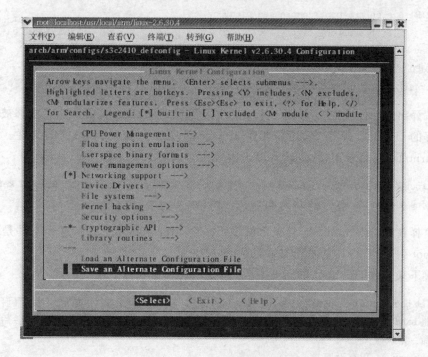

图 4-13　保存配置界面

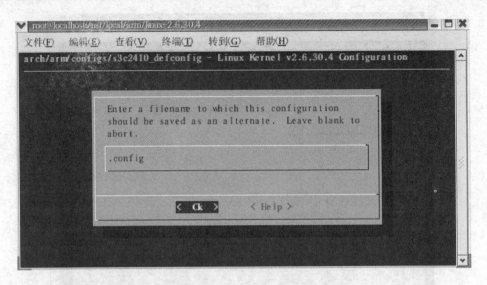

图 4-14 保存配置界面

如果没有任何错误,会显示出如下信息:

```
OBJCOPY arch/arm/boot/Image
Kernel: arch/arm/boot/Image is ready
GZIP    arch/arm/boot/compressed/piggy.gz
AS      arch/arm/boot/compressed/piggy.o
LD      arch/arm/boot/compressed/vmlinux
OBJCOPY arch/arm/boot/zImage
Kernel: arch/arm/boot/zImage is ready
```

编译出来的内核在 arch/arm/boot/目录下,文件 zImage 即是。为了能够被上一章移植好的 U-Boot 所引导,还需要将 zImage 转换成为 uImage 格式的文件。即进入 arch/arm/boot/目录下,并且输入以下指令:

```
[root@localhost boot]#mkimage -n 'linux-2.6.30.4' -A arm -O linux -T kernel -C none -a 0x30008000 -e 0x30008000 -d zImage uImage.img
```

这样在 arch/arm/boot/目录下就多了一个 uImage.img 文件,这个文件是可以被 U-Boot 引导的,将其复制到 tftp 目录下。

接下来修改 U-Boot 的启动参数,在 U-Boot 命令行下输入:

```
set bootcmd 'nand read 0x31000000 0xa0000 0x5a0000;bootm 0x31000000'    //设置启动参数,
将 nand 中 0xa0000-0x5a0000(和内存分区一致)的内容读到内存 0x31000000 中,然后用 bootm 命令来执行
saveenv   //保存设置
```

然后把 uImage.img 用 tftp 下载到内存中,然后再固化到 Nand Flash 中,即:

```
tftp 0x30000000 uImage.img    //将 uImage.img 下载到内存 0x30000000 处
nand erase 0xa0000 0x5a0000    //擦除 nand 的 0xa0000－0x5a0000 的内容
nand write 0x30000000 0xa0000 0x5a0000    //将内存 0x30000000 处的内容写入到 nand 的
0xa0000 处
```

最后重新启动开发板,可以看到,内核被 U－Boot 成功引导起来了,并且显示如下信息:

```
U－Boot 2009.08 ( 5 月 28 2011 － 00:38:33)
DRAM:   64 MB
Flash:  2 MB
NAND:   256 MiB
In:     serial
Out:    serial
Err:    serial
Net:    dm9000
Hit any key to stop autoboot:  0
NAND read: device 0 offset 0xa0000, size 0x5a0000

Starting kernel ...
Uncompressing Linux.......................................... done, booting the kernel.
Linux version 2.6.30.4 (root@localhost.localdomain) (gcc version 4.3.2 (Sourcery G＋＋
Lite 2008q3－72)) ♯2 Sat May 28 02:21:23 CST 2011
CPU: ARM920T [41129200] revision 0 (ARMv4T), cr = 00007177
CPU: VIVT data cache, VIVT instruction cache
Machine: SMDK2440
……
Creating 4 MTD partitions on "NAND 256MiB 3,3V 8－bit":
0x000000000000－0x000000060000 : "U－Boot－2009.08"
0x000000060000－0x000000080000 : "U－Boot－parameters"
0x0000000a0000－0x0000005a0000 : "Kernel－2.6.30.4"
0x0000005a0000－0x00000f900000 : "Rootfile system"
……
```

可以看到内核顺利的识别了机器码,并且也对 Nand 进行了正确的分区。但是现在开发板还不能正常运行,因为还有各种设备的驱动和文件系统没有移植,这将在下面进行介绍。

4.4.2 添加内核对 YAFFS 的支持

为了添加对 YAFFS 文件系统的支持,需要在 http://www.aleph1.co.uk/cgi-bin/viewcvs.cgi/中下载内核补丁文件 cvs-root.tar.gz。即进入网站后单击 Download GNU tarball 就可以完成下载。解压后可以得到两个目录:yaffs 和 yaffs2。本书使用

yaffs2 目录下的代码。在内核中添加对 YAFFS 文件系统的支持,经包括以下两个步骤。
1. 将 yaffs2 代码加入内核
这需要通过目录下的脚本文件 patch-ker.sh 给内核打补丁,其指令如下:

```
[root@localhost arm]# tar - zxvf cvs - root.tar.gz
[root@localhost arm]# cd cvs/yaffs2/
[root@localhost yaffs2]# ./patch - ker.sh c /usr/local/arm/linux - 2.6.30.4/
Updating /usr/local/arm/linux - 2.6.30.4//fs/Kconfig
Updating /usr/local/arm/linux - 2.6.30.4//fs/Makefile
```

以上的操作主要完成了三个方面的内容:
① 修改内核 fs/Kconfig 文件,增加下面两行内容:

```
# Patched by YAFFS
Source "fs/yaffs2/Kconfig"
```

② 修改内核 fs/Makefile 文件,增加下面两行内容:

```
# Patched by YAFFS
obj - $ (CONFIG_YAFFS_FS)          + = yaffs2/
```

③ 在内核 fs/目录下创建 yaffs2 子目录,然后复制文件:
- 将 yaffs2 源码目录下的 Makefile.kernel 文件复制为内核 fs/yaffs2/Makefile 文件。
- 将 yaffs2 源码目录下的 Kconfig 文件复制到内核 fs/yaffs2 目录下。
- 将 yaffs2 源码目录下的.c 和.h 文件复制到内核 fs/yaffs2 目录下。

2. 配置、编译内核
使用 make menuconfig 指令进入内核配置界面,选择 File systems→Miscellaneous filesystems,得到的添加 YAFFS2 的配置选项,如图 4-15 所示。

配置完成后参照 4.4.1 节中使用 make zImage 和 makeimage 指令生成能被 U-Boot 引导的内核,并且将内核烧写到指定的分区中去。为了测试内核是否能够实现 YAFFS2 文件系统的引导,需要参考第 3 章中 U-Boot 使用的内容。将本书提供的 YAFFS2 格式的文件系统 root-2.6.30.4.bin 烧写到指定的根文件系统分区 3 中去,将开发板重新启动可以看到以下的启动信息:

```
......
TCP cubic registered
NET: Registered protocol family 17
RPC: Registered udp transport module.
RPC: Registered tcp transport module.
drivers/rtc/hctosys.c: unable to open rtc device (rtc0)
uncorrectable error : <3>end_request: I/O error, dev mtdblock3, sector 256
```

```
isofs_fill_super: bread failed, dev = mtdblock3, iso_blknum = 64, block = 128
yaffs: dev is 32505859 name is "mtdblock3"
yaffs: passed flags ""
yaffs: Attempting MTD mount on 31.3, "mtdblock3"
yaffs: auto selecting yaffs2
block 798 is bad
block 1521 is bad
yaffs_read_super: isCheckpointed 0
VFS: Mounted root (yaffs filesystem) on device 31:3.
Freeing init memory: 120K
Please press Enter to activate this console.
[root@(none) = W] # ls
```

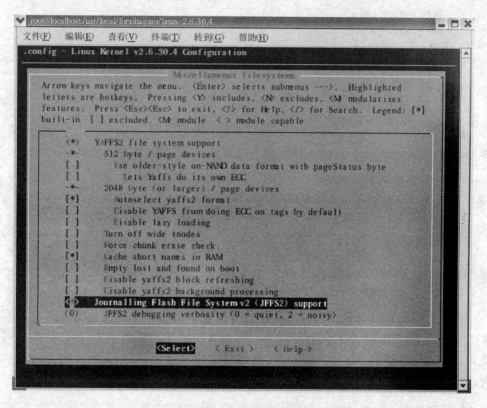

图 4-15 添加 YAFFS2 配置

以上信息说明文件系统被成功移植上去了,加上 4.4.1 节的内核基本移植,开发板可以运行起来了。

4.4.3 内核中 RTC 时钟驱动移植

若查看是否添加对 RTC 时钟支持的系统,从系统启动信息可以看到:

drivers/rtc/hctosys.c: unable to open rtc device (rtc0)

以上信息说明 RTC 设备不能正常打开,系统启动后运行 date 命令,它显示的是原始时间:1970 年 1 月 1 日。因此为了使系统显示正确时间需要在内核中添加 RTC 时钟的驱动。

首先修改内核代码,添加对 RTC 时钟的支持。2.6.30.4 内核对 RTC 的驱动已经非常完善了,只需要把他添加到设备初始化列表中即可。内核中使用 smdk2440_devices 初始化列表保存系统启动时要初始化的设备,所以打开文件 arch/arm/mach-s3c2440/mach-smdk2440.c,并且对结构体 platform_device 修改如下:

```
static struct platform_device * smdk2440_devices[] __initdata = {
    &s3c_device_usb,
    &s3c_device_lcd,
    &s3c_device_wdt,
    &s3c_device_i2c0,
    &s3c_device_iis,
    &s3c_device_rtc,
};
```

接着使用 make menuconfig 命令进入内核配置界面,配置内核对 RTC 的支持,选择 Device Drivers→Real Time Clock 进入配置目录,需要配置的选项如下:

```
<*> Real Time Clock  - - ->
[*] Set system time from RTC on startup and resume
(rtc0) RTC used to set the system time
[*] /sys/class/rtc/rtcN (sysfs)
[*] /proc/driver/rtc (procfs for rtc0)
[*] /dev/rtcN (character devices)
<*> Samsung S3C series SoC RTC
```

将以上的配置重新编译内核后下载到开发板上测试。从系统启动信息可以看出 RTC 设备正常工作,系统启动后运行 #date 命令时显示的是当前正确的时间,也可以使用 date 命令进行时间的重新设置。但是在使用命令 hwclock -w 时却提示无法设置,其运行过程如下:

```
[root@SMDK2440 = W]# date -s "2011-06-07 14:19:30"
Tue Jun   7 14:19:30 UTC 2011
[root@SMDK2440 = W]# date
Tue Jun   7 14:19:39 UTC 2011
[root@SMDK2440 = W]# hwclock  -w
hwclock: can't open '/dev/misc/rtc': No such file or directory
```

出现以上错误是因为还没有在 dev 中添加 RTC 设备节点。需要先查看该设备的主设备号是多少。执行命令 cat /proc/devices 可以看到 RTC 的主设备号,其执行过程如图 4-16 所示:

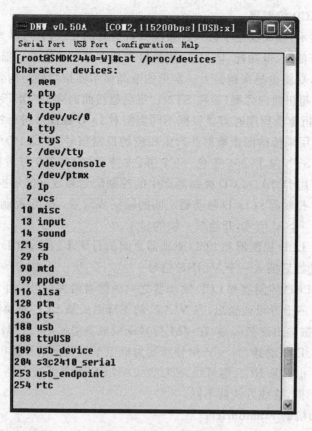

图 4-16 RTC 的设备号

由图 4-16 可以看到 RTC 的主设备号是 254,因此需要创建设备节点,再设置时间和保存,运行的情况如图 4-17 所示,可以看到能够实现时间设置和保存。

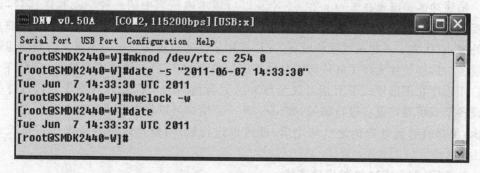

图 4-17 时间的设置和保存

4.4.4 内核中 LCD 驱动移植

1. LCD 和 LCD 控制器

LCD(液晶显示)模块满足了嵌入式系统日益提高的要求,它可以显示汉字、字符和图形,同时还具有低压、低功耗、体积小、重量轻和超薄等很多优点。随着嵌入式系统的应用越来越广泛,功能也越来越强大。常见的液晶显示器按物理结构分为四种:扭曲向列型(简称 TN)、超扭曲向列型(简称 STN)、双层超扭曲向列型(DSTN)和薄膜晶体管型(TFT)。在移植驱动程序时需要根据不同类型对 LCD 控制器进行控制。

LCD 控制器用来传输图像数据并产生相应的控制信号,S3C2440A LCD 控制器能支持高达 4 千色 STN 屏和 256 千色 TFT 屏,支持 1 024×768 分辨率下的各种液晶屏,具有 LCD 专用 DMA。LCD 控制器产生的控制信号和数据信号主要有:

- V LCD 控制器和 LCD 驱动器之间的帧同步信号,LCD 控制器在一个完整帧显示完成后插入一个 V 信号,开始新一帧的显示。
- VLINE LCD 控制器和 LCD 驱动器之间的行同步信号,LCD 控制器在整行数据移入 LCD 驱动器后插入一个 VLINE 信号。
- VCLK LCD 控制器和 LCD 驱动器之间的像素时钟信号,由 LCD 控制器送出的数据在 VCLK 的上升沿处送出,在 VCLK 的下降沿处被 LCD 驱动器采样。
- VM 数据输出使能信号,在 VM 信号跃变成高电平后行数据信号开始由 LCD 控制器输出至 LCD 驱动器,当 VM 信号跃变为低电平后数据信号输出停止。
- 数据线 也就是 RGB 信号线,S3C2440A LCD 控制器有 VD[0:23]共 24 根数据线,数据格式不同,接线方式就不同。

2. 内核驱动机制 FramBuffer

Linux 内核为显示设备专门提供了一类驱动程序,称为帧缓冲(FramBuffer)设备驱动。在实际的使用时,只需要在显示缓存中填写需要显示的数据,就会在屏幕上出现相应的图像。

帧缓冲区是出现在 Linux 2.2.XX 及以后版本内核当中的一种驱动程序接口,这种接口将显示设备抽象为帧缓冲区设备区。帧缓冲区为图像硬件设备提供了一种抽象化处理,它代表了一些视频硬件设备,允许应用软件通过定义明确的界面来访问图像硬件设备。这样软件无须了解任何涉及硬件底层驱动的东西(如硬件寄存器)。它允许上层应用程序在图形模式下直接对显示缓冲区进行读写和 I/O 控制等操作。通过专门的设备节点可对该设备进行访问,如/dev/fb*。用户可以将它看成是显示内存的一个映像,将其映射到进程地址空间之后,就可以进行读/写操作,而读/写操作可以反映到 LCD。

3. LCD 和 S3C2440 的硬件连接

本书中开发板使用的 TFT LCD 型号为 LQ035NC211,与 S3C2440 的连接图如图 4-18 所示。

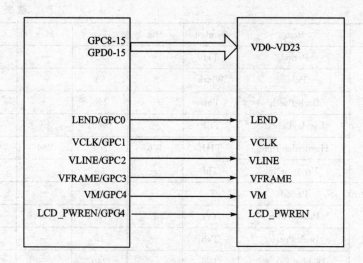

图 4-18　LQ035NC211 和 S3C2440 连接图

由图 4-18 可知,电路的连接情况为:将 LCD 的像素同步时钟信号、水平同步信号、垂直同步信号分别连接到了 LCD 的 VCLK、VLINE 和 VFRAME 上,用 GPG4 作为 LCD 的电源控制信号直接连接在 LCD_PWREN 上。

4. 内核驱动移植

了解了硬件连接之后,下面将对驱动进行移植,2.6.30.4 内核对 LCD 的支持已很完善,这里只做少许修改,其步骤如下。

(1) 修改参数配置

关于 LCD 参数配置在源码 arch/arm/mach-s3c2440/mach-smdk2440.c 中,全局变量 smdk2440_lcd_cfg 和 smdk2440_fb_info 就是配置 LCD 参数的地方,配置参数需要根据 LCD 数据手册进行。本书使用的 LCD 型号是 LQ035NC211,其参数如表 4-9 所列。

表 4-9　LQ035NC211 时序参数

Signal	Item	Symbol	Min	Typ	Max	Unit
Dclk	Frequency	Tosc	—	52	—	ns
	High	Time	—	78	—	ns
	Low	Time	—	78	—	ns
Data	Setup	Time	12	—	—	ns
	Hold	Time	12	—	—	ns

续表 4-9

Signal	Item	Symbol	Min	Typ	Max	Unit
Hsync	Period	TH	—	1224	—	Tosc
	Pulse Width	Width	5	90	—	Tosc
	Back-Porch	Thb	—	114	—	Tosc
	DisplayPeriod	TEP	—	960	—	Tosc
	Hsync-den time	THE	108	204	264	
	Front-orch	Thf	—	60	—	Tosc
Vsync	Period	Tv	—	262	—	TH
	PulseWidth	Tvs	1	3	5	TH
	Back-Porch	Tvb	—	15	—	TH
	Display Period	Tvd	—	240	—	TH
	Front-Porch	Tvf	2	4	—	TH

打开文件 arch/arm/mach-s3c2440/mach-smdk2440.c,其代码修改如下：

```
/* LCD driver info */
static struct s3c2410fb_display smdk2440_lcd_cfg __initdata = {
    .lcdcon5 = S3C2410_LCDCON5_FRM565 |
               S3C2410_LCDCON5_INVVLINE |
               S3C2410_LCDCON5_INVVFRAME |
               S3C2410_LCDCON5_PWREN |
               S3C2410_LCDCON5_HWSWP,
    .type         = S3C2410_LCDCON1_TFT,
    .width        = 320,
    .height       = 240,
    .pixclock     = 100000,
    .xres         = 320,
    .yres         = 240,
    .bpp          = 16,
    .left_margin  = 18,    //左边框
    .right_margin = 23,    //右边框
    .hsync_len    = 43,    //水平边长
    .upper_margin = 6,     //上边框
    .lower_margin = 4,     //下边框
    .vsync_len    = 14,    //垂直时长
};
static struct s3c2410fb_mach_info smdk2440_fb_info __initdata = {
    .displays = &smdk2440_lcd_cfg,
```

```
        .num_displays = 1,
        .default_display = 0,
#if 0
        /* currently setup by downloader */
        .gpccon         = 0xaa940659,
        .gpccon_mask    = 0xffffffff,
        .gpcup          = 0x0000ffff,
        .gpcup_mask     = 0xffffffff,
        .gpdcon         = 0xaa84aaa0,
        .gpdcon_mask    = 0xffffffff,
        .gpdup          = 0x0000faff,
        .gpdup_mask     = 0xffffffff,
#endif
//.lpcsel = ((0xCE6) &~7) | 1<<4,    //使用的是 TFT 而不是 LPC,所以屏蔽掉
//以下根据芯片手册将引脚设置为第三功能和 LCD 相关的功能
        .gpccon = 0xaa955699,
        .gpccon_mask = 0xffc003cc,
        .gpcup = 0x0000ffff,
        .gpcup_mask = 0xffffffff,

        .gpdcon = 0xaa95aaa1,
        .gpdcon_mask = 0xffc0fff0,
        .gpdup = 0x0000faff,
        .gpdup_mask = 0xffffffff,
        .lpcsel = 0xf82,
};
```

(2) 打开 LCD 背光

如不打开 LCD 背光功能就无法观测 LCD 是否正常工作。由硬件连接图可以看到 LCD 的背光电源 LCD_PWR 接到 S3C2440 的 GPG4 引脚上,修改初始化函数 smdk2440_machine_init(),继续在文件 arch/arm/mach-s3c2440/mach-smdk2440.c 上修改如下:

```
static void __init smdk2440_machine_init(void)
{
    s3c24xx_fb_set_platdata(&smdk2440_fb_info);
    s3c2410_gpio_cfgpin(S3C2410_GPG4, S3C2410_GPG4_OUTP);    //设置 GPG4 为输出
    s3c2410_gpio_setpin(S3C2410_GPG4, 1);    //设置 GPG4 输出高电平
    s3c_i2c0_set_platdata(NULL);
    platform_add_devices(smdk2440_devices, ARRAY_SIZE(smdk2440_devices));
    smdk_machine_init();
}
```

(3) 配置内核以支持 LCD

在做完以上的代码移植操作之后就可以对 LCD 进行配置了,在内核源码根目录下输入"make menuconfig"命令进入内核配置菜单。选择 Device Drivers→Graphics support 进入 LCD 配置界面。其配置过程如下。

首先在 Graphics support 配置界面设置,如图 4-19 所示。

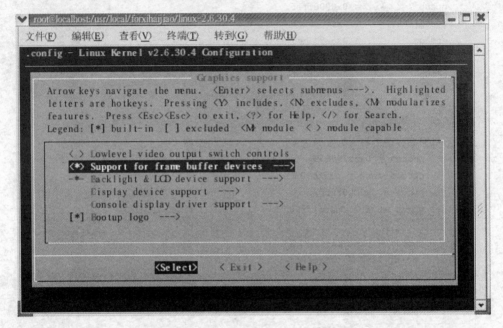

图 4-19 Graphics support 配置项

接着在图 4-19 中选择 Support for frame buffer devices 可进入该选项的配置界面,其具体配置如图 4-20 所示。

最后配置开机 LOGO 的选项 Bootup logo,可根据 LCD 的实际情况选择 Standard 224-color Linux logo,因为本书中的 LCD 是支持 224 色的,其配置如图 4-21 所示。

完成以上步骤之后保存设置并退出配置界面,将内核重新编译并且下载到开发板上,在开机时可以看到在 LCD 屏上有一个企鹅的图片,说明内核中的 LCD 驱动移植成功了。

4.4.5 内核中 DM9000 驱动移植

1. DM9000 介绍

DM9000 是一款完全集成的且符合成本效益的单芯片快速以太网控制处理器。它合成了 MAC、PHY 和 MMU。该处理器配备有标准的 10M/100 MB 自适应收发器,16 KB 容量的 FIFO,4 路多功能 GPIO。支持以太网接口协议。

DM9000 还提供了与介质无关的接口,来连接所有支持介质无关接口功能的家用

第 4 章　内核移植

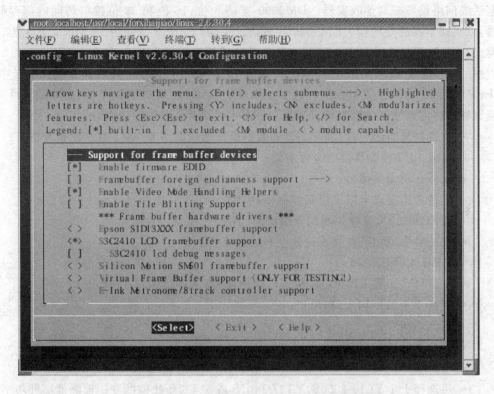

图 4 – 20　S3C2410 LCD framebuffer support 配置选项

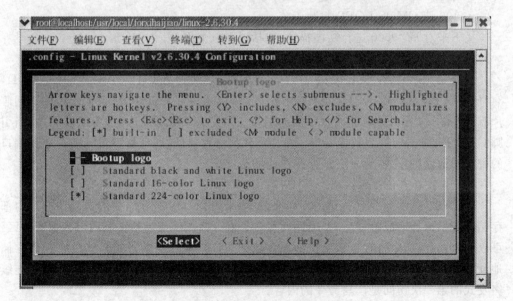

图 4 – 21　Bootup logo 配置选项

电话线网络设备或其他收发器。DM9000 支持 8 位、16 位和 32 位接口访问内部存储器，以支持不同的处理器。DM9000 物理协议层接口完全支持使用 10 MBps 下 3 类、4 类、5 类非屏蔽双绞线和 100 MBps 下 5 类非屏蔽双绞线。这完全符合 IEEE 802.3u 规格。它的自动协调功能将自动完成配置以最大限度地适合其线路带宽。还支持 IEEE 802.3X 全双工流量控制。这个工作对于 DM9000 是非常简单的，所以用户可方便地移植任何系统下的端口驱动程序。DM9000 网卡具有如下特点：

- 支持处理器读/写内部存储器的数据操作命令以字节/字/双字的长度进行；
- 集成 10/100 MB 自适应收发器；
- 支持介质无关接口；
- 支持背压模式半双工流量控制模式；
- IEEE802.3X 流量控制的全双工模式；
- 支持唤醒帧和链路状态的改变和远程唤醒；
- 4 KB 双字 SRAM；
- 支持自动加载 EEPROM 里面的生产商 ID 和产品 ID；
- 支持 4 个通用输入/输出口；
- 超低功耗模式；
- 功率降低模式；
- 电源故障模式；
- 可选择 1∶1 YL18-2050S，YT37-1107S 或 5∶4 变压比例的变压器降低额外功率；
- 兼容 3.3 V 和 5.0 V 输入/输出电压；
- 100 脚 CMOS LQFP 封装工艺。

接下来对 DM9000 进行功能描述，包括以下三个方面。

(1) 总　线

总线是 ISA 总线兼容模式，8 个 IO 基址，分别是 300H，310H，320H，330H，340H，350H，360H，370H。IO 基址与设定引脚或内部 EEPROM 共同选定的访问芯片有两个端口，分别是地址端口和数据端口。当引脚 CMD 接地时，为地址端口；当引脚 CMD 接高电平时，为数据端口。在访问任何寄存器前，地址端口输入的是数据端口的寄存器地址，寄存器地址必须保存在地址端口。

(2) 存储器直接访问控制

DM9000 提供 DMA（直接内存存取技术）来简化对内部存储器的访问。在对内部存储器起始地址完成编程后，发出伪读写命令就可以加载当前数据到内部数据缓冲区，可以通过读/写命令寄存器来定位内部存储区地址。根据当前总线模式的字长使存储地址自动加 1，下一个地址数据将会自动加载到内部数据缓冲区。要注意的是在连续突发式的第一次访问是读写命令的内容。

内部存储器空间大小 16 KB。第 3 KB 单元用作发送包的缓冲区，其他 13 KB 用作接收包的缓冲区。所以在写发送包存储区的时候，当存储器地址越界后，自动跳回 0

地址并置位 IMR 第 7 位。同样在读接收包存储器的时候,当存储器地址越界后,自动跳回起始地址 0x0c00。

(3) 包的发送

有两个指针,顺序命名为指针 1 和指针 2,能同时存储在发送包缓冲区。发送控制寄存器(02H)控制冗余校验码和填充的插入,其状态分别记录在发送状态寄存器 1(03H)和发送状态寄存器 2(04H)的起始地址是 0x00H,软件或硬件复位后默认是指针 1,先通过 DMA 端口写数据到发送包缓冲区,然后写字节计数长度到字节计数寄存器。

DM9000 包含一系列可被访问的控制状态寄存器,这些寄存器是字对齐的,它们在硬件或者软件复位时被设置成初始值,在使用这些寄存器时可以查阅 DM9000 的数据手册,本书就不再赘述。

2. DM9000 和 S3C2440 的连接

在进行 DM9000 移植前需要分析 DM9000 与 S3C2440 的硬件连接情况,以获得访问地址、中断号等硬件资源。DM9000 和 S3C2440 的连接如图 4-22 所示。

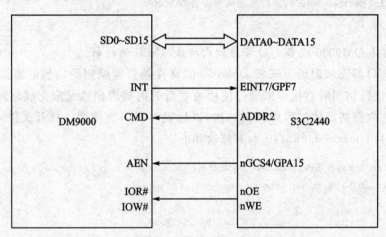

图 4-22　DM9000 与 S3C2440 连接图

从图 4-22 中可以看出:

① 片选信号 AEN 使用了 nGCS4,所以网卡的内存区域在 BANK4,也就是从地址 0x20000000 开始。

② 地址线只有 ADDR2 这一条,这是因为 DM9000 的地址信号和数据信号是复用的,使用 CMD 引脚来区分它们,CMD 为低电平时数据总线上传输的是地址信号,CMD 为高电平时数据总线上传输的是数据信号。当要访问 DM9000 的内部寄存器时,需要先将 CMD 置为低电平,发出地址信号,然后将 CMD 置为高电平,读写数据。

③ 总线位宽为 16 位。

④ 使用 EINT7 作为外部中断的引脚。

3. DM9000 驱动的移植

在进行驱动的移植前还需要读懂内核中 DM9000 网卡驱动的源码,读者可以查看相关的驱动资料,本节重点介绍驱动的移植步骤。

(1) 添加平台设备列表

在 4.5.4 节提到,内核中使用 smdk2440_devices 初始化列表保存系统启动时要初始化的设备,因此要在文件 arch/arm/mach-s3c2440/mach-smdk2440.c 的结构体 platform_device 中将网卡设备添加进去:

```
static struct platform_device * smdk2440_devices[] __initdata = {
    &s3c_device_usb,
    &s3c_device_lcd,
    &s3c_device_wdt,
    &s3c_device_i2c0,
    &s3c_device_iis,
    &s3c_device_rtc,
    &s3c_device_dm9000,     //添加网卡设备 DM9000
};
```

(2) 创建 DM9000 设备 I/O 资源到内核虚拟地址的映射

通过 I/O 静态映射的方式将 DM9000 的寄存器资源映射到内核的虚拟地址空间中,这样在进行访问时直接可以通过使用映射后的内核虚拟地址来完成。同样的 I/O 资源只要在内核初始化过程中映射一次,以后就可以一直使用。打开文件 arch/arm/mach-s3c2440/mach-smdk2440.c,其修改如下:

```
static struct map_desc smdk2440_iodesc[] __initdata = {
    /* ISA IO Space map (memory space selected by A24) */
    {
        .virtual    = (u32)S3C24XX_VA_ISA_WORD,
        .pfn        = __phys_to_pfn(S3C2410_CS2),
        .length     = 0x10000,
        .type       = MT_DEVICE,
    }, {
        .virtual    = (u32)S3C24XX_VA_ISA_WORD + 0x10000,
        .pfn        = __phys_to_pfn(S3C2410_CS2 + (1<<24)),
        .length     = SZ_4M,
        .type       = MT_DEVICE,
    }, {
        .virtual    = (u32)S3C24XX_VA_ISA_BYTE,
        .pfn        = __phys_to_pfn(S3C2410_CS2),
        .length     = 0x10000,
        .type       = MT_DEVICE,
```

```
    }, {
        .virtual    = (u32)S3C24XX_VA_ISA_BYTE + 0x10000,
        .pfn        = __phys_to_pfn(S3C2410_CS2 + (1<<24)),
        .length     = SZ_4M,
        .type       = MT_DEVICE,
    }, {
        .virtual = (u32)S3C2410_ADDR(0x02100300),
        .pfn = __phys_to_pfn(0x20000300),   //0x20000300 为网卡的物理地址
        .length = SZ_1M,
        .type = MT_DEVICE,
    }
};
```

(3) 在内核中注册 DM9000 设备

在使用硬件之前需要知道硬件所用的资源,如终端和 I/O 端口等。阅读了 DM9000 与 S3C2440 硬件连接图之后就了解了 DM9000 使用的地址端口、数据端口和中断号等。接下来就需要向内核中注册 DM9000,在 arch/arm/plat-s3c24xx/devs.c 文件中添加如下代码如下:

```
    /* DM9000 registrations */
#include <linux/dm9000.h>
#define DM9000_BASE 0x20000300
static struct resource s3c_dm9000_resource[] = {
    [0] = {
        .start = DM9000_BASE,//对应于片选信号 nGCS4
        .end = DM9000_BASE + 0x03,
        .flags = IORESOURCE_MEM,
    },
    [1] = {
        .start = DM9000_BASE + 0x04,   //对应 ADDR2
        .end = DM9000_BASE + 0x04 + 0x7c,
        .flags = IORESOURCE_MEM,
    },
    [2] = {
        .start = IRQ_EINT7,//终端使用的是 EINT7
        .end = IRQ_EINT7,
        .flags = IORESOURCE_IRQ | IORESOURCE_IRQ_HIGHLEVEL,
    }
};

static struct dm9000_plat_data s3c_device_dm9000_platdata = {
```

```
        .flags = DM9000_PLATF_16BITONLY | DM9000_PLATF_NO_EEPROM,
    //使用16位模式,并且没有存储EEPROM
};

struct platform_device s3c_device_dm9000 = {
    .name = "dm9000",                                    //设备名称
    .id = 0,                                             //设备ID
    .num_resources = ARRAY_SIZE(s3c_dm9000_resource),    //用到的资源数
    .resource = s3c_dm9000_resource,
    .dev = {
        .platform_data = &s3c_device_dm9000_platdata,    //引用的平台数
    }
};

EXPORT_SYMBOL(s3c_device_dm9000);                        //其他文件可以引用定义的变量
```

(4) 声明已定义的 s3c_device_dm9000

需要声明第(3)步中定义的变量 s3c_device_dm9000,可在文件 arch/arm/plat-s3c/include/plat/devs.h 中添加如下代码:

```
extern struct platform_device s3c_device_dm9000;
```

(5) 修改 DM9000 驱动源码

经过了上述的步骤之后,DM9000 网卡就注册到驱动核心了。下面还需要修改 DM9000 驱动源码和完成设置芯片的 MAC 地址等工作。打开文件 drivers/net/dm9000.c,其修改代码如下:

```
……
#include <asm/delay.h>
#include <asm/irq.h>
#include <asm/io.h>
#include "dm9000.h"
#if defined(CONFIG_ARCH_S3C2410)
#include <mach/regs-mem.h>
#endif
/* Board/System/Debug information/definition ------------------ */
……
dm9000_probe(struct platform_device * pdev)
{
    struct dm9000_plat_data * pdata = pdev->dev.platform_data;
    struct board_info * db;    /* Point a board information structure */
```

```c
    struct net_device * ndev;
    const unsigned char * mac_src;
    int ret = 0;
    int iosize;
    int i;
    u32 id_val;
#if defined(CONFIG_ARCH_S3C2410)
 unsigned int oldval_bwscon = *(volatile unsigned int *)S3C2410_BWSCON;
    //取得带宽和等待状态寄存器地址
 unsigned int oldval_bankcon4 = *(volatile unsigned int *)S3C2410_BANKCON4;
    //取得 4 号 BANK 的控制寄存器地址
#endif
    /* Init network device */
    ndev = alloc_etherdev(sizeof(struct board_info));
    if (! ndev) {
        dev_err(&pdev->dev, "could not allocate device.\n");
        return -ENOMEM;
    }


    SET_NETDEV_DEV(ndev, &pdev->dev);

    dev_dbg(&pdev->dev, "dm9000_probe()\n");


#if defined(CONFIG_ARCH_S3C2410)
  *((volatile unsigned int *)S3C2410_BWSCON) = (oldval_bwscon & ~(3<<16)) |
S3C2410_BWSCON_DW4_16 | S3C2410_BWSCON_WS4 | S3C2410_BWSCON_ST4;
  *((volatile unsigned int *)S3C2410_BANKCON4) = 0x1f7c;
#endif
    /* setup board info structure */
......
    db->mii.mdio_read    = dm9000_phy_read;
    db->mii.mdio_write   = dm9000_phy_write;
#if defined(CONFIG_ARCH_S3C2410)    //设置 MAC 地址
printk("Now use the default MAC address: 08:00:3e:26:0a:5b ");
mac_src = "smdk2440";
ndev->dev_addr[0] = 0x08;
 ndev->dev_addr[1] = 0x00;
ndev->dev_addr[2] = 0x3e;
```

```c
    ndev->dev_addr[3] = 0x26;
    ndev->dev_addr[4] = 0x0a;
    ndev->dev_addr[5] = 0x5b;
#else
    mac_src = "eeprom";
    /* try reading the node address from the attached EEPROM */
    for (i = 0; i < 6; i += 2)
        dm9000_read_eeprom(db, i / 2, ndev->dev_addr + i);
    if (! is_valid_ether_addr(ndev->dev_addr) && pdata ! = NULL) {
        mac_src = "platform data";
        memcpy(ndev->dev_addr, pdata->dev_addr, 6);
    }
......
    if (! is_valid_ether_addr(ndev->dev_addr))
        dev_warn(db->dev, "%s: Invalid ethernet MAC address. Please "
            "set using ifconfig\n", ndev->name);
#endif
......
out:
#if defined(CONFIG_ARCH_S3C2410)
 *(volatile unsigned int *)S3C2410_BWSCON = oldval_bwscon;
 *(volatile unsigned int *)S3C2410_BANKCON4 = oldval_bankcon4;
#endif
    dev_err(db->dev, "not found (%d).\n", ret);

    dm9000_release_board(pdev, db);
    free_netdev(ndev);
    return ret;
}
......
```

(6) 配置内核支持网卡

在对以上的代码进行修改和添加之后,在内核的根目录下运行 make menuconfig 命令,出现如图 4-5 所示的内核配置界面后,按照路径 Device Drivers→Network device support,对网卡支持的选项配置如图 4-23 所示。

完成以上步骤之后保存并退出配置界面,将内核编译并下载到开发板中。在命令行模式下对网卡进行配置,并使用 ping 指令来测试网卡驱动是否移植成功。其测试过程如图 4-24 所示。

从图 4-24 可以看出,开发板配置的 IP 地址为 192.168.3.100,而将主机地址设置为 192.168.3.244,使用 ping 命令能够 ping 通网络,说明移植的网卡驱动是成功的。

第 4 章 内核移植

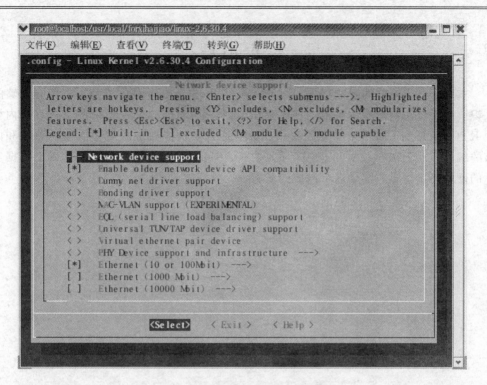

图 4-23 内核网卡选项的配置

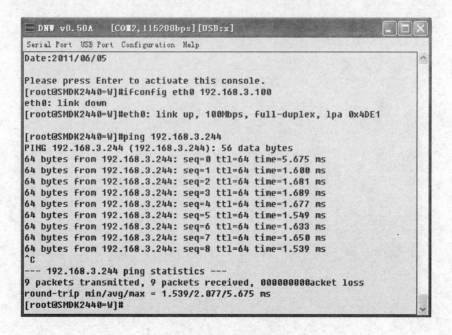

图 4-24 网络测试

本章小结

本章分析了内核的组成结构和编译链接过程,先让读者对内核基本架构有足够的认识。然后以实例形式讲解了内核的移植、内核对 YAFFS 文件系统的支持以及内核中 RTC、LCD 和 DM9000 驱动的移植。读者通过实例能熟练的掌握内核的剪裁和内核的编译。对于初学者而言建议先导入内核自带的配置,在导入配置的基础上根据实际的硬件连接情况和需要进行内核的裁剪。

第 5 章 构建 Linux 根文件系统

文件系统狭义的概念是一种对存储设备上的数据进行组织和控制的机制。在 Linux 下,文件的含义比较广泛,文件的概念不仅仅包含通常意义的保存在磁盘的各种格式的数据,还包含目录,甚至各种各样的设备,如键盘、鼠标、网卡、标准输出等,引用一句经典的话"UNIX 下一切皆文件"。可见 Linux 系统下文件系统的重要性,Linux 下的文件系统是对复杂系统进行合理抽象的一个经典的例子,它通过一套统一的接口函数对不同的文件进行操作。

本章要点:
- 文件系统简介;
- 嵌入式文件系统;
- Linux 根文件系统的结构;
- 移植 Busybox;
- Linux 系统的引导过程;
- 构建根文件系统。

5.1 文件系统简介

文件系统是操作系统的一部分,负责管理和存储文件信息,在 Linux 操作系统中,文件系统占有十分重要的地位。文件的概念涵盖了 Linux 设备和操作对象的全部内容,对设备的操作方式几乎可以与对普通文件的操作等价。

在 Linux 系统下的文件系统都具有类似的通用结构,主要有两个概念来描述文件系统:索引节点(Inode)和数据块(Block)。索引节点用来存储具体数据的信息,主要包括文件大小、属性、归属的用户组以及读写权限等等;数据块(Block)则是文件中具体数据的存放场所。

文件系统的索引节点参数对文件查找工作的效率有很大的提高,通过查询索引节点可以快速找到相应文件。如果将文件系统比做一本书的话,索引节点就好比是这本书的目录,各个具体章节的内容就是数据块,要查找某一数据块中的内容要先进行索引节点的查询,通过索引节点找到相应的数据块在对其进行读取。

Linux 下的文件类型主要有以下四种:
- 普通文件 C/C++源代码、Shell 脚本、二进制可执行文件等,主要分为纯文本和二进制文件。
- 目录文件 存储文件的场所。

- 链接文件　指向同一文件或目录的文件
- 特殊文件　块设备和字符设备的设备文件。

Linux 的文件系统主要分为三大块：上层文件系统的系统调用，主要是一些普通文件的操作，例如 open，read，write 等；虚拟文件系统；挂载到 VFS 中的各种实际的文件系统，例如 EXT3，JFFS2 等。

Linux 的文件系统是由虚拟文件系统作为媒介搭建起来的，虚拟文件系统 VFS (Virtual File Systems) 是 Linux 内核层实现的一种架构，为用户空间提供统一的文件操作接口。它在内核的内部为不同的真实文件系统提供的一致的抽象接口。

Linux 的文件系统是一个树状的结构，通过虚拟文件系统 VFS，Linux 在各种各样的文件系统上面建立了统一的操作 API，例如读数据、写数据等。这种抽象机制不仅仅对普通文件，同样可以操作各种各样的设备，例如帧缓冲设备等。

5.2　嵌入式文件系统

在嵌入式系统中使用的文件系统称为嵌入式文件系统。嵌入式文件系统分为三部分：与嵌入式文件管理有关的软件、被管理的嵌入式文件以及实施嵌入式文件管理所需要的数据结构。在上述三个部分中，嵌入式文件在嵌入式文件系统中占有核心地位，它用来存放用户数据信息，从而实现嵌入式系统的功能。另一方面，嵌入式系统也可以使用硬盘和光盘作为专用存储设备，但是这样就违背了嵌入式系统的便携特性，所以一般使用专用的存储设备，例如 Flash 闪存芯片、小型闪存卡等，这与 PC 是不同的。

5.2.1　嵌入式文件系统的特点

嵌入式文件系统要为嵌入式系统的设计目的服务，针对不同用途的嵌入式操作系统下的文件系统在许多方面各不相同。嵌入式文件系统由于功能和作用与普通桌面操作系统的文件系统不同，导致了二者在体系结构上具有很大的差异性。嵌入式文件系统主要提供文件存储、检索和更新等功能，一般不提供保护和加密等安全机制。而普通桌面操作系统的文件系统主要负责文件的管理、各种设备的管理以及提供文件系统调用的 API 接口。

针对不同的嵌入式系统来说，嵌入式文件系统可以依据要实现的不同功能进行定制，这使得具有某些特定功能实现的嵌入式操作系统具有功能规整性、可伸缩性强以及强大的灵活性等特点。

根据文件系统的层次结构，可以将该文件系统分成四大功能块：

- API 接口模块：主要完成文件的基本操作，包含有文件的生成、删除、打开、关闭、文件读、文件写等。
- 中间转换模块：主要完成对存取权限的检查、介质的选择、逻辑到物理的转换。
- 磁盘分区模块：主要完成对几个主要数据结构的初始化，设置文件系统的总体分区信息以及每个分区的空闲块管理、引导区、FAT 区、文件存储区等。

- 设备驱动模块：完成存储介质的驱动程序，包含有一个驱动程序函数表和介质读、介质写、检查状态、执行特定命令等驱动程序。

对文件的可靠性设计主要从三个方面处理：
- FAT 表保护；
- 存储介质坏区的检测；
- 处理、数据校验。

在整个文件系统的安全性上，FAT 表是重中之重，需要采取特别的维护，因为如果 FAT 表出错，则整个系统都将崩溃。为了防止出现系统瘫痪，对 FAT 表进行了备份。当出现非正常关机的时候，重新开机以后就要进行 FAT 表的校验。首先进行主 FAT 表的校验，如果主 FAT 表校验无误，则校验两个备份的 FAT 表，若均没有错误，则不做任何工作；若发现有错误的 FAT 表存在，则用正确的 FAT 表将错误的覆盖；若主 FAT 表有误，而存在正确备份的 FAT 表，则用备份的 FAT 表将主 FAT 表覆盖；如果主 FAT 表有误，而备份的 FAT 表也不正确，则宣告 FAT 表崩溃。此时只能重新进行分区。

此外，由于存储介质的使用寿命有限，所以在设计文件系统时一直本着尽可能少的对介质直接进行读写的原则。具体做法是在内存中建立 FAT 表的一个映射，在文件系统启动时将 FAT 表读入内存。这样，上层操作时如果涉及到对 FAT 表的更改，一般都先在内存 FAT 表映射中进行，不用涉及介质的操作。通过设置一个更新标志来确定更新时机，首次将存储介质内 FAT 表读入内存时初始化该标志为假，一旦操作中生成了新的文件项或释放块而需要修改 FAT 表项时，即置该标志为真。同时设置一个定时器来更新介质上的 FAT 表的时间，定时器每隔一定时间来检验更新标志，如果标志为真则将 FAT 表写入介质 FAT 表。当然，在关闭文件时，无论定时器是否到时，都要进行上述检验更新。通过这样的设计，就可以大大减少了对存储介质上的 FAT 表的更新次数，也就达到了增长设备使用寿命的目的。

由于存储介质的寿命问题，随着时间的增长和使用次数的增加，个别区域会出现文件的写入读出错误，所以在设计文件系统时也考虑到了坏区的检验与管理。检验某一页是否损坏的方法是：将数据写入某页后立即读出，如果读出的数据跟写入的不一致，则说明该页为坏页。对于检验到的坏页，在空闲块管理区中进行标记，以后进行存储区域分配时不对这些坏页进行分配，这相当于把坏页从空闲块中删除，只要不对坏页进行读写操作，文件系统就不会出现任何问题。

此外，嵌入式文件系统还具有以下特点：

① 兼容性。嵌入式文件系统通常支持几种标准的文件系统，如 FAT32、JFFS2、YAFFS 等。

② 实时文件系统。除支持标准的文件系统外，为提高实时性，有些嵌入式文件系统还支持自定义的实时文件系统，这些文件系统一般采用连续的方式存储文件。

③ 可裁剪、可配置。根据嵌入式系统的要求选择所需的文件系统,选择所需的存储介质,配置可同时打开的最大文件数等。

④ 支持多种存储设备。嵌入式系统的外部存储器形式多样了,嵌入式文件系统需方便地挂接不同存储设备的驱动程序,因而具有灵活的设备管理能力。同时根据不同外部存储器的特点,嵌入式文件系统还需要考虑其性能和寿命等因素,发挥不同外存的优势,提高存储设备的可靠性和使用寿命。

5.2.2 常见嵌入式文件系统

Linux 支持多种文件系统,不同的文件系统类型有不同的特点,因为根据存储设备的硬件特性、系统需求等有不同的应用场合。在嵌入式 Linux 应用中,主要的存储设备为 ROM 和 RAM 两种,常用的基于 Flash 存储器的文件系统主要有 JFFS2、YAFFS、Cramfs、Romfs,基于 RAM 的文件系统主要有 Ramdisk 和 Ramfs 两种,其结构框图如图 5-1 所示。

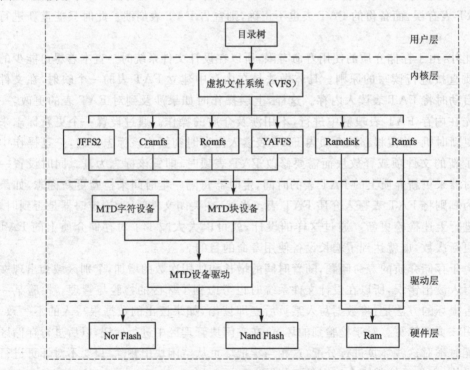

图 5-1 文件系统的分层结构

Linux 启动时第一个必须挂载的是根文件系统,如果系统不能从指定设备上挂载根文件系统则系统会出错而退出启动。本节将介绍嵌入式文件系统的基本原理、配置和使用方法。无论使用哪种文件系统,都要在内核中加入对此文件系统的支持。Linux 支持多种文件系统,包括 EXT2、EXT3、VFAT、NTFS、ISO9660、JFFS、Romfs

和 NFS 等,为了对各类文件系统进行统一管理,Linux 引入了虚拟文件系统 VFS(Virtual File System),为各类文件系统提供一个统一的操作界面和应用编程接口。

现分别对基于 Flash 的文件系统和基于 RAM 的文件系统进行介绍。

1. 基于 Flash 的文件系统

Flash(闪存)作为嵌入式系统的主要存储媒介,有其自身的特性。Flash 的写入操作只能把对应位置的 1 修改为 0,而不能把 0 修改为 1(擦除 Flash 就是把对应存储块的内容恢复为 1),因此,一般情况下,向 Flash 写入内容时,需要先擦除对应的存储区间,这种擦除是以块(block)为单位进行的。

闪存主要有 Nor 和 Nand 两种技术。Flash 存储器的擦写次数是有限的,Nand 闪存还有特殊的硬件接口和读写时序。因此,必须针对 Flash 的硬件特性设计符合应用要求的文件系统;传统的文件系统如 EXT2 等,用作 Flash 的文件系统会有诸多弊端。

在嵌入式 Linux 下,MTD(Memory Technology Device,存储技术设备)为底层硬件(闪存)和上层(文件系统)之间提供一个统一的抽象接口,即 Flash 的文件系统都是基于 MTD 驱动层的(如图 5-1 所示)。使用 MTD 驱动程序的主要优点在于,它是专门针对各种非易失性存储器(以闪存为主)而设计的,因而它对 Flash 有更好的支持、管理和基于扇区的擦除、读写操作接口。

在这里要注意:一块 Flash 芯片可以被划分为多个分区,各分区可以采用不同的文件系统;两块 Flash 芯片也可以合并为一个分区使用,采用一个文件系统。即文件系统是针对于存储器分区而言的,而非存储芯片。

基于 Flash 的文件系统包括 JFFS2、Cramfs、Romfs 和 YAFFS,下面分别对其进行介绍。

(1) JFFS2

JFFS 文件系统最早是由瑞典 Axis Communications 公司基于 Linux 2.0 的内核为嵌入式系统开发的文件系统。JFFS2 是 RedHat 公司基于 JFFS 开发的闪存文件系统,最初是针对 RedHat 公司的嵌入式产品 eCos 开发的嵌入式文件系统,所以 JFFS2 也可以用在 Linux 和 μCLinux 中。

JFFS 文件系统主要用于 Nor 型闪存,基于 MTD 驱动层,它是可读写的、支持数据压缩的、基于哈希表的日志型文件系统,并且它还提供了崩溃/掉电安全保护,提供"写平衡"支持等。缺点主要是当文件系统已满或接近满时,因为垃圾收集的关系而使 JFFS2 的运行速度大大放慢。

JFFS 不适合用于 Nand 闪存主要是因为 Nand 闪存的容量一般较大,这样导致 JFFS 为维护日志节点所占用的内存空间迅速增大,另外,JFFS 文件系统在挂载时需要扫描整个 Flash 的内容,以找出所有的日志节点,建立文件结构,对于大容量的 Nand 闪存会耗费大量时间。

总体而言,JFFS 文件系统的特点如下:

- 可读写；
- 支持数据压缩；
- 基于哈希表的日志节点结构；
- 提供了崩溃/掉电安全保护；
- 支持"写平衡"；
- 提高了对闪存的利用率，降低了内存消耗；
- 文件系统已满或者接近满时，系统无法分配新的节点就进行垃圾收集从而减慢文件系统的速度。

JFFS2 与 JFFS1 相比较而言加快了对节点的操作速度，支持更多的节点类型，而且提高了对闪存的利用率以及降低了内存的消耗。由于 JFFS2 是专门针对 Flash 存储器而设计的文件系统，因此，JFFS2 是比较常用的嵌入式日志文件系统。

(2) Cramfs

Cramfs 文件系统(Compressed ROM File System)是 Linux 的创始人 Linus Torvalds 参与开发的一种只读的压缩文件系统。它也基于 MTD 驱动程序。

在 Cramfs 文件系统中，每一页(4 KB)被单独压缩，可以进行随机页访问，其压缩比高达 2:1，为嵌入式系统节省大量的 Flash 存储空间，使系统可通过更低容量的 Flash 存储相同的文件，从而降低系统成本。

Cramfs 文件系统以压缩方式存储，在运行时解压缩，所以不支持应用程序以 XIP 方式运行，所有的应用程序要求被拷到 RAM 里去运行，但这并不代表比 Ramfs 需求的 RAM 空间要大一点，因为 Cramfs 采用分页压缩的方式存放档案，在读取档案时，不会一下子就耗用过多的内存空间，只针对目前实际读取部分分配内存，尚没有读取部分不分配内存空间，当读取档案不在内存时，Cramfs 文件系统自动计算压缩后的资料所存位置，再即时解压缩到 RAM 中。

另外，它的速度快，效率高，其只读的特点有利于保护文件系统免受破坏，提高了系统的可靠性。

总体来说，Cramfs 文件系统的特点如下：

- 数据访问时采用解压缩方式，解压过程有延时；
- Cramfs 中文件不能超过 16 MB；
- 支持硬链接，但链接数目只能为 1；
- Cramfs 不保存文件的时间戳信息；
- Cramfs 不支持数据的写操作；
- 支持组标识；
- Cramfs 中没有"."和".."这两项。

由于以上特性，Cramfs 在嵌入式系统中应用广泛，但是它的只读属性同时又是它的一大缺陷，使得用户无法对其内容对进扩充。Cramfs 映像通常是放在 Flash 中，但是也能放在别的文件系统里，使用 loopback 设备可以把它安装到别的文件系统里。

第 5 章 构建 Linux 根文件系统

(3) Romfs

传统型的 Romfs 文件系统是一种简单的、紧凑的、只读的文件系统,不支持动态擦写保存,按顺序存放数据,因而支持应用程序以 XIP(eXecute In Place,片内运行)方式运行,在系统运行时节省 RAM 空间。μClinux 系统通常采用 Romfs 文件系统。

由于 Romfs 的只读特性使得 Romfs 中数据一旦确定之后就无法修改,又由于它使用顺序存储方式,所有数据都是顺序存放的。因此读取时 Romfs 中读取数据效率很高。

总体上来说,Romfs 文件系统的特点如下:
- 只读文件系统;
- 顺序存储方式;
- 不支持动态擦写功能;
- 读取数据效率高;
- 非常节省空间。

由于 Romfs 的上述特性,通常 Romfs 用在嵌入式设备中作为文件系统,或者用于保存 Bootloader 以便引导系统的启动。

(4) YAFFS

YAFFS(Yet Another Flash File System)/YAFFS2 是专为嵌入式系统使用 Nand 型闪存而设计的一种日志型文件系统。与 JFFS2 相比,它减少了一些功能(例如不支持数据压缩),所以速度更快,挂载时间很短,对内存的占用较小。另外,它还是跨平台的文件系统,除了 Linux 和 eCos,还支持 WinCE、pSOS 和 ThreadX 等。

YAFFS/YAFFS2 自带 Nand 芯片的驱动,并且为嵌入式系统提供了直接访问文件系统的 API,用户可以不使用 Linux 中的 MTD 与 VFS,直接对文件系统操作。当然,YAFFS 也可与 MTD 驱动程序配合使用。

YAFFS 与 YAFFS2 的主要区别在于,前者仅支持小页(512 B) NAND 闪存,后者则可支持大页(2 KB)Nand 闪存。同时,YAFFS2 在内存空间占用、垃圾回收速度、读/写速度等方面均有大幅提升。

YAFFS 文件系统的特点如下:
- 速度快;
- 挂载时间短;
- 对内存消耗小;
- 跨平台文件系统;
- 自带 Nand 芯片驱动;
- 可以不通过 MTD 而直接对其进行操作。

其他文件系统:fat/fat32 可用于实际嵌入式系统的扩展存储器(例如 PDA,Smartphone,数码相机等的 SD 卡),这主要是为了更好的与最流行的 Windows 桌面操作系统相兼容。ext2 可以作为嵌入式 Linux 的文件系统,不过将它用于 Flash 闪存会有诸多弊端。

2. 基于 RAM 的文件系统

(1) Ramdisk

Ramdisk 是将一部分固定大小的内存当作分区来使用。它并非一个实际的文件系统，而是一种将实际的文件系统装入内存的机制，并且可以作为根文件系统。将一些经常被访问而又不会更改的文件（如只读的根文件系统）通过 Ramdisk 放在内存中，可以明显地提高系统的性能。

在 Linux 的启动阶段，initrd 提供了一套机制，可以将内核映像和根文件系统一起载入内存。

(2) Ramfs/Tmpfs

Ramfs 是 Linus Torvalds 开发的一种基于内存的文件系统，工作于虚拟文件系统（VFS）层，不能格式化，可以创建多个，在创建时可以指定其最大能使用的内存大小。VFS 本质上可看成一种内存文件系统，它统一了文件在内核中的表示方式，并对磁盘文件系统进行缓冲。

Ramfs/Tmpfs 文件系统把所有的文件都放在 RAM 中，所以读/写操作发生在 RAM 中，可以用 Ramfs/Tmpfs 来存储一些临时性或经常要修改的数据，例如/tmp 和/var 目录，这样既避免了对 Flash 存储器的读写损耗，也提高了数据读写速度。

Ramfs/Tmpfs 相对于传统的 Ramdisk 的不同之处主要在于：不能格式化，文件系统大小可随所含文件内容大小变化。

Tmpfs 的缺点是当系统重新引导时会丢失所有数据。

除了上述讨论的基于 Flash 和 RAM 的文件系统以外，还有一种基于网络的文件系统 NFS(Network File System)，NFS 是由 Sun 开发并发展起来的一项在不同机器、不同操作系统之间通过网络共享文件的技术。在嵌入式 Linux 系统的开发调试阶段，可以利用该技术在主机上建立基于 NFS 的根文件系统，挂载到嵌入式设备，可以很方便地修改根文件系统的内容。

实际上，Linux 还支持逻辑的或伪文件系统（logical or pseudo file system），例如 procfs(proc 文件系统)，用于获取系统信息，以及 devfs(设备文件系统)和 sysfs，用于维护设备文件。在具体的嵌入式系统设计中可根据目录存放的内容以及存放的文件属性，确定使用何种文件系统。

5.3　Linux 根文件系统的结构

目录树可以细分，每个部分可以在自己的分区上。主要部分是根目录下的/usr、/var 和/home 文件系统。每个部分有不同的目的。每台机器都有根文件系统，它包含系统引导和使其他文件系统得以挂载所必要的文件，根文件系统有单用户状态所必须的足够的内容，还包括修复损坏系统、恢复备份等的。Linux 根文件系统中一般有如

图5-2所示的几个目录,下面依次进行详细介绍。

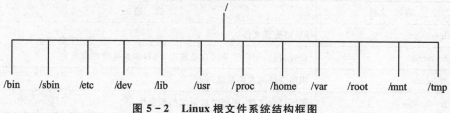

图5-2 Linux根文件系统结构框图

1. /bin 目录

/bin 目录包含了引导启动所需的命令或普通用户可能用的命令(可能在引导启动后)。这些命令都是二进制文件的可执行程序,多是系统中重要的系统文件。这些命令在挂接其他文件系统之前就可以使用,所以/bin 目录必须和根文件系统在同一分区中。/bin 目录下常用的命令有:cat、chgrp、chmod、cp、ls、sh、kill、mount、unmount、mkdir、mknid、test 等。

2. /sbin 目录

/sbin 目录类似/bin,也用于存储二进制文件。因为其中的大部分文件多是系统管理员使用的基本的系统程序,所以虽然普通用户必要且允许时可以使用,但一般不给普通用户使用。/sbin 目录下存放的都是基本的系统命令,它们用于启动系统、修复系统等。/sbin 目录下的命令在挂接其他文件系统之前可以使用。/sbin 目录下常用的命令有:shutdown、reboot、fdisk 和 fsck 等。

3. /etc 目录

/etc 目录存放着各种系统配置文件,其中包括了用户信息文件/etc/passwd 和系统初始化文件/etc/rc 等。linux 正是靠这些文件才得以正常地运行。/etc 目录包含各种系统配置文件,常用的如表5-1所列。对于嵌入式系统而言,并非所有的目录都是必需的,这些目录、文件都是可选的,他们依赖于系统中所拥有的应用程序,这些都要根据具体的系统进行相应的选择和配置。

表5-1 /etc 目录的文件

目录/文件	描 述
/etc/rc 或 /etc/rc.d	启动或改变运行级时运行的脚本或脚本的目录
/etc/passwd	用户数据库,其中的域给出了用户名、真实姓名、用户起始目录、加密口令和用户的其他信息
/etc/fdprm	软盘参数表,用以说明不同的软盘格式
/etc/fstab	指定启动时需要自动安装的文件系统列表
/etc/group	组数据库,给出了组的各种信息和数据
/etc/inittab	init 的配置文件
/etc/issue	用户在登录提示符前的输出信息,内容由系统管理员确定

续表 5-1

目录/文件	描述
/etc/magic	file 的配置文件
/etc/motd	通告信息,用户登录后自动输出,内容由系统管理员确定
/etc/mtab	当前安装的文件系统列表
/etc/shadow	影子口令文件,用来增加系统的安全性
/etc/login.defs	login 命令的配置文件
/etc/profile /etc/csh.login /etc/csh.cshrc	登录或启动时 bourne 或 cshells 执行的文件,它允许系统管理员为所有用户建立全局默认环境
/etc/securetty	确认安全终端,即哪个终端允许超级用户(root)登录。一般只列出虚拟控制台,这样就不可能(至少很困难)通过调制解调器(modem)或网络闯入系统并得到超级用户特权
/etc/shells	列出可以使用的 shell。chsh 命令允许用户在本文件指定范围内改变登录的 shell。提供一台机器 ftp 服务的服务进程 ftpd 来检查用户 shell 是否列在/etc/shells 文件中,如果不是,将不允许该用户登录
/etc/termcap	终端性能数据库。说明不同的终端用什么"转义序列"控制。写程序时不直接输出转义序列(只针对工作于特定终端),而是从/etc/termcap 中查找要做工作的正确序列。这样,多数的程序可以在多数终端上运行
/etc/printcap	类似/etc/termcap,但针对打印机,其语法不同

4. /dev 目录

/dev 目录存放了设备文件,即设备驱动程序,用户通过这些文件访问外部设备。比如,用户可以通过访问/dev/mouse 来访问鼠标触发的事件,就像访问其他文件一样。

设备文件用特定的约定命名,这在设备列表中说明。设备文件在安装时由系统产生,以后可以用/dev/makedev 描述。/dev/makedev.local 是系统管理员为本地设备文件或连接写的描述文稿(例如一些非标准设备驱动不是标准 makedev 的一部分)。表 5-2 介绍/dev 下一些常用文件。

表 5-2 /dev 目录的文件

目录/文件	描述
/dev/console	系统控制台,是直接和系统连接的监视器
/dev/hd	ide 硬盘驱动程序接口
/dev/sd	scsi 磁盘驱动程序接口
/dev/fd	软驱设备驱动程序
/dev/st	scsi 磁带驱动器驱动程序

续表 5-2

目录/文件	描 述
/dev/tty	提供虚拟控制台支持
/dev/pty	提供远程登录伪终端支持
/dev/ttys	计算机串行接口
/dev/cua	串行接口,与调制解调器一起使用的设备
/dev/null	"黑洞",所有写入该设备的信息都将消失

5. /lib 目录

/lib 目录是根文件系统上程序所需的共享库,存放了根文件系统程序运行所需的共享文件。这些文件包含了可被许多程序共享的代码,以避免每个程序都包含相同子程序的副本,故可以使得可执行文件变得更小,节省空间。该目录的常用文件如表 5-3 所列。

表 5-3 /lib 目录的文件

目录/文件	描 述
/lib/modules	系统核心可加载各种模块,尤其是那些在恢复损坏的系统时重新引导系统所需的模块(例如网络和文件系统驱动)
/lib/libc.so.*	动态链接 C 库
/lib/ld*	连接器、加载器

6. /usr 目录

/usr 是个很重要的目录,通常这一文件系统很大,因为所有程序安装在这里。/usr 里的所有文件一般来自 linux 发行版;本地安装的程序和其他东西在/usr/local 下,因为这样可以在升级新版系统或新发行版时无须重新安装全部程序。/usr 目录下的许多内容是可选的,但这些功能会使用户使用系统更加有效。/usr 可容纳许多大型的软件包和它们的配置文件。表 5-4 列出一些重要的目录。

表 5-4 /usr 目录的文件

目录/文件	描 述
/usr/x11r6	x window 系统的所有可执行程序、配置文件和支持文件
/usr/x386	类似/usr/x11r6,但是专门给 x11 release5 的
/usr/bin	集中了几乎所有用户命令,是系统的软件库
/usr/sbin	根文件系统中不必要的系统管理命令,例如多数服务程序
/usr/include	包含了 C 语言的头文件,这些文件以". h"结尾,用来描述 C 语言程序中用到的数据结构、子过程和常量

续表 5-4

目录/文件	描述
/usr/lib	包含了程序或子系统的不变的数据文件,包括一些 site-wide 配置文件。名字 lib 来源于库(library);编程的原始库也存在/usr/lib 里。当编译程序时,程序便会与其中的库进行连接
/usr/local	本地安装的软件和其他文件放在这里
/usr/man	命令和软件的说明书
/usr/info	包含所有手册页、gnu 信息文档等
/usr/doc	各种其他文档文件

7. /proc 目录

/proc 文件系统是一个虚拟文件系统,就是说它是一个实际上不存在的目录,因而这是一个非常特殊的目录。它并不存在于某个磁盘上,而是由核心在内存中产生。这个目录用于提供关于系统的信息。表 5-5 说明一些重要的文件和目录。

表 5-5 /proc 目录的文件

目录/文件	描述
/proc/x	关于进程 x 的信息目录,x 是这一进程的标识号
/proc/cpuinfo	存放处理器的信息,如 CPU 的类型、制造商、型号和性能等
/proc/devices	当前运行核心配置的设备驱动的列表
/proc/dma	显示当前使用的 dma 通道
/proc/filesystems	核心配置的文件系统信息
/proc/interrupts	显示被占用的中断信息和占用者的信息,以及被占用的数量
/proc/ioports	当前使用的 I/O 端口
/proc/kcore	系统物理内存映像,仅是在程序访问它时才被创建
/proc/kmsg	核心输出的消息,也会被送到 syslog
/proc/ksyms	核心符号表
/proc/loadavg	系统"平均负载";3 个指示器指出系统当前的工作量
/proc/meminfo	各种存储器使用信息,包括物理内存和交换分区(swap)
/proc/modules	存放当前加载的核心模块信息
/proc/net	网络协议状态信息
/proc/self	查看/proc 程序进程目录的符号连接
/proc/stat	系统的不同状态,例如,系统启动后页面发生错误的次数
/proc/uptime	系统启动的时间长度
/proc/version	核心版本

8. /home 目录

作为用户目录,系统中除了 root 用户外,所有其他用户的主目录都放在/home 中。在 home 目录中都有一个以用户名命名的子目录,里面存放用户相关的配置文件。同 Unix 不同,Linux root 用户的主目录通常是在/root,而 Unix 通常是在根目录下。

9. /var 目录

/var 目录包含系统一般运行时要改变的数据。通常这些数据所在目录的大小是要经常变化或扩充的。原来/var 目录中有些内容是在/usr 中的,但为了保持/usr 目录的相对稳定,就把那些需要经常改变的目录放到/var 中了。每个系统是特定的,即不通过网络与其他计算机共享。表 5-6 列出一些重要的目录。

表 5-6 /var 目录的文件

目录/文件	描述
/var/catman	包括了格式化过的帮助(man)页
/var/lib	存放系统正常运行时要改变的文件
/var/local	存放/usr/local 中安装程序的可变数据
/var/lock	锁定文件
/var/log	各种程序的日志(log)文件
/var/run	保存下一次系统引导前有效的关于系统的信息文件
/var/spool	放置"假脱机"(spool)程序的目录
/var/tmp	相比于/tmp,/var/tmp 允许更大的或存在较长时间的临时文件

10. /root 目录

/root 目录是超级用户的目录。与此对应的是普通用户的目录/home。

11. /mnt 目录

/mnt 目录是系统管理员临时安装(mount)文件系统的安装点。程序并不自动支持安装到/mnt。/mnt 下面可以分为许多子目录,例如/mnt/dosa 是使用 msdos 文件系统的目录,而/mnt/exta 是使用 ext2 文件系统的目录,/mnt/cdrom 是挂载光驱的目录等。

12. /tmp 目录

/tmp 目录存放程序在运行时产生的信息和数据。但在引导启动后,运行的程序最好使用/var/tmp 来代替/tmp,因为前者可能拥有一个更大的磁盘空间。

5.4 移植 Busybox

本章前 3 节的介绍例于我们对根文件系统有深刻的认识,根文件系统是 Linux 内核启动后第一个要运行的程序,它给用户提供操作界面的 shell 程序、应用程序依赖库等等。根文件系统目录中存放着运行这些程序所必需的库函数,包含系统的配置文件、必要的设备支持文件、一些命令和基本应用程序等等。

因此,根文件系统的制作实际上就是创建上述中所列出的各种目录,以及在各级目录下创建各种必须的文件。当然,可通过直接复制宿主机上交叉编译器处的文件来制作根文件系统,但是这种方法制作的根文件系统一般过于庞大。一般通过一些工具如 Busybox 来制作根文件系统,用 Busybox 制作的根文件系统可以做到短小精悍并且运行效率较高。

下面就对 Busybox 的使用方法和如何用 Busybox 来创建根文件系统做详细介绍。

5.4.1 Busybox 简介

Busybox 可以将许多常用 Unix 命令的工具结合到一个单独的可执行程序中,因此,常常被很形象的比喻成嵌入式系统中的"瑞士军刀"。Busybox 是一个遵循 GPL v2 协议的开源项目。Busybox 虽然不像 GNU 那样可以提供完整的各种功能和参数选项,但是在比较小的系统或者是嵌入式系统中已经足够使用,它为嵌入式系统提供了一个比较完整的工具集。

Busybox 在设计上充分考虑了小型系统和嵌入式系统硬件资源受限制的特殊工作环境,它采用了一种很巧妙的方法来减小自己的体积,Busybox 按照模块进行设计,它可以很容易地加入、删除某些命令或增减其相应的配置选项,所有的命令都通过"插件"的方式集中到一个可执行文件中,在实际过程中通过不同符号链接来实现具体操作。

与 GNU 工具相比,动态连接的 Busybox 体积非常小,通常只有几百兆字节,而一般的 GNU 工具至少也有几兆字节的体积。因此,对于一些小型系统或者嵌入式系统而言,Busybox 的出现对于资源比较紧张的系统来说,最合适不过了。

Busybox 支持 uClibc 库和 glibc 库,支持 Linux 2.2.x 及更高版本的内核。

Busybox 的官方网站是 http://www.busybox.net,可以下载最新源码,本章中使用的是 busybox-1.16.0.tar.bz2。

5.4.2 Busybox 编译

首先从官网上下载 busybox-1.16.0.tar.bz2。新建目录/usr/local/filesys/root-2.6,作为根文件系统的存放目录,将 busybox-1.16.0.tar.bz2 复制至目录/usr/local/filesys 下并解压:

```
[root@localhost root]# mkdir -p /usr/local/filesys/root-2.6
[root@localhost root]# cp /mnt/hgfs/share/busybox-1.16.0.tar.bz2 /usr/local/filesys
[root@localhost root]# cd /usr/local/filesys
[root@localhost filesys]# tar-jxvf busybox-1.16.0.tar.bz2
```

1. 配置 Busybox

首先,进入 Busybox 所在目录并用 vi 编辑器打开 Makefile:

```
[root@localhost filesys]# cd /usr/local/filesys/busybox-1.16.0
[root@localhost busybox-1.16.0]# vi Makefile
```

在编译之前，打开 Makefile，修改其中的两条语句，将第 164 行语句"CROSS_COMPILE ? ="和第 189 行语句"ARCH ? = ＄(SUBARCH)"修改为：

```
CROSS_COMPILE ? = /usr/local/arm_across/4.3.2/bin/arm-linux-
ARCH ? = arm
```

在 busybox 根目录下执行命令 make menuconfig，出现如图 5-3 的配置界面：

```
[root@localhost busybox-1.16.0]# make menuconfig
```

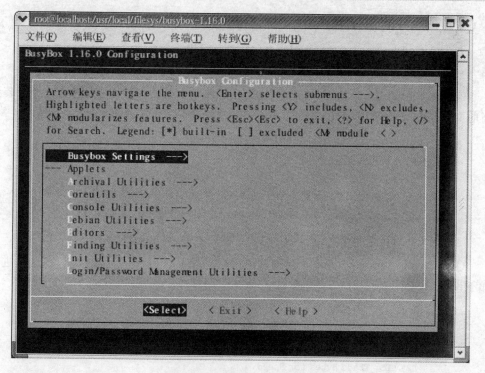

图 5-3 Busybox 配置界面

选择该界面中的 Busybox Settings 选项，进入子目录，可对子目录中的选项进行如下配置：

① General Configuretion 配置选项都是一些通用的设置，可进行如下配置：

```
Busybox Settings --->
    General Configuration --->
    Buffer allocation policy (Allocate with Malloc) --->
        [*] Show verbose applet usage messages?
        [*] Store applet usage messages in compressed form
        [*] Support --install [-s] to install applet links at runtime
```

```
[ * ] Enable locale support (system needs locale for this to work)
    [ * ] Support for - - long - options
    [ * ] Use the devpts filesystem for Unix98 PTYs
    [ * ] Support writing pidfiles
    [ * ] Runtime SUID/SGID configuration via /etc/busybox.conf
    [ * ] Suppress warning message if /etc/busybox.conf is not readable
    (/proc/self/exe) Path to BusyBox executable
```

② Build Configuretion 配置选项用以完成连接方式、编译选项等的设置,可按如下配置来指定静态连接:

```
Busybox Settings - - ->
Build Options - - ->
[ * ] Build BusyBox as a static binary (no shared libs)
[ * ] Build with Large File Support (for accessing files > 2 GB)
```

③ Installation Options 配置选项用以指定 Busybox 的安装路径,这里选择安装到当前文件夹的_install 目录下,即:

```
Busybox Settings - - ->
    Installation Options - - ->
        [ ] Don't use /usr
            Applets links (as soft - links) - - ->
        (./_install) BusyBox installation prefix
```

当然,在这里也可以不设置安装目录,可以在命令行中指定。

④ Busybox Library Tuning 配置选项用以完成 Busybox 的性能微调,在这里进行如下设置:

```
Busybox Settings - - ->
    Busybox Library Tuning - - ->
        (6) Minimum password length
        (2) MD5: Trade Bytes for Speed
        [ * ] Faster /proc scanning code ( + 100 bytes)
        [ * ] Command line editing
        (1024) Maximum length of input
        [ * ] vi - style line editing commands
        (15) History size
        [ * ] History saving
        [ * ] Tab completion
        [ * ] Fancy shell prompts
        (4) Copy buffer size, in kilobytes
        [ * ] Use ioctl names rather than hex values in error messages
        [ * ] Support infiniband HW
```

⑤ Linux Module Utilities 配置选项用以完成加载和卸载模块的命令的设置，这里进行如下的设定：

```
Busybox Settings  - - ->
    Linux Module Utilities  - - ->
        (/lib/modules) Default directory containing modules
        (modules.dep) Default name of modules.dep
        [*] insmod
        [*] rmmod
        [*] lsmod
        [*] modprobe
        - - - Options common to multiple modutils
        [ ] Support version 2.2/2.4 Linux kernels
        [*] Support tainted module checking with new kernels
        [*] Support for module.aliases file
        [*] Support for module.symbols
```

由于这里用的内核是 2.6，因此就不选取对 2.2/2.4 版本内核的支持选项了。

⑥ Linux System Utilities 配置选项用以完成一些系统命令的设置，这里进行如下的设定：

```
Busybox Settings  - - ->
    Linux System Utilities  - - ->
        [*] mdev
        [*] Support /etc/mdev.conf
        [*] Support subdirs/symlinks
        [*] Support regular expressions substitutions when renaming device
        [*] Support command execution at device addition/removal
        [*] Support loading of firmwares
```

为了支持 mdev，除了 busybox 要配置上述支持外，还有三点需要注意：
- mdev 需要改写/dev 和/sys 两个目录，所以必须保证这两个目录是可写的；
- mdev 一般要用到 sysfs, tmpfs 两个文件系统，所以内核要配置这两项的支持；
- 需要在启动脚本文件 init.d/rcS 中加入/sbin/mdev -s，使其开始工作。

⑦ Networking Utilities 配置选项用以完成网络方面命令的设置，除了其他默认配置外，需增加 ifconfig 命令，可进行如下的设定：

```
Busybox Settings  - - ->
    Networking Utilities  - - ->
        [*] ifconfig
        [*] Enable status reporting output (+7k)
        [*] Enable slip-specific options "keepalive" and "outfill"
```

```
    [*] Enable options "mem_start", "io_addr", and "irq"
    [*] Enable option "hw" (ether only)
    [*] Set the broadcast automatically
```

Busybox 配置完成之后,注意保存。

2. 编译和安装 Busybox

在当前目录下编译和安装 busybox-1.16.0,在终端中进行如下操作:

```
[root@localhost busybox-1.16.0]# make
[root@localhost busybox-1.16.0]# make install
```

注意,这里有可能会出现如下错误:

```
CC    miscutils/ionice.o
miscutils/ionice.c: In function `ioprio_set':
miscutils/ionice.c:16: error: `SYS_ioprio_set' undeclared (first use in this function)
miscutils/ionice.c:16: error: (Each undeclared identifier is reported only once
miscutils/ionice.c:16: error: for each function it appears in.)
miscutils/ionice.c: In function `ioprio_get':
miscutils/ionice.c:21: error: `SYS_ioprio_get' undeclared (first use in this function)
make[1]: *** [miscutils/ionice.o] Error 1
make: *** [miscutils] Error 2
```

如果出现上述错误,则要进行配置选项的修改,需要在 busybox 的应用里面关闭 ionice 选项(提示 ionice 发生错误,碰到其他错误时也可以尝试这种修改方法)。

然后重新对错误处进行配置:

```
[root@localhost busybox-1.16.0]# make menuconfig
```

在 Miscellaneous Utilities 配置选项中进行如下修改:

```
Busybox Settings --->
    Miscellaneous Utilities --->
        [ ] ionice
```

此操作用以完成 ionice 命令的关闭。完成后再进行编译和安装。如果在编译过程中出现如下提示:

```
Trying libraries: crypt m
Library crypt is not needed, excluding it
Library m is needed, can't exclude it (yet)
Final link with: m
  DOC     busybox.pod
  DOC     BusyBox.txt
  DOC     BusyBox.1
  DOC     BusyBox.html
```

关于以上库不存在的提示不需处理,因为在 glibc 库安装后不再出现。

5.5 安装 glibc 库

glibc 库的源代码可以到官网上下载,本章中用到的 glibc 库的版本是 glibc2.8.0,其实在前面介绍的制作交叉编译工具链 arm-linux-gcc 时已经生成了 glibc 库,可以直接使用它来构建根文件系统。下面对其进行介绍。

glibc 是 gnu 发布的 libc 库,也即 C 运行库。glibc 是 linux 系统中最底层的 API(应用程序开发接口),几乎其他运行库都会依赖于 glibc。glibc 除了封装 linux 操作系统所提供的系统服务外,它本身也提供了许多其他功能服务,如表 5-7 所列。

表 5-7 glibc 提供的常用服务

提供服务	描述
string	字符串处理
signal	信号处理
dlfcn	管理共享库的动态加载
direct	文件目录操作
elf	共享库的动态加载器,也即 interpreter
iconv	不同字符集的编码转换
inet	socket 接口的实现
intl	国际化,也即 gettext 的实现
io	IO 控制库函数
linuxthreads	线程控制库
locale	本地化
login	虚拟终端设备的管理及系统的安全访问
malloc	动态内存的分配与管理
nis	网络信息服务
stdlib	其他基本功能

glibc 库也可进行升级,但升级过程中,最好不要覆盖系统中默认的文件;因为 glibc 库是系统中最核心的共享库和工具,如果盲目覆盖,很可能导致整个系统瘫痪,因为一般更新 glibc 库时,其他所有依赖 libc 库的共享库都需要重新被编译一遍。为了程序运行时能准确地找到 glibc 库,最好把 glibc 安装到 /usr/local/lib 下。

现将 glibc 库安装至根文件系统目录下。进入 /usr/local/filesys/root-2.6 目录下,新建目录 lib 作为根文件系统的库目录,将所需的库文件都复制至此目录下。其具体操作如下:

```
[root@localhost busybox-1.16.0]# cd /usr/local/filesys/root-2.6
[root@localhost root-2.6]# make dirlib
```

创建好 lib 目录后,将所有的库文件复制至此目录下,即完成 glibc 库的安装(这里所说的安装就是将所要用到的库文件复制至根文件的库目录下)。/usr/local/arm/4.3.2 目录下的库文件并非都是 glibc 库所需要的,当然,也可以直接将此目录下的 lib 目录直接复制至/usr/local/filesys/root-2.6 目录下,但是这样做出来的根文件系统会很大。下面介绍根文件系统下 glibc 库所需要的目录、文件。

glibc 库文件可以分为以下几类:
- 加载器 ld-2.8.so、ld-linux.so.2 程序启动前进行动态库的加载。
- 目标文件 是指".o"为后缀的文件。
- 静态库文件 如静态数学库 libm.a、静态 C 库 libc.a 等。
- 动态库文件 如动态数学库 ibm.so、动态 C++库 libstdc++.so 等。
- libtool 库文件 都是以".la"为后缀的,在链接库文件时这些文件会被用到。
- gconv 目录 里面有头字符集的动态库,如 ISO 8859—1.so 和 GB 18030.so 等。
- ldscripts 目录 里面有各种连接脚本,在编译应用程序时用来制定程序的运行地址、各段的位置等等。
- 其他目录及文件。

本书中构建根文件系统所要用到的库文件都位于/usr/local/arm /4.3.2/arm-none-linux-gnueabi/libc/armv4t/lib 目录下,因此,将此目录下的文件全部复制至根目录下即可。

下面进行具体文件的复制工作:

```
[root@localhost root-2.6]# cp /usr/local/arm/4.3.2/arm-none-linux-gnueabi/libc/armv4t/li b/* ./lib
//将所需库文件复制至/usr/local/filesys/root-2.6/lib 目录下
```

实际上并非上面复制过去的所有文件都会用到,如果想制作更小的根文件系统,可以根据具体需要来进行相应的复制。需要哪些库完全取决于要运行的应用程序使用了哪些库函数。如果只制作最简单的系统,那么只需要运行 busybox 这一个应用程序即可。通过执行如下命令:

```
[root@localhost root-2.6]# arm-linux-readelf -a /usr/local/filesys/root-2.6/busybox-1.16.0/_install/bin/busybox | grep 'Shared'
0x00000001 (NEEDED)         Shared library: [libm.so.6]
0x00000001 (NEEDED)         Shared library: [libc.so.6]
```

可以看出 busybox 只用到了 2 个库:通用 C 库(libc)、数学库(libm),因此只需要复制这 2 个库的库文件即可。

如果只是复制所需的这两个动态库的话,还需要将链接器也复制到 lib 目录下。

```
[root@localhost root-2.6]#cp /usr/local/arm/4.3.2/arm-none-linux-gnueabi/libc/
armv4t/lib/ld-* ./lib
```

5.6 Linux 系统的引导过程

嵌入式 Linux 系统的引导过程如下：
- 处理器重新启动后,首先执行启动代码以初始化内存控制器和片上设备,然后配置存储映射。
- Bootloader 把内核从 Flash 等固态存储设备加载到 RAM,然后跳转到内核的第一条指令处执行。
- 内核首先配置微处理器的寄存器,然后调用 start_kernel,它是与微处理器体系结构无关的开始点。
- 内核初始化高速缓存和各种硬件设备。
- 内核挂装根文件系统。
- 内核执行 init 进程。
- init 进程加载运行时的共享库。
- init 读取其配置文件。
- 最后 init 进入用户会话阶段。

由此可见,init 进程是系统所有进程的起点,内核在完成核内引导以后,即在本进程空间内加载 init 程序,它的进程号是 1。init 进程是后续所有进程的发起者,而 init 程序需要读取/etc/inittab 文件作为其行为指针,inittab 是以行为单位的描述性(非执行性)文本。init 进程根据 inittab 文件决定启动哪些程序。

因此,如果对系统实现的功能很明确的话,完全可以自己写 init 进程,init 程序位于目录/sbin/init 下。

5.6.1 启动内核

嵌入式系统中,系统的启动是首要问题。当系统启动时,它首先执行一个预定地址(通常是地址 0x00)处的指令,这个地址处存放系统初始化或引导程序,正如 Windows 下的注册表 BIOS。而在 Linux 嵌入式系统中是没有 BIOS 的,因此将由引导加载程序的 BootLoader 实现类似的功能。BootLoader 代码量虽少,其作用却非常重要,其许多代码与处理器体系结构相关而不具备移植性,因此写出针对特定处理器的启动代码对嵌入式系统设计尤为重要。

BootLoader 的主要作用如下：
- 初始化处理器；
- 初始化必备的硬件；
- 下载系统映像；

- 初始化操作系统；
- 启动已下载的操作系统。

总之，BootLoader 负责完成系统的初始化，把操作系统内核映像加载到 RAM 中，然后跳转到内核的入口点去运行。由于本节重点放在内核启动过程的分析，因此，这里对 BootLoader 就不做过多的介绍。

在 BootLoader 将 Linux 内核映像复制到 RAM 以后，可以通过 call_linux(0, machine_type, kernel_params_base)函数启动 Linux 内核。其中：

- machine_tpye 是 bootloader 检测出来的处理器类型。
- kernel_params_base 是启动参数在 RAM 的地址。

通过这种方式将 Linux 启动需要的参数从 BootLoader 传递到内核。Linux 内核有两种映像：一种是非压缩内核，叫 Image，另一种是它的压缩版本，叫 zImage。根据内核映像的不同，Linux 内核的启动在开始阶段也有所不同。zImage 是 Image 经过压缩形成的，所以它的大小比 Image 小。但为了能使用 zImage，必须在它的开头加上解压缩的代码，将 zImage 解压缩之后才能执行，因此它的执行速度比 Image 要慢。但考虑到嵌入式系统的存储空容量一般比较小，采用 zImage 可以占用较少的存储空间，因此牺牲一点性能上的代价也是值得的。所以一般的嵌入式系统均采用 zImage 压缩内核的方式。

对于 ARM 系列处理器来说，zImage 的入口程序即为 arch/arm/boot/compressed/head.S。它依次完成以下工作：

- 开启 MMU 和 Cache；
- 调用 decompress_kernel()函数解压内核；
- 最后通过调用 call_kernel()函数进入非压缩内核 Image 的启动。

下面将具体分析此后 Linux 内核的启动过程。

Linux 非压缩内核的入口位于文件/arch/arm/kernel/head – armv.S 中的 stext 段。该段的基地址就是压缩内核解压后的跳转地址。如果系统中加载的内核是非压缩的 Image，那么 BootLoader 将内核从 Flash 中复制到 RAM 后将直接跳到该地址处，从而启动 Linux 内核。不同体系结构的 Linux 系统的入口文件是不同的，而且因为该文件与具体体系结构有关，所以一般均用汇编语言编写。对基于 ARM 处理的 Linux 系统来说，该文件就是 head – armv.S。该程序通过查找处理器内核类型和处理器类型以调用相应的初始化函数，再建立页表，最后跳转到 start_kernel()函数开始内核的初始化工作。

如果要追踪操作系统内核态的初始化过程，要从 init/main.c 中的 start_kernel()开始；如果想追踪操作系统用户态的启动过程，可以从/etc/rc.d/rc.sysinit 脚本开始。下面分析对 start_kernel。

start_kernel()是内核的汇编与 C 语言的交接点，在该函数以前，内核的代码都是用汇编写的，完成一些最基本的初始化与环境设置工作，比如：内核代码载入内存并解压缩(现在的内核一般都经过压缩),CPU 基本初始化,为 C 代码的运行设置环境(C 代码的运行是有一定环境要求的,比如 stack 的设置等)。这里一个不太确切的比喻,start_kernel()就像是 C 代码中的 main()。我们知道对于程序员而言,main()是他的入口,但实际上程序的入口被包在了 C 库中,在链接阶段 linker 会把它链接入相应的程序中,而它的任务中有一项就是为 main()准备运行环境。main()中的 argc 和 argv 等都为调用 main()以前的代码做准备。当所有初始化结束之后,跳转到 C 程序 start_kernel()处,开始之后的内核初始化工作:

在 start_kernel()中 Linux 将完成整个系统的内核初始化。其源代码如下(本书中所用内核版本为 linux-2.6.30.4):

```
536     asmlinkage void __init start_kernel(void)
//该函数是 Linux 内核的入口,进入该函数以前的代码都是用汇编编写
538     {
539             char * command_line;
540             extern struct kernel_param __start___param[], __stop___param[];
541
541             smp_setup_processor_id();
542
543         /*
544          * Need to run as early as possible, to initialize the
545          * lockdep hash.
546          */
547             lockdep_init();
548             debug_objects_early_init();
549
550         /*
551          * Set up the the initial canary ASAP.
552          */
553             boot_init_stack_canary();
554
555             cgroup_init_early();
556
557             local_irq_disable();
558             early_boot_irqs_off();
559             early_init_irq_lock_class();
687             cgroup_init();
688             cpuset_init();
689             taskstats_init_early();
690             delayacct_init();
691
692             check_bugs();
```

```
693
694             acpi_early_init(); /* before LAPIC and SMP init */
695
696             ftrace_init();
697
698             /* Do the rest non-__init'ed, we're now alive */
699             rest_init();        //这是Linux内核初始化的尾声
700     }
```

start_kernel 是所有 Linux 平台进入系统内核初始化后的入口函数,它主要完成剩余的与硬件平台相关的初始化工作,在进行一系列与内核相关的初始化后,调用第一个用户进程——init 进程并等待用户进程的执行,这样整个 Linux 内核便启动完毕。该函数所做的具体工作如下:

① 调用 setup_arch()函数进行与体系结构相关的第一个初始化工作。

对不同的体系结构来说该函数有不同的定义。对于 ARM 平台而言,该函数定义在 arch/arm/kernel/Setup.c。它首先通过检测出来的处理器类型进行处理器内核的初始化,然后通过 bootmem_init()函数根据系统定义的 meminfo 结构进行内存结构的初始化,最后调用 paging_init()开启 MMU,创建内核页表,映射所有的物理内存和 I/O 空间。

② 创建异常向量表和初始化中断处理函数;

③ 初始化系统核心进程调度器和时钟中断处理机制;

④ 初始化串口控制台(serial-console)。

ARM 平台下 Linux 在初始化过程中一般都会初始化一个串口作为内核的控制台,这样内核在启动过程中就可以通过串口输出信息以便开发者或用户了解系统的启动进程。

⑤ 创建和初始化系统 cache,为各种内存调用机制提供缓存,包括动态内存分配、虚拟文件系统(VirtualFile System)及页缓存。

⑥ 初始化内存管理,检测内存大小及被内核占用的内存情况;

⑦ 初始化系统的进程间通信机制(IPC)。

下面这个函数是 Linux 初始化函数 rest_init()过程:

```
451     static noinline void __init_refok rest_init(void)
452     __releases(kernel_lock)
453     {
454             int pid;
455
456             kernel_thread(kernel_init, NULL, CLONE_FS | CLONE_SIGHAND);
457             numa_default_policy();
458             pid = kernel_thread(kthreadd, NULL, CLONE_FS | CLONE_FILES);
```

```
459              kthreadd_task = find_task_by_pid_ns(pid, &init_pid_ns);
460              unlock_kernel();
461
462              /*
463               * The boot idle thread must execute schedule()
464               * at least once to get things moving.
465               */
466              init_idle_bootup_task(current);
467              rcu_scheduler_starting();
468              preempt_enable_no_resched();
469              schedule();
470              preempt_disable();
471
472              /* Call into cpu_idle with preempt disabled */
473              cpu_idle();
474       }
```

start_kernel()函数结束后,会调用 rest_init()函数进行最后的初始化,包括创建系统的第一个进程——init 进程来结束内核的启动。init 进程首先进行一系列的硬件初始化,然后通过命令行传递过来的参数挂载根文件系统。最后 init 进程会执行用户传递过来的"init="启动参数执行用户指定的命令,或者执行以下几个进程之一:

execve("/sbin/init",argv_init,envp_init);
execve("/etc/init",argv_init,envp_init);
execve("/bin/init",argv_init,envp_init);
execve("/bin/sh",argv_init,envp_init)。

当所有的初始化工作结束后,会调用 cpu_idle()函数使系统处于闲置(idle)状态并等待用户程序的执行。至此,整个 Linux 内核启动完毕。接下来就进入了第一个用户进程——init 进程的执行。

5.6.2 init 进程介绍及用户程序启动

一旦内核开始运行,它会初始化内部的数据结构,检测硬件,并且激活相应的驱动程序,为应用软件的准备运行环境。期间包含一个重要操作——应用软件的运行环境必须要有一个文件系统,所以内核必须首先装载 root 文件系统。

硬件初始化完成后,内核着手创建第一个进程——init 进程。说是创建,其实也不尽然,该进程其实是整个硬件上电初始化过程的延续,只不过执行到这里,进程的逻辑已经完备,所以就按照进程的创建方式给它进行了"规格化"——我们把这个初始进程也叫做"硬件进程",它会占据进程描述符表的第一个位置,所以可以用 task[0]或 INIT _TASK 表示。然后该进程会再创建一个新进程去执行 init()函数,其实,这个新进程才是系统第一个实际有用的进程,它会接着执行下一个阶段的初始化操作;而初始进程

INIT_TASK 则会开始执行 idle 循环。也就是说，内核初始化完成之后，初始进程唯一的任务就是在没有任何其他进程需要执行的时候，消耗空闲的 CPU 时间（因此初始进程也被称为 idle 进程）。

init 进程是由内核启动的第一个也是惟一的一个用户进程，它根据配置文件决定启动哪些程序，比如执行某些脚本，启动 shell，运行用户指定的程序等。init 进程是后续所有进程的发起者，比如 init 进程启动/bin/sh 程序后，才能够在控制台上输入各种命令。

init 是 Linux 系统操作中不可缺少的程序之一。它是由内核启动的用户级进程。内核自行启动（已经被载入内存，开始运行，并已初始化所有的设备驱动程序和数据结构等）之后，就通过启动一个用户级程序 init 的方式，完成引导进程。所以 init 始终是第一个进程（其进程编号始终为 1）。内核会在过去曾用过 init 的地方查找它，它的正确位置（对 Linux 系统来说）是/sbin/init。如果内核找不到 init，它就会试着运行/bin/sh，如果运行失败，系统的启动也会失败。

上面讲述的 init 进程其作用不过是/sbin/init 这个程序的功能。在嵌入式领域，通常使用 Busybox 集成的 init 程序嵌入式根目录下的 bin，sbin 和 usr 目录以及 linuxc 通常就是 Busybox。

1. 内核 init 进程的启动过程

init process 的运行完全受其配置文件/etc/inittab 的控制，init 程序需要读取/etc/inittab 文件作为其行为指针，inittab 是以行为单位的描述性（非执行性）文本，每一个指令行都具有以下格式：id:runlevel:action:process，其中 id 为入口标识符，runlevel 为运行级别，action 为动作代号，process 为具体的执行程序。

这里分析一下/etc/inittab 配置文件：

```
[wzhou@dcmp10 ~]$ cat /etc/inittab
id:5:initdefault:
//这一行表示系统启动后将运行在 run level 5，即 X Window 的 Full multiuser mode
# System initialization.
si::sysinit:/etc/rc.d/rc.sysinit
//sysinit 表示这是用户态系统启动，不管任何运行级别（run level）都要执行脚本/etc/rc.d/rc.sysinit
l0:0:wait:/etc/rc.d/rc 0
//如果系统的 run level 是 0，则运行/etc/rc.d/rc 脚本，参数为 0
l1:1:wait:/etc/rc.d/rc 1
//如果系统的 run level 是 1，则运行/etc/rc.d/rc 脚本，参数为 1
l2:2:wait:/etc/rc.d/rc 2
//如果系统的 run level 是 2，则运行/etc/rc.d/rc 脚本，参数为 2
l3:3:wait:/etc/rc.d/rc 3
//如果系统的 run level 是 3，则运行/etc/rc.d/rc 脚本，参数为 3
l4:4:wait:/etc/rc.d/rc 4
```

//如果系统的 run level 是 4,则运行/etc/rc.d/rc 脚本,参数为 4
l5:5:wait:/etc/rc.d/rc 5
//如果系统的 run level 是 5,则运行/etc/rc.d/rc 脚本,参数为 5
l6:6:wait:/etc/rc.d/rc 6
//如果系统的 run level 是 6,则运行/etc/rc.d/rc 脚本,参数为 6
ca::ctrlaltdel:/sbin/shutdown -t3 -r now
//表示无论在什么 runlevel,如果 root 用户同时按 Ctrl+Alt+Del 三键则执行 shutdown -t3 -r now 指令,让系统重启。
pf::powerfail:/sbin/shutdown -f -h +2 "Power Failure; System Shutting Down"
//表示无论在什么运行级别,如果发生"power failure"事件,则让系统两分钟后重启。
pr:12345:powerokwait:/sbin/shutdown -c "Power Restored; Shutdown Cancelled"
//在运行级别为 1,2,3,4,5 的情况下,如果发生"powerokwait"事件,则取消发出的关机指令。
1:2345:respawn:/sbin/mingetty tty1
2:2345:respawn:/sbin/mingetty tty2
3:2345:respawn:/sbin/mingetty tty3
4:2345:respawn:/sbin/mingetty tty4
5:2345:respawn:/sbin/mingetty tty5
6:2345:respawn:/sbin/mingetty tty6
//上面 6 行指示 init process 在 runlevel 是 2,3,4,5 的情况下,运行脚本/sbin/mingetty,并接受不同的参数。这里的功能是在从 tty1 到 tty6 的终端上启动字符登录界面。
x:5:respawn:/etc/X11/prefdm -nodaemon
//如果 runlevel 是 5,则启动 X Window,进入 GUI 界面。

内核启动的最后一步就是启动 init 进程,在经过上述 rest_init 程序调用后进入函数 kernel_init(),代码在 init/main.c 文件中:

```
846     static int __init kernel_init(void * unused)
847     {
848             lock_kernel();
849             /*
850              * init can run on any cpu.
851              */
852             set_cpus_allowed_ptr(current, cpu_all_mask);
853             /*
854              * Tell the world that we're going to be the grim
855              * reaper of innocent orphaned children.
856              *
857              * We don't want people to have to make incorrect
858              * assumptions about where in the task array this
859              * can be found.
860              */
861             init_pid_ns.child_reaper = current;
```

```
862
863            cad_pid = task_pid(current);
864
865            smp_prepare_cpus(setup_max_cpus);

893
894            init_post();
895            return 0;
896    }
```

由以上程序可见,在 kernel_init()函数完成各项初始化工作之后,最后会调用 init_post():

```
802    static noinline int init_post(void)
803        __releases(kernel_lock)
804    {
805            /* need to finish all async __init code before freeing the memory */
806            async_synchronize_full();
807            free_initmem();
808            unlock_kernel();
809            mark_rodata_ro();
810            system_state = SYSTEM_RUNNING;
811            numa_default_policy();
812
       //尝试打开/dev/console 设备文件,如果成功,就作为 init 进程标准输入设备
813            if (sys_open((const char __user *)"/dev/console", O_RDWR, 0) < 0)
814                printk(KERN_WARNING "Warning: unable to open an initial console.\n");
815
       //将文件描述符 0 复制给文件描述符 1 和 2,因此标准输出、标准输入和标准错误都对
         应同一个文件设备
816            (void) sys_dup(0);
817            (void) sys_dup(0);
818
819            current->signal->flags |= SIGNAL_UNKILLABLE;
820
       //如果 ramdisk_execute_command 变量指定了要运行的程序,则将其启动
821            if (ramdisk_execute_command) {
822                run_init_process(ramdisk_execute_command);
823                printk(KERN_WARNING "Failed to execute %s\n",
824                    ramdisk_execute_command);
825            }
826
```

```
827                 /*
828                  * We try each of these until one succeeds.
829                  *
830                  * The Bourne shell can be used instead of init if we are
831                  * trying to recover a really broken machine.
832                  */
        //如果 execute_command 变量指定了要运行的程序,则将其启动
833                 if (execute_command) {
834                     run_init_process(execute_command);
835                     printk(KERN_WARNING "Failed to execute %s.  Attempting "
836                                 "defaults...\n", execute_command);
837                 }
        //run_init_process()实际上是通过嵌入汇编以构建一个类似用户态代码一样的 sys
            _execve()调用,其参数就是要执行的可执行文件名,也就是这里 init process 在磁
            盘上的文件。
838                 run_init_process("/sbin/init");
839                 run_init_process("/etc/init");
840                 run_init_process("/bin/init");
841                 run_init_process("/bin/sh");
842
843                 panic("No init found. Try passing init = option to kernel.");
845         }
```

总体来说,内核启动 init 进程的过程分为以下四部分:

① 打开标准输入、标准输出、标准错误设备;

Linux 系统中最先打开的 3 个文件分别为 stdin(标准输入)、stdout(标准输出)和 stderr(标准错误),它们对应的描述符分别为 0、1 和 2。其中,stdin 为输入设备,stdout 和 stderr 为输出设备。

如以上程序所示,813 行是尝试打开/dev/console 设备文件,如果成功则作为 init 进程的标准输入设备,同理,816 和 817 行是将文件描述符 0 复制给文件描述符 1 和 2,因此,这里的标准输入、标准输出和标准错误都对应同一个设备。

② 判断 ramdisk_execute_command 变量是否指定了要运行的程序,如果指定了则启动;

对于 ramdisk_execute_command 变量的取值,如果在命令行参数中指定了"rdinit =? —",则 ramdisk_execute_command 等于这个参数指定的程序;若未指定,/init 程序存在的话,ramdisk_execute_command 的值就等于"/init";/init 程序不存在的话,设定 ramdisk_execute_command 的值为空。从程序中可以看出,如果 ramdisk_execute_command 为空,则 822~824 行的代码就不会执行。

③ 判断 execute_command 变量是否指定了要运行的程序,如果指定了则启动;

同 ramdisk_execute_command 变量类似,它的取值要么通过命令行参数进行设

定,要么为空。如果在命令行参数中设定了"init=? -",则 execute_command 等于这个参数指定的程序,否则为空。

④ 依次执行/sbin/init,/etc/init,/bin/init 和/bin/sh。

首先来看一下 run_init_process()函数的源代码:

```
793 static void run_init_process(char * init_filename)
794 {
795         argv_init[0] = init_filename;
796         kernel_execve(init_filename, argv_init, envp_init);
797 }
```

其中,环境参数 argv_init 和 envp_init 值的设定也是在/init/main.c 中完成的,变量初始化声明如下:

```
187    static char * argv_init[MAX_INIT_ARGS + 2] = { "init", NULL, };
188    char * envp_init[MAX_INIT_ENVS + 2] = { "HOME = /", "TERM = linux", NULL, };
```

这里的 run_init_process 就是通过 execve()来运行 init 程序。这里首先运行/sbin/init,如果失败再运行/etc/init,然后是/bin/init,然后是/bin/sh(也就是说,init 可执行文件放在前面的这 4 个目录都可以),如果都失败,则可以通过在系统启动时添加的启动参数来指定 init,比如 init=/home/wzhou/init。这里是内核初始化结束并开始用户态初始化。

总体上来说,init 的执行通常分成三种:

- 在系统启动阶段   操作系统内核部分初始化阶段的结尾,将运行 init 第一个用户态的程序(它将作为所有用户态进程的共同祖先),它将依据/etc/inittab 配置文件来对系统进行用户态的初始化。
- 在系统运行当中   root 用户可以运行 init 命令把系统切换到不同的运行级别(runlevel)。比如当前运行级别是 3(Console 界面的 Full multiusermode),而 root 想维护系统,它可以运行命令♯init 1,以切换到 Single user mode,即单用户模式,有点像 Windows 下的安全模式。用户启动的 init 命令并不真正运行 runlevel 切换的工作,只是通过 pipe(管道)把命令打包成 request,然后传递给作为 daemon 进程运行的 init。
- 在系统起来以后   init 作为一个 daemon 进程运行,一是监控/etc/inittab 配置文件中的相关命令的执行,二就是通过 pipe(管道)接受 init 命令发来的、切换运行级别的请求并处理。

bootloader 会传给内核 main 函数的 init=/linuxrc 这个参数,于是就会执行:execute_command = "linuxrc",busybox 中_install 目录下的 linuxrc 是 Busybox 的一个软链接,指向/bin/busybox,而/sbin/init 也是/bin/busybox 的符号链接,因此这个 linxrc 基本没有实际的意义,只是一个连接作用。可以重写 linuxrc,添加自己的一些初始化的东西。这样就可以把 Linux 内核中的 init 程序和 Busybox 中的 init 程序结合起来了。

2. Busybox init 进程的启动过程

Busybox 是目标板系统上执行的第一个应用程序,当调用 Busybox 时它会执行 Busybox 自身的 init 进程。

Busybox init 程序对应的代码在 init/init.c 文件中。其对应的流程图如图 5-4 所示:

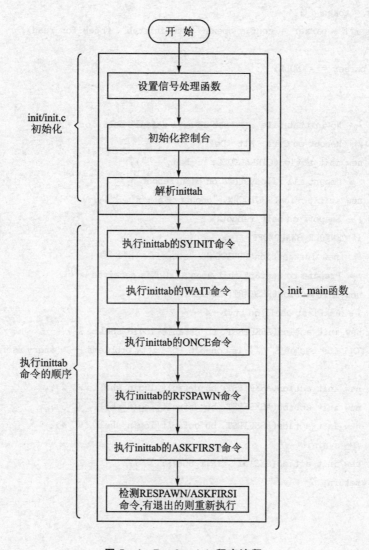

图 5-4 Busybox init 程序流程

其中与构建根文件系统关系密切的是控制台的初始化,以及对 inittab 文件的解释及执行。从图 5-4 可以看出,Busybox init 启动的第一个函数是 int init_main(int argc UNUSED_PARAM, char * * argv),在这里可以设置信号的处理函数,初始化控制台,并解析 inittab 中内容。

在 init_main()函数中会调用 parse_inittab(void)函数,当/etc/inittab 没有配置时,parse_inittab(void)函数可以使用一些默认的配置:

```c
static void parse_inittab(void)
{
#if ENABLE_FEATURE_USE_INITTAB
    char *token[4];
    parser_t *parser = config_open2("/etc/inittab", fopen_for_read);

    if (parser == NULL)
#endif
    {
        /* No inittab file -- set up some default behavior */
        /* Reboot on Ctrl-Alt-Del */
        new_init_action(CTRLALTDEL, "reboot", "");
        /* Umount all filesystems on halt/reboot */
        new_init_action(SHUTDOWN, "umount -a -r", "");
        /* Swapoff on halt/reboot */
        if (ENABLE_SWAPONOFF)
            new_init_action(SHUTDOWN, "swapoff -a", "");
        /* Prepare to restart init when a QUIT is received */
        new_init_action(RESTART, "init", "");
        /* Askfirst shell on tty1-4 */
        new_init_action(ASKFIRST, bb_default_login_shell, "");
//TODO: VC_1 instead of ""? "" is console -> ctty problems -> angry users

        new_init_action(ASKFIRST, bb_default_login_shell, VC_2);
        new_init_action(ASKFIRST, bb_default_login_shell, VC_3);
        new_init_action(ASKFIRST, bb_default_login_shell, VC_4);
        /* sysinit */
        new_init_action(SYSINIT, INIT_SCRIPT, "");
        return;
    }
    ...
}
```

其中,默认配置中最重要的是 new_init_action(SYSINIT,INIT_SCRIPT,""),它决定了接下去初始化的脚本是 INIT_SCRIPT 所定义的值。以下是该这个宏的默认值是/etc/init.d/rcS。

```
#define INITTAB "/etc/inittab"        /* inittab file location */
#ifndef INIT_SCRIPT
#define INIT_SCRIPT "/etc/init.d/rcS"  /* Default sysinit script. */
#endif
```

(1) 文件系统中/etc/init.d/rcS 的内容分析

以下是 rcS 文件中的内容,它会在 inittab 中使用,通常是在 inittab 后启动 rcS:

```
#!/bin/sh
PATH = /sbin:/bin:/usr/sbin:/usr/bin
runlevel = S
prevlevel = N
umask 022
export PATH runlevel prevlevel    //上几句为启动环境而设置必要的环境变量
echo "----------------------munt all----------------------"
mount -a   //加载文件/etc/fstab 中的选项
//下一句是设置内核的 hotplug handler 为 mdev,即当设备为热插拔时,由 mdev 接收来自内核
的消息并作出相应的回应,比如挂载 U 盘
echo /sbin/mdev>/proc/sys/kernel/hotplug
mdev -s    //在/dev 目录下建立必要的设备节点
echo "***** YAFFS2 ROOTFILE SYSTEM *****"
echo "Kernel version:linux-2.6.30.4"
echo "Date:2011/06/05"
/bin/hostname -F /etc/sysconfig/HOSTNAME    //设置主机的名字
```

(2) init 程序对/etc/intitab 文件的读取

init 程序需要读取/etc/inittab 文件作为其行为指针,inittab 是以行为单位的描述性(非执行性)文本,每一个指令行的格式为:id:runlevel:action:process,其中:id 为入口标识符,runlevel 为运行级别,action 为动作代号,process 为具体的执行程序。

id 一般要求 4 个字符以内,对于 getty 或其他 login 程序项,要求 id 与 tty 的编号相同,否则 getty 程序将不能正常工作。

runlevel 是 init 所处的运行级别的标识,一般使用 0～6 以及 S 或 s。0,1,6 运行级别被系统保留,0 作为 shutdown 动作,1 作为重启至单用户模式,6 为重启;S 和 s 意义相同,表示单用户模式,且无需 inittab 文件,因此不在 inittab 中出现。实际上进入单用户模式时,init 直接在控制台(/dev/console)上运行/sbin/sulogin。在一般的系统实现中都使用了 2,3,4,5 几个级别,在 Redhat 系统中,2 表示无 NFS 支持的多用户模式,3 表示完全多用户模式(也是最常用的级别),4 保留给用户自定义,5 表示 XDM 图形登录方式。7～9 级别也是可以使用的,传统的 Unix 系统没有定义这几个级别。runlevel 可以是并列的多个值,以匹配多个运行级别,对大多数 action 来说,仅当 runlevel 与当前运行级别匹配成功才会执行。

initdefault 是一个特殊的 action 值,用于标识默认的启动级别;当 init 由核心激活

以后,它将读取 inittab 中的 initdefault 项,取得其中的 runlevel,并作为当前的运行级别。如果没有 inittab 文件或者其中没有 initdefault 项,init 将在控制台上请求输入 runlevel。

sysinit、boot、bootwait 等 action 将在系统启动时无条件运行而忽略其中的 runlevel,其余的 action(不含 initdefault)都与某个 runlevel 相关。各个 action 的定义在 inittab 的 man 手册中有详细的描述。

在 Redhat 系统中,一般情况下 inittab 都会包括如下几项:

```
id:3:initdefault:
//表示当前默认运行级别为 3——完全多任务模式
si::sysinit:/etc/rc.d/rc.sysinit
//启动时自动执行/etc/rc.d/rc.sysinit 脚本
l3:3:wait:/etc/rc.d/rc 3
//当运行级别为 3 时,以 3 为参数运行/etc/rc.d/rc 脚本,init 将等待其返回
0:12345:respawn:/sbin/mingetty tty0
//在 1~5 各个级别上以 tty0 为参数执行/sbin/mingetty 程序,打开 tty0 终端用于用户登录,如果进程退出则再次运行 mingetty 程序
x:5:respawn:/usr/bin/X11/xdm  - nodaemon
//在 5 级别上运行 xdm 程序,提供 xdm 图形方式登录界面,并在退出时重新执行
```

下面是 inittab 文件的分析:如果存在/etc/inittab 文件,Busybox init 程序解析它,然后按照它的指示运行各种子进程,否则使用默认的配置创建子进程:

```
# etc/inittab
::sysinit:/etc/init.d/rcS        //作为系统初始化文件
s3c2410_serial0::askfirst:-/bin/sh  在串口启动一个登录会话
::ctrlaltdel:/sbin/reboot    //作为 init 重启执行程序
::shutdown:/bin/umount -a  -r   //告诉 init 在关机时运行 umount 命令以卸载所有的文件系统,如果卸载失败,试图以只读方式重新挂载
```

/etc/inittab 文件中每个条目用来定义一个子进程,并确定它的启动方法,格式如下:

<id>:<runlevels>:<action>:<process>

在/etc/inittab/文件的控制下,init 进程的行为总结如下:

• 在系统启动前期,init 进程首先启动 action 为 sysinit wait once 的 3 类子进程。

• 在系统正常运行期间,init 程序首先启动,action 为 respawn askfirst 的两类进程,并监视它们,发现某个子进程退出时重新启动它。

• 在系统退出时,执行 action 为 shutdown restart ctrlaltdel 的 3 类子进程之一或全部。

如果根文件系统中没有/etc/initab 文件,Busybox init 程序将使用如下默认的 inittab 条目。/etc/inittab 文件中 action 字段的意义如表 5-8 所列。

表 5-8　Action 字段的意义

Action	描述
Sysinit	为 init 提供初始化命令行的路径
Wait	init 进程等待它结束才继续执行其他动作
Once	只执行一次，并且 init 进程不等待它结束
Respawn	init 进程监测发现子进程退出时，重新启动它
Askfirst	与 respawn 类似，不过 init 进程先输出"Please press Enter to actvie this console"，等用户输入"回车"键之后才启动子进程，它主要用来减少系统上执行的终端应用程序的数量
Shutdown	系统关机时执行相应的进程
Restart	先重新读取，解析 /etc/initab 文件，再执行 restart 程序
Ctrlatldel	按下 Ctrl+Alt+del 组合键时重新启动系统

（3）etc/fstab 文件

下面是 etc/fstab 文件内容，表示执行完 mount -a 命令后将挂载 proc tmpfs 等系统：

#device	mount-point	type	option	dump	fsck order
proc	/proc	proc	defaults	0	0
none	/tmp	ramfs	defaults	0	0
sysfs	/sys	sysfs	defaults	0	0
mdev	/dev	ramfs	defaults	0	0

（4）/etc/profile 文件

这个文件是 sh 用的，当用户获得一个 shell 后，sh 就会根据这个文件配置用户的登录环境，下面是 profile 文件：

```
#Ash profile
#vim:syntax = sh
#No core file by defaults
#ulimit -S -c 0>/dev/null 2>&1
USER = "id -un"
LOGNAME = $USER
PS1 = '[\u@\h = W]#'
PATH = $PATH
HOSTNAME = '/bin/hostname'
export USER LOGNAME PS1 PATH
```

其中 PATH 环境变量指定当用户键入一个命令时 sh 寻找这个命令的路径。PS1 指定 sh 提示符的格式。其他的 export 命令和 alias 命令与 Busybox 里面的 ash 和

bash 非常相似,这样 Busybox 所需的基本的配置文件就完成了。这也是 Busybox 最基本的文件,当然还可以配置更多的文件,增强 Busybox 的功能。

5.7 构建根文件系统

在上述的几节中介绍了根文件系统的基础知识以及其目录结构,下面就详细介绍创建根文件系统的过程。

在根文件系统构建的目录/usr/local/filesys/root-2.6 下,创建目录:bin、sbin、dev、etc、home、root、usr、var、proc、mnt、tmp、sys,需要在终端进行如下操作:

```
[root@localhost root-2.6]# makedir dev etc home root var proc mnt tmp opt sys
```

由于根文件系统目录/usr/local/filesys/root-2.6 下只有 glibc 安装库的文件(在 glibc 库安装时已经将其复制到此目录的 lib 库文件夹中了)。下面进行其他目录的创建。

首先,将 Busybox 编译和安装过程中产生的/usr/local/filesys/busybox-1.16.0/_install 目录下的文件全部复制至根文件系统目录下,其具体操作如下:

```
[root@localhost root-2.6]# ls /usr/local/filesys/busybox-1.16.0/_install/
    bin linuxrc sbin usr
    //此处即是用 busybox 编译安装生成的命令文件目录和/usr 目录
[root@localhost root-2.6]# cp /usr/local/filesys/busybox-1.16.0/_install/* ./
```

现在开始构建文件系统,有如下 3 大步骤。

1. 建立/dev 目录

进入/usr/local/filesys/root-2.6/dev 目录下,创建两个设备文件:

```
[root@localhost root-2.6]# cd dev
[root@localhost dev]# mknod console c 5 1
[root@localhost dev]# mknod null c 1 3
```

这里要注意,从 Linux-2.6.18 开始,负责旧版本的设备管理系统 devfs 已经被废除了,但是新版本的 udev 是一个基于用户空间的设备管理系统。在内核启动时不能自动创建设备节点,需要手动创建 console 和 null 两个启动过程必须的设备节点。因此将采用 busybox 中内置的 mdev,它是一个简化的 udev 版本。

其他设备文件可以在系统启动后使用 cat /proc/devices 命令查看内核中注册了哪些设备,然后依次创建相应的设备文件。

2. 建立/etc 目录

在/usr/local/filesys/root-2.6/etc 目录下存放各种配置文件,这些文件都是可选的,它们依赖于系统中所拥有的应用程序,依赖于这些程序是否需要配置文件。init 进程根据/etc/inittab 文件来完成其他子进程的创建,例如挂接其他文件系统和启动 shell 等。

进入/usr/local/filesys/root-2.6/etc 目录下,创建各种配置文件并向里面添加内容,没有列出的就不用添加。

在系统用户组创建用户组配置文件 group：

```
root:*:0:
daemon:*:1:
bin:*:2:
sys:*:3:
adm:*:4:
tty:*:5:
disk:*:6:
lp:*:7:lp
mail:*:8:
news:*:9:
uucp:*:10:
proxy:*:13:
kmem:*:15:
dialout:*:20:
fax:*:21:
voice:*:22:
cdrom:*:24:
floppy:*:25:
tape:*:26:
sudo:*:27:
audio:*:29:
ppp:x:99:
500:x:500:plg
501:x:501:fa
```

创建系统 init 进程配置文件 inittab(也可以参考 Busybox 的 examples/inittab 文件),添加内容如下：

```
# /etc/inittab
::sysinit:/etc/init.d/rcS
console::askfirst:-/bin/sh
::ctrlaltdel:/sbin/reboot
::shutdown:/bin/umount -a -r
```

上述语句完成 init 进程的配置工作,结合前面所介绍 inittab 文件的语法对其分析如下：

- ::sysinit:/etc/init.d/rcS 指定了系统的启动脚本为/etc/init.d/rcS。

- console::askfirst:-/bin/sh 指定打开一个 shell,并且以 console 作为控制台。
- ::ctrlaltdel:/sbin/reboot 指定当按下 Ctrl+Alt+Del 时重新启动系统。
- ::shutdown:/bin/umount -a -r 是指定关机时执行的操作为 shutdown -a -r。

创建系统密码管理文件 passwd,其内容如下:

```
root::0:0:root:/:/bin/sh
ftp::14:50:FTP User:/var/ftp:
bin:*:1:1:bin:/bin:
daemon:*:2:2:daemon:/sbin:
nobody:*:99:99:Nobody:/:
```

添加 rc.d/init.d/httpd 文件,其内容如下:

```
#! /bin/sh
base = boa
# See how we were called.
case "$1" in
  start)
        /usr/sbin/$base
        ;;
  stop)
        pid =`/bin/pidof $base`
        if [ -n "$pid" ]; then
            kill -9 $pid
        fi
        ;;
esac
exit 0
```

添加主机名称文件 sysconfig/HOSTNAME,其内容如下:

```
SMDK2440
```

添加文件系统挂载列表 fstab,其内容如下:

```
# device  mount-point  type   option    dump  fsck order
proc      /proc        proc   defaults  0     0
none      /tmp         ramfs  defaults  0     0
sysfs     /sys         sysfs  defaults  0     0
mdev      /dev         ramfs  defaults  0     0
```

fstab 文件描述系统中各种文件系统的信息,应用程序读取这个文件,然后根据其内容进行自动挂载的工作。

该文件中各字段的说明如下:
- device 欲安装文件系统的设备。

- mount-point 挂接点，用以描述安装的目录。
- type 文件系统的类型。
- options 挂接参数，用以描述安装时的安装方式。
- dump 是 dump 程序对该文件系统处理时的标志位。
- fsck order 与 dump 相似，用于再启动 fsck 程序对文件系统进行检查时的标志位。

其中，dump 程序用来备份文件，fsck 程序用来检查磁盘。dump 程序根据 dump 字段的值来决定这个文件系统是否需要备份，如果没有这个字段或者字段的值为 0，则 dump 程序忽略这个文件系统。fsck 程序根据 fsck order 字段来决定磁盘的检查顺序，如果设为 0，则 fsck 程序忽略这个文件系统。

添加系统启动加载项 init.d/rcS：

```
#！/bin/sh
PATH=/sbin:/bin:/usr/sbin:/usr/bin
runlevel=S
prevlevel=N
umask 022
export PATH runlevel prevlevel
echo "--------------mount all---------------"
mount a
echo /sbin/mdev>/proc/sys/kernel/hotplug
mdev  s
echo "* * * * *YAFFS2 ROOTFILE SYSTEM* * * * *"
echo "Kernel version:linux-2.6.30.4"
echo "Date:2011/06/05"
/bin/hostname -F /etc/sysconfig/HOSTNAME
```

对以上 rcS 内容的分析如下：

- export PATH runlevel prevlevel 此句以及前几句表示为启动环境设置必要的环境变量。
- /bin/mount-t proc none /proc 挂载目录/proc。
- echo"--------------------mount all---------------------" 打印启动信息。
- mount -a 挂载所有的目录。
- echo /sbin/mdev>/proc/sys/kernel/hotplug 设置内核的 hotplug handler 为 mdev，即当设备热插拔时由 mdev 接收来自内核的消息并作出相应的回应，比如挂载 U 盘。
- mdev -s 以'-s'为参数调用位于/sbin 目录下的 mdev（其实是个链接，作用是传递参数给/bin 目录下的 busybox 程序并调用它），mdev 扫描/sys/class 和/sys/block 中所有的类设备目录，如果在目录中含有名为"dev"的文件，且文件中包含的是设备号，则 mdev 就利用这些信息为这个设备在/dev 下创建设备节点文件。
- echo"*****YAFFS2 ROOTFILE SYSTEM*****" 打印启动信息,其后面两句功能相同。
- /bin/hostname -F/etc/sysconfig/HOSTNAME 设置主机的名字。

创建用户环境配置文件 profile:

```
# Ash profile
# vim: syntax=sh
# No core files by default
#ulimit -S -c 0 > /dev/null 2>&1
USER="`id -un`"
LOGNAME=$USER
PS1='[\u@\h \W]\# '
PATH=$PATH:/usr/local/bin
LD_LIBRARY_PATH=$LD_LIBRARY_PATH:/usr/local/lib
HOSTNAME=~/bin/hostname
export USER LOGNAME PS1 PATH LD_LIBRARY_PATH
```

其中:PATH 环境变量用于指定命令的路径,PS1 指定 sh 提示符的格式,其他命令和 export 命令主要用于完成环境变量的设置。

创建 DNS 配置文件 resolv.conf:

```
nameserver 61.144.56.100
```

另外,在/etc 目录下创建如下目录:
- mime.types   暂时为空。
- boa/boa.conf   boa WEB 服务器配置文件,暂时为空。
- mdev.conf   mdev 设备配置文件,暂时为空。
- net.conf   网络配置文件,暂时为空。

3. 建立/home 目录

在/home 目录下创建一个 mry 目录,与 etc 目录 passwd 文件中的 mry 相对应,内容为空。

最后,使用 YAFFS 制作工具编译构建好文件系统。如果没有安装 mkyaffs2image 软件包,可以到官网下载 mkyaffs2image.tgz,解压并安装。

```
[root@localhost root-2.6]# cd /usr/local/filesys
[root@localhost filesys]# cp /mnt/hgfs/share/mkyaffs2image.tgz ./
[root@localhost filesys]# tar -zxvf /mnt/hgfs/share/mkyaffs2image.tgz -C /
//按照默认路径安装 mkyaffs2image,这样它会被安装至主机目录/usr/sbin
[root@localhost filesys]# mkyaffs2image root-2.6 root-2.6.bin
```

这样,就在当前目录中编译生成了根文件系统的镜像文件 root-2.6.bin,将其下载到开发板上进行测试。其使用情况如图 5-5 所示：

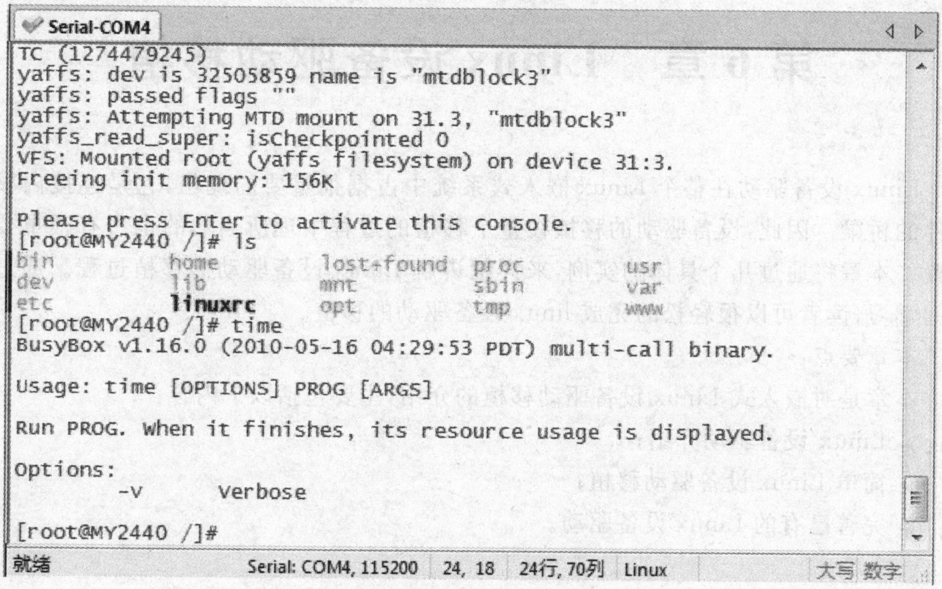

```
Serial-COM4
TC (1274479245)
yaffs: dev is 32505859 name is "mtdblock3"
yaffs: passed flags ""
yaffs: Attempting MTD mount on 31.3, "mtdblock3"
yaffs_read_super: isCheckpointed 0
VFS: Mounted root (yaffs filesystem) on device 31:3.
Freeing init memory: 156K

Please press Enter to activate this console.
[root@MY2440 /]# ls
bin         home         lost+found    proc        usr
dev         lib          mnt           sbin        var
etc         linuxrc      opt           tmp         www
[root@MY2440 /]# time
BusyBox v1.16.0 (2010-05-16 04:29:53 PDT) multi-call binary.

Usage: time [OPTIONS] PROG [ARGS]

Run PROG. When it finishes, its resource usage is displayed.

Options:
        -v          Verbose

[root@MY2440 /]#
```
就绪   Serial: COM4, 115200   24, 18   24行, 70列   Linux   大写 数字

图 5-5　根文件系统测试

本章小结

本章主要介绍了嵌入式 Linux 根文件系统的组成和构建等。总体来说，可以分为四个部分：文件系统简介，Busybox 的移植以及 glibc 库的安装，Linux 系统的引导过程，构建根文件系统。Linux 文件系统发展很快，不断会有新的安装源码在官网上更新，但其总体原理以及全局设计观念是不会变化的，因此，读者不需要一昧地去追寻新版本，关键是要掌握其方法，特别要了解各种文件系统的特点以及其应用场合。

第 6 章 Linux 设备驱动移植

　　Linux 设备驱动在整个 Linux 嵌入式系统中占据很重要的地位,它是连接内核和硬件的桥梁。因此,设备驱动的移植在整个移植的过程中理所当然的也占有很重要的位置。本章将通过几个具体的实例,来详细讲解 Linux 设备驱动的移植过程。通过本章的学习,读者可以很轻松的完成 linux 设备驱动的移植。

　本章要点：
　本章是对嵌入式 Linux 设备驱动移植的介绍,主要包括以下内容：
　➢ Linux 设备驱动介绍；
　➢ 简单 Linux 设备驱动移植；
　➢ 完善已有的 Linux 设备驱动。

6.1 Linux 设备驱动移植概述

6.1.1 Linux 设备驱动程序的介绍

　　在开始具体的驱动程序的移植之前,先来简单学习一下基础理论。
　　设备驱动程序是一种可以使计算机与设备通信的特殊程序,可以说相当于硬件的接口,操作系统只有通过这个接口,才能控制硬件设备的工作,假如某设备的驱动程序未能正确安装,便不能正常工作。因此,驱动程序被誉为"硬件的灵魂"、"硬件的主宰"、和"硬件和系统之间的桥梁"等。
　　通俗地说,设备驱动程序就是驱动硬件进行工作的程序,其直接和硬件打交道,上层应用程序只是调用驱动程序来使用硬件。所以对于普通用户来说,完全不必要知道硬件的工作原理,只要安装上相应的驱动程序,就可以驱动硬件工作,相当于将硬件的操作细节进行了屏蔽,操作系统直接调用该接口。
　　明白了驱动程序的作用,也就明白了 Linux 设备驱动移植的重要性,没有驱动程序的支持,移植过去的上层应用程序是完全没有意义的。比如,将一个 Mp3 播放器的程序移植到了相应的硬件平台上,但是硬件平台却没有声卡的驱动,即喇叭不能发出声音,那所做的工作也就没有意义了。通过下面的一个系统架构图(如图 6-1 所示),可以更加清晰地理解驱动程序的作用。

图 6-1 系统结构图

6.1.2 Linux 设备驱动的分类

有了设备驱动的基本认识,下面来看看它的一些具体内容。
一般情况下,Linux 的外设可以分为以下 3 类:
- 字符设备(character device):如键盘、鼠标、串口等;
- 块设备(block device):如硬盘、Flash 等;
- 网络接口(network interface):如以太网等。

1. 字符设备

字符设备是指在 I/O 传输过程中以字符为单位进行传输的设备,例如键盘、打印机等。就是说它的读写都是以字节为单位的。比如串口在收发数据时,是一个字节一个字节进行的;键盘在输入按键时也是一个键值一个键值传递的。在 Linux 系统中,字符设备的驱动程序实现了 open,close,read 和 write 等系统调用,可以使用与普通文件相同的文件操作命令对字符设备文件进行操作。字符设备是最基本、最常用的设备。概括地说,字符设备的驱动主要完成以下三件事:
- 定义一个结构体 static struct file_operations 变量,其内定义一些设备的 open、close、read、write 等控制函数;
- 在结构体外分别实现结构体中定义的这些函数;
- 向内核中注册或删除驱动模块。

2. 块设备

块设备是与字符设备并列的概念,这两类设备在 Linux 中的驱动有较大差异。总体而言,块设备驱动比字符设备驱动要复杂得多,在 I/O 操作上表现出极大的不同,缓冲、I/O 调度、请求队列等都是与块设备驱动相关的概念。在块设备上,数据以块的形式存放,比如 Nand Flash 上的数据就是以页为单位存放的。块设备驱动程序向用户层提供的接口与字符设备一样,应用程序也可以通过相应的设备文件(比如/dev/mtdblock0 和/dev/hda1 等)来调用 open,close,read,write 等,实现与块设备传送任意字节数据。即是说,对用户而言,字符设备和块设备的访问方式没有差别。块设备驱动程序的特别之处在于:
- 操作硬件的接口实现方式不一样 块设备驱动程序先将用户发来的数据组织成块,再写入设备;或者从设备中读出若干块数据,从中挑选出用户所需要的。这与字符设备的以一个字节一个字节传送的方式不同。
- 数据块上的数据可以有一定的格式 通常在块设备中按照一定的格式存放数据,不同文件系统类型就是用来定义这些格式的。内核中,文件系统的层次位于块设备驱动程序的上面,这意味着块设备驱动程序除了向用户提供与字符设备一样的接口之外,还要向内核的其他部件提供一些接口,这些接口对于用户而言是不可见的,使得块设备可以存放文件系统,挂接(mount)块设备。

3. 网络接口

网络接口是区别于字符设备和块设备的第三大标准类设备,与前两种设备不同,因为 Unix 世界里"一切皆是文件"的论述对于它来说并不适用。例如,块设备可以在系统文件树的/dev 目录下找到特定的文件入口标志,而网络设备则没有这种文件操作入口。Unix 式的操作系统访问网络接口的方法是给它们分配一个唯一的名字(比如 eth0),而这个名字在文件系统中(比如刚刚提到的/dev 目录下)不存在对应的节点项。网络接口同时具有字符设备、块设备的部分特点,但是都有不同。相比于字符设备,它的输入/输出是有结构的、成块的(报文、包、帧)。相比于块设备,它的"块"又不是固定大小的,可以大到数百甚至数千字节,又可以小到几个字节。由于网络接口并不是以文件的方式存在,这就导致应用程序、内核和网络驱动程序间的通信完全不同于字符设备和块设备,内核提供了一套 push 等操作来完成数据包的转换与递送,而不是 open,read 和 write 等。

6.1.3 Linux 设备驱动移植步骤

本节来介绍一下本章的重点——Linux 设备驱动的移植。其实,Linux 设备驱动的移植就是将写好的驱动程序添加到相应的内核中去。这里说的相应的内核而不是所有的内核,其原因是不同的内核它的目录树的结构是不同,即其中有些头文件的位置是不同的。甚至,其中的一些函数也不相同。所以在移植驱动程序的时候一定要注意驱动程序开发所参照的内核版本和所移植的版本要相同。

设备驱动程序移植有如下 4 个步骤:

(1) 准备内核源码

准备要移植到的操作系统平台的源码,因为无论将驱动程序编译成模块还是将驱动程序添加到内核中编译内核,都需要该平台的内核源码包。

(2) 准备驱动程序源码

该源码可以是自己写的驱动程序,也可以是别人写好的驱动程序,但前提是该驱动和所要移植的内核版本符合。

(3) 编译驱动程序到内核

编译驱动程序可以分为两种形式:

① 将准备好的驱动程序代码放到内核相应的目录下,并通过修改 Makefile 和 Kconfig 文件将其添加到内核目录树中,然后通过 make menuconfig 配置该选项。

② 使用准备好的内核源码将驱动程序编译成内核模块,将编译好的模块移植到相应的操作系统平台上,加载模块。

(4) 测试驱动程序

编写简单的测试程序,测试所添加的驱动程序,查看其是否可用。

6.2 简单 Linux 设备驱动的移植实例

上面已经简单介绍了设备驱动程序的相关知识以及 Linux 设备驱动移植的简单步骤，下面具体学习移植的过程，以及在移植过程中应该注意的问题。

6.2.1 Hello World 驱动的移植

提到"Hello World"，很多人就会感到很亲切，因为很多人在接触一门新的编程语言的时候，第一个学习的例子基本都是"Hello World"。我们也从它开始。下面就是具体的移植过程。

1. 准备内核源码

所谓的准备内核源码就是确定目标平台。只有确定了目标平台，才能根据该平台准备与之相符合的驱动程序。反之，移植完成后可能该驱动无法正常工作。本章所使用的内核版本是 linux-2.6.30.4。同前面内核的移植版本相同，如果是按前面章节步骤做到这的，那么该步骤可以省略。如果不是，那么就要准备一个已经配置好的可用的内核源码。

2. 准备驱动程序

对于简单 Linux 设备驱动的移植，驱动程序都是根据开发板的硬件，自己写的小的驱动程序，然后完成它的移植过程。先来看一下"Hello World"的驱动程序 hello.c：

```
 1 #include <linux/init.h>
 2 #include <linux/module.h>
 3
 4 static int __init hello_init(void)
 5 {
 6     printk("Hello, My world\n");
 7     printk(KERN_ALERT "This is my first driver.\n")
 8     return 0;
 9 }
10
11 static void __exit hello_exit(void)
12 {
13     printk(KERN_ALERT "Goodbye, My world\n");
14     return 0
15 }
16 MODULE_LICENSE("GPL");
17 MODULE_AUTHOR("LIU");
18
19 module_init(hello_init);
20 module_exit(hello_exit);
```

其实该程序严格来说不能算作是一个驱动程序,这只能算作是一个模块的示例,但并不影响移植的效果。

3. 编译驱动程序到内核

这是移植关键之所在。在上面说到将驱动编译到内核有两种方法,下面就用两种方法来分别实现该驱动的移植。

(1) 将驱动文件放入内核目录树

该种方法直接、容易理解,但是其工作量大且耗费时间,一般在内核移植的时候同时完成驱动的移植,如果在内核已经移植成功的情况下一般不采用此方法。该方法的过程如下:

首先,将准备好的驱动程序 hello.c 复制到内核源码的 drivers/char/目录下[*]:

```
[root@localhost hello]#cp hello.c /opt/linux-2.6.30.4/drivers/char
[root@localhost hello]#cd /opt/linux-2.6.30.4/drivers/char
[root@localhost char]#ls hello.c
```

通过上面的操作发现 hello.c 已经存在于内核源码的 drivers/char 目录下,如图 6-2 所示。

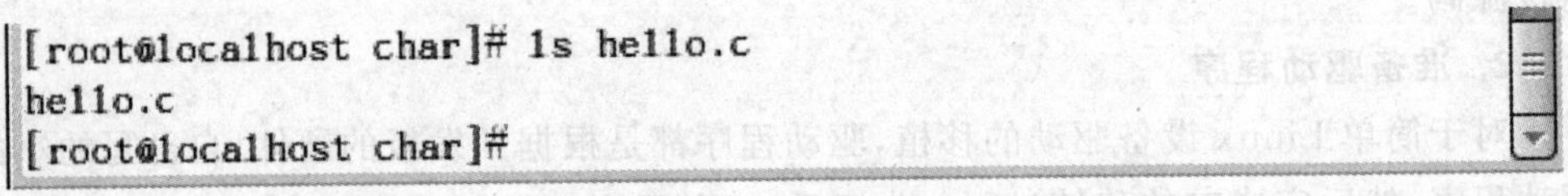

```
[root@localhost char]# ls hello.c
hello.c
[root@localhost char]#
```

图 6-2 查看 hello.c

其次,在内核源码中添加对"Hello World"驱动程序的支持。即修改同目录下的 Kconfig 文件,在其中添加如下代码为:

```
#
# Character device configuration
#

Menu "Character devices"

config My_HELLO
    tristate "My First Dricer Hello"
    depends on ARCH_S3C2440
    help
        My Self Driver Hello for S3C2440
Config VT
    bool "Virtual terminal" if EMBEDDED
```

---

[*] 本书第 6,7 和 8 章灰色背景下加粗的部分用以强调所执行的操作或表示添加的代码。

第 6 章 Linux 设备驱动移植

```
        depends on ! S390
        slelect INPUT
        default  y
        ……
```

修改完 Kconfig 文件,就是将该选项添加到 make menuconfig 所出现的配置菜单中,可以再对其中的驱动进行配置。但是,还并不能够编译此文件。

修改同目录下的 Makefile 文件,在 12 行添加如下内容:

```
 1 #
 2 # Makefile for the kernel character device drivers.
 3 #
 4
 5 #
 6 # This file contains the font map for the default (hardware) font
 7 #
 8 FONTMAPFILE = cp437.uni
 9
10 obj - y         + = mem.o random.o tty_io.o n_tty.o tty_ioctl.o tty_ldisc.o tty_buffer.o tty_port.o
11
12 obj - $(CONFIG_My_HELLO) + = hello.o
13 obj - $(CONFIG_LEGACY_PTYS) + = pty.o
14 obj - $(CONFIG_UNIX98_PTYS) + = pty.o
15 obj - y                    + = misc.o
16 obj - $(CONFIG_VT)         + = vt_ioctl.o vc_screen.o selection.o keyboard.o
```

添加完以后如果完成了该选项的配置,即定义了 CONFIG_LEGACY_PTYS,那么 hello.c 就会被编译。

最后配置内核,添加该驱动程序的支持。

进入内核的主目录下,执行 make menuconfig 命令,进行如下配置:

```
[root@localhost linux - 2.6.30.4]# make menuconfig
```

在弹出的配置对话框中选择 Device Drivers 选项,如图 6-3 所示。

进入 Device Drivers 配置界面后,选择 Character devices 选项,如图 6-4 所示。

进入该选项对应的界面后就会看到所添加驱动程序的选项 My First Driver Hello。可以选择"M"(模块)也可以选择"*"(直接添加到内核),如图 6-5 所示。

如果选择"M",保存并退出后,先使用 make zImage 编译出内核,然后使用命令 #make SUBDIR= drivers/char modules 编译驱动模块,编译出的模块位于 drivers/char 目录下,名为 hello.ko。将该模块文件复制到开发板中(可以使用 U 盘中转,也可以使用 NFS 和 FTP,还可以使用串口)。此处以串口为例进行说明,其操作过程如下:

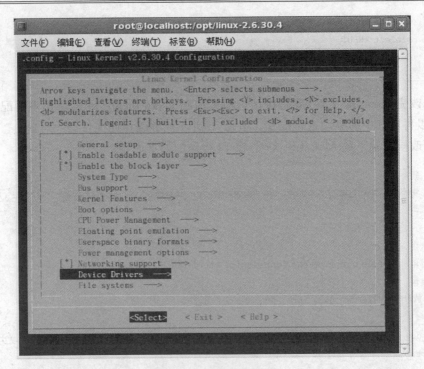

图 6-3 内核配置界面

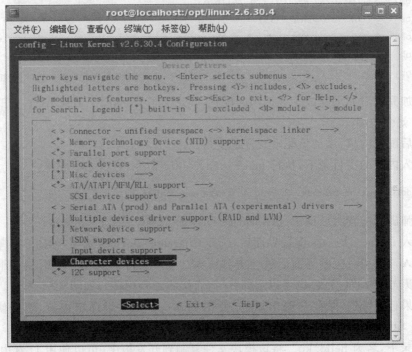

图 6-4 Device Drivers 配置界面

第 6 章 Linux 设备驱动移植

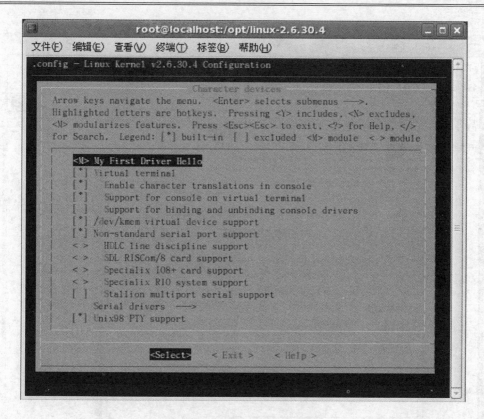

图 6-5 配置自己添加的驱动

① 在开发板控制终端下输入"rz"命令(如果不支持 rz 命令,则可用 NFS 等方式下载),弹出如图 6-6 所示的对话框。

② 选择要传输的文件 hello.ko,添加成功后确定其开始传输,如图 6-7 所示。

(2) 通过内核编译驱动模块

这种方法适用于内核已经移植完成,但在扩展内核功能时,需要添加驱动程序的情况。其具体步骤如下:

首先已经有了编译好的内核源码,在/opt/linux-2.6.30.4 目录下该内核就是要移植的目标平台。

然后进入到驱动程序所在的目录/root/hello,在此目录下编写简单的 Makefile:

```
[root@localhost hello]# cd /root/hello
[root@localhost hello]# vim Makefile
```

Makefile 中的内容如下:

```
obj-m := hello.o
```

然后在该目录终端通过命令将该驱动程序编译生成模块:

图 6-6 rz 下载对话框

```
[root@localhost hello]# make -C /opt/linux-2.6.30.4 M=`pwd` modules
```

编译过程如图 6-8 所示。

编译完成后生成的文件如图 6-9 所示。

可以看到所需要的模块文件"hello.ko",其他的过程与第一种方法相同。

(3) 测试驱动程序

当模块文件下载完成后,可以测试驱动程序。对于该驱动程序的测试过程很简单,只要加载模块和卸载模块过程中有相应信息出现在终端则表示成功,如图 6-10 所示:

第 6 章 Linux 设备驱动移植

图 6-7 添加传输文件

```
make: Entering directory `/opt/linux-2.6.30.4'
  CC [M]  /root/drivers/hello/hello.o
  Building modules, stage 2.
  MODPOST 1 modules
  CC      /root/drivers/hello/hello.mod.o
  LD [M]  /root/drivers/hello/hello.ko
make: Leaving directory `/opt/linux-2.6.30.4'
[root@localhost hello]#
```

图 6-8 编译驱动成模块

```
[root@localhost hello]# ls
hello.c    hello.mod.c  hello.o   Module.markers  Module.symvers
hello.ko   hello.mod.o  Makefile  modules.order
[root@localhost hello]#
```

图 6-9 编译后的文件

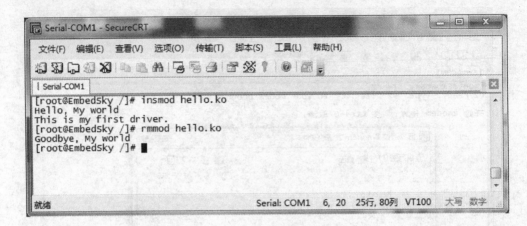

图 6-10 测试结果

6.2.2 LED 驱动的移植

LED 灯是很多设备上都会有的,一般作为一些信号的外部表现,即做指示灯来使用。这里介绍 LED 灯的移植,其实代表的是 GPIO 口控制驱动的移植。这里所用平台是天嵌公司的 TQ2440 开发板,其 LED 灯就是连接在 S3C2440 的 GPIO 接口。下面来学习它的具体移植过程。

(1) 准备内核源码

对于 LED 的移植来说,由于在内核中已经存在了一个 LED 的驱动程序,所以,要先将其去除掉。其源码在 drivers/leds/leds-s3c24xx.c,在 arch/arm/plat-s3c24xx/common-smdk.c 文件中有该驱动的注册信息。通过修改 arch/arm/plat-s3c24xx/common-smdk.c 文件屏蔽掉 LED 的部分信息。删除或屏蔽 49 行～105 行的内容,其修改如下:

```
47 /* LED devices */
48 #if 0                          //从#if 0 处开始屏蔽
49 static struct s3c24xx_led_platdata smdk_pdata_led4 = {
50          .gpio           = S3C2410_GPF4,
51          .flags          = S3C24XX_LEDF_ACTLOW | S3C24XX_LEDF_TRISTATE,
52          .name           = "led4",
53          .def_trigger    = "timer",
54 };
55
56 static struct s3c24xx_led_platdata smdk_pdata_led5 = {
57          .gpio           = S3C2410_GPF5,
58          .flags          = S3C24XX_LEDF_ACTLOW | S3C24XX_LEDF_TRISTATE,
59          .name           = "led5",
```

```c
60              .def_trigger    = "nand-disk",
61 };
62
63 static struct s3c24xx_led_platdata smdk_pdata_led6 = {
64              .gpio           = S3C2410_GPF6,
65              .flags          = S3C24XX_LEDF_ACTLOW | S3C24XX_LEDF_TRISTATE,
66              .name           = "led6",
67 };
68
69 static struct s3c24xx_led_platdata smdk_pdata_led7 = {
70              .gpio           = S3C2410_GPF7,
71              .flags          = S3C24XX_LEDF_ACTLOW | S3C24XX_LEDF_TRISTATE,
72              .name           = "led7",
73 };
74
75 static struct platform_device smdk_led4 = {
76              .name           = "s3c24xx_led",
77              .id             = 0,
78              .dev            = {
79                      .platform_data = &smdk_pdata_led4,
80              },
81 };
82
83 static struct platform_device smdk_led5 = {
84              .name           = "s3c24xx_led",
85              .id             = 1,
86              .dev            = {
87                      .platform_data = &smdk_pdata_led5,
88              },
89 };
90
91 static struct platform_device smdk_led6 = {
92              .name           = "s3c24xx_led",
93              .id             = 2,
94              .dev            = {
95                      .platform_data = &smdk_pdata_led6,
96              },
97 };
98
99 static struct platform_device smdk_led7 = {
100             .name           = "s3c24xx_led",
101             .id             = 3,
```

```
102             .dev            = {
103                 .platform_data = &smdk_pdata_led7,
104             },
105 };
#endif              //与#if 0对应,屏蔽从#if 0开始到此处中间的部分
```

屏蔽 177~180 行的部分,其修改内容如下:

```
175 static struct platform_device __initdata * smdk_devs[] = {
176         &s3c_device_nand,
177 //&smdk_led4,
178 //&smdk_led5,
179 //&smdk_led6,
180 //&smdk_led7,
181 };
```

屏蔽 187~195 行的部分,其修改内容如下:

```
183 void __init smdk_machine_init(void)
184 {
185         /* Configure the LEDs (even if we have no LED support) */
186
187 // s3c2410_gpio_cfgpin(S3C2410_GPF4, S3C2410_GPF4_OUTP);
188 // s3c2410_gpio_cfgpin(S3C2410_GPF5, S3C2410_GPF5_OUTP);
189 // s3c2410_gpio_cfgpin(S3C2410_GPF6, S3C2410_GPF6_OUTP);
190 // s3c2410_gpio_cfgpin(S3C2410_GPF7, S3C2410_GPF7_OUTP);
191
192 // s3c2410_gpio_setpin(S3C2410_GPF4, 1);
193 // s3c2410_gpio_setpin(S3C2410_GPF5, 1);
194 // s3c2410_gpio_setpin(S3C2410_GPF6, 1);
195 // s3c2410_gpio_setpin(S3C2410_GPF7, 1);
196
197         if (machine_is_smdk2443())
198             smdk_nand_info.twrph0 = 50;
199
200         s3c_device_nand.dev.platform_data = &smdk_nand_info;
201
202         platform_add_devices(smdk_devs, ARRAY_SIZE(smdk_devs));
203
204         s3c_pm_init();
205 }
```

到此,内核源码的准备工作也就完成了。

(2) 准备驱动程序

准备好了内核,就要有相应的驱动程序了,对于 LED 驱动程序来说,其编写要根据具体的电路图,先可以简单看一下其电路原理图,如图 6-11 所示。

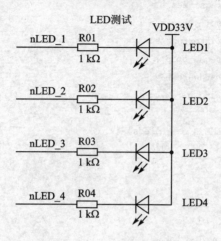

图 6-11 LED 电路原理图

对于 TQ2440 开发板来说,其 4 个 LED 灯分别与 S3C2440 芯片的 GPB5、GPB6、GPB7 和 GPB8 引脚相连。注意:该硬件的连接方式与具体的开发板相关,要查看开发板的电路图来确定其连接方式。另外,从本图可知,当 CPU 的 GPB5 到 GPB8 是低电平时,会形成通路,LED 灯将会被点亮;反之则灯灭。因此,在驱动程序中只要实现对 GPB5 到 GPB8 的电平控制就能实现对灯、灭的控制。其驱动程序 led.c 如下所示:

```
1  # include <linux/kernel.h>
2  # include <linux/module.h>
3  # include <linux/init.h>
4  # include <linux/fs.h>
5  # include <linux/errno.h>
6  # include <linux/poll.h>
7  # include <linux/interrupt.h>
8  # include <asm/irq.h>
9  # include <linux/ioport.h>
10 # include <linux/miscdevice.h>
11 # include <linux/sched.h>
12 # include <linux/delay.h>
13 # include <linux/poll.h>
14 # include <linux/spinlock.h>
15 # include <linux/delay.h>
16 # include <linux/wait.h>
17 # include <linux/device.h>
18 # include <linux/types.h>
```

```c
19  #include <linux/cdev.h>
20  #include <asm/uaccess.h>
21  #include <asm/io.h>
22  #include <mach/regs-mem.h>
23  #include <mach/spi-gpio.h>
24  #include <linux/interrupt.h>
25  #include <mach/regs-gpio.h>
26  #include <mach/hardware.h>
27  #include <linux/irq.h>
28
29  #define DEVICE_NAME        "leds"
30  #define LED_MAJOR          242
31
32  #define ON     0
33  #define OFF    1
34
35  static unsigned long led_table[] =
36  {
37          S3C2410_GPB5,
38          S3C2410_GPB6,
39          S3C2410_GPB7,
40          S3C2410_GPB8,
41  };
42
43  static unsigned int led_cfg_table[] =
44  {
45          S3C2410_GPB5_OUTP,
46          S3C2410_GPB6_OUTP,
47          S3C2410_GPB7_OUTP,
48          S3C2410_GPB8_OUTP,
49  };
50
51  static int leds_open(struct inode *inode, struct file *file)
52  {
53          int i;
54          for(i = 0; i < 4; i++)
55          {
56                  s3c2410_gpio_cfgpin(led_table[i],led_cfg_table[i]);
57                  s3c2410_gpio_setpin(led_table[i],0);
58          }
59          return 0;
60  }
```

```
 61
 62  static int leds_ioctl(struct inode * inode, struct file * file, unsigned int   cmd,
unsigned long arg)
 63  {
 64          if(arg > 4)
 65          {
 66                  return -EINVAL;
 67          }
 68
 69          switch(cmd)
 70          {
 71                  case ON:
 72                          s3c2410_gpio_setpin(led_table[arg],0);
 73                          return 0;
 74                  case OFF:
 75                          s3c2410_gpio_setpin(led_table[arg],1);
 76                          return 0;
 77                  default:
 78                          return -EINVAL;
 79          }
 80  }
 81
 82  static struct file_operations s3c2440_leds_fops =
 83  {
 84          .owner = THIS_MODULE,
 85          .open  = leds_open,
 86          .ioctl = leds_ioctl,
 87  };
 88
 89  struct  leds_dev
 90  {
 91          struct cdev cdev;
 92          unsigned char value;
 93  };
 94
 95  static int __init leds_init(void)
 96  {
 97          int ret;
 98
 99          ret = register_chrdev(LED_MAJOR,DEVICE_NAME,&s3c2440_leds_fops);
100          if(ret < 0)
101          {
```

```
102                   printk(DEVICE_NAME "can't register major number.\n");
103                   return ret;
104           }
105           return 0;
106 }
107
108 static void __exit leds_exit(void)
109 {
110           unregister_chrdev(LED_MAJOR,DEVICE_NAME);
111 }
112
113 module_init(leds_init);
114 module_exit(leds_exit);
115
116 MODULE_AUTHOR("LIU");
117 MODULE_DESCRIPTION("s3c2440 led driver test.");
118 MODULE_LICENSE("GPL");
```

该驱动程序是针对于 TQ2440 开发板的 LED 灯的驱动程序,如果用的是不同型号的开发板或者设备,要根据具体的设备硬件的电路图来实现。

(3) 编译驱动程序到内核

该步骤同前面"Hello World"驱动的移植过程类似,首先仍然是将该文件复制到内核源码的 drivers/char 目录下,然后修改同目录的 Kconfig 文件,在 13 行开始添加如下内容:

```
1 #
2 # Character device configuration
3 #
4
5 menu "Character devices"
6
7 config My_HELLO
8         tristate "My First Driver Hello"
9         depends on ARCH_S3C2440
10        help
11              My Self Driver Hello for S3C2440
12
13 config My_LEDS
14        tristate "My LEDs Driver"
15        depends on ARCH_S3C2440
16        help
17              My Self LEDs Driver for S3C2440
```

```
18
19 config VT
20         bool "Virtual terminal" if EMBEDDED
21         depends on ! S390
22         select INPUT
23         default y
```

然后修改同目录下的 Makefile 文件,在 13 行添加如下内容:

```
 1 #
 2 # Makefile for the kernel character device drivers.
 3 #
 4
 5 #
 6 # This file contains the font map for the default (hardware) font
 7 #
 8 FONTMAPFILE = cp437.uni
 9
10 obj-y        += mem.o random.o tty_io.o n_tty.o tty_ioctl.o tty_ldisc.o tty_buff   er.o tty_port.o
11
12 obj- $(CONFIG_My_HELLO)        += hello.o
13 obj- $(CONFIG_My_LEDS)         += led.o
14 obj- $(CONFIG_LEGACY_PTYS)     += pty.o
15 obj- $(CONFIG_UNIX98_PTYS)     += pty.o
16 obj-y                          += misc.o
17 obj- $(CONFIG_VT)              += vt_ioctl.o vc_screen.o selection.o keyboard.o
```

添加完以上内容以后,输入"make menuconfig",然后配置新添加的驱动程序,其配置如下:

```
Device Drivers - - - - ->
    Character devices - - - - ->
        <M>My LEDs driver
```

将其选择为"M"后,保存并退出,再编译内核镜像。

编译完成后,使用命令 make SUBDIR=/drivers/char modules,编译出驱动模块,在 drivers/char 目录下可以找到名为"led.ko"的模块文件,将其通过串口使用 rz 命令下载到开发板中,就可以进行测试了。其下载过程与 hello.ko 相同。

(4) 测试驱动程序

对于 LED 灯的测试不像 hello.c 驱动那样简单了,首先要编写一个测试程序,其内容如下:

```c
1  #include <stdio.h>
2
3  int main()
4  {
5          int fd,i,j;
6          fd = open("/dev/led",0);
7          if(fd < 0)
8          {
9                  printf("open leds driver failed! \n");
10                 return 0;
11         }
12         printf("open successful\n");
13         ioctl(fd,1,0);
14         sleep(1);
15         ioctl(fd,1,1);
16         sleep(1);
17         ioctl(fd,1,2);
18         sleep(1);
19         ioctl(fd,1,3);
20         return 0;
21 }
```

完成该测试程序之后,使用 arm-linux-gcc led.c -o led 命令进行编译,将编译生成的二进制文件 led 通过 rz 下载到开发板中,并使用 chmod 755 led 命令修改其权限。

然后使用 mknod /dev/led c 242 0 命令创建设备文件。在终端下输入"./led"执行测试程序,可以看到开发板上的 LED 逐个被点亮则成功。

6.2.3 按键驱动的移植

对于按键驱动的移植,其代表了中断处理驱动的移植。按键的每一次按下都会触发一次中断,通过中断处理函数来实现按键的功能。图 6-12 所示为 TQ2440 平台按键的电路原理图,如果使用的平台不同,请根据所用平台的电路原理图去修改驱动程中相关部分就可以实现。

由该电路图可以知道,只要在驱动程序中将相应引脚设置为中断,并且设置其触发电平的类型为下降沿触发即可。下面是按键驱动的具体移植过程。

(1) 准备内核源码包

该步骤不再说明,与 6.2.2 小节 LED 驱动移植过程相同。

(2) 准备驱动程序

对于 TQ2440 开发板 4 个按键的驱动程序,为了让测试有明显的效果在其中加入了 LED 的控制,按键的时候相应的 LED 灯会被点亮,其 buttons.c 的内容如下:

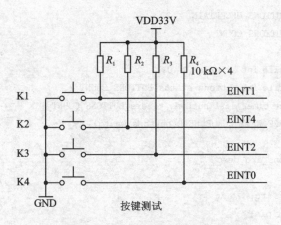

图 6-12 按键电路原理图

```
1  #include <linux/kernel.h>
2  #include <linux/module.h>
3  #include <linux/init.h>
4  #include <linux/fs.h>
5  #include <linux/errno.h>
6  #include <linux/poll.h>
7  #include <linux/interrupt.h>
8  #include <asm/irq.h>
9  #include <linux/miscdevice.h>
10 #include <linux/sched.h>
11 #include <linux/delay.h>
12 #include <linux/spinlock.h>
13 #include <linux/wait.h>
14 #include <linux/device.h>
15 #include <linux/types.h>
16 #include <mach/regs-gpio.h>
17 #include <linux/cdev.h>
18 #include <asm/uaccess.h>
19 #include <mach/regs-mem.h>
20 #include <mach/hardware.h>
21 #include <linux/irq.h>
22
23 #define DEVICE_NAME          "buttons"
24 #define DEVICE_MAJOR         232
25 #define BUTTONS_TIMER_DELAY1 (HZ/50)
26 #define BUTTONS_TIMER_DELAY2 (HZ/10)
27 #define BUTTONS_DOWN         0
28 #define BUTTONS_UP           1
```

```c
29  #define  BUTTONS_UNCERTAIN    2
30  #define  BUTTONS_COUNT        4
31
32  static volatile int ev_press = 0;
33  static volatile int buttons_status[BUTTONS_COUNT];
34  static struct timer_list buttons_timers[BUTTONS_COUNT];
35  static DECLARE_WAIT_QUEUE_HEAD(buttons_waitq);
36
37  struct buttons_irq_desc
38  {
39          int irq;
40          int pin;
41          int pin_setting;
42          char * name;
43  };
44
45  static struct buttons_irq_desc   buttons_irq[] =
46  {
47          {IRQ_EINT1,S3C2410_GPF1,S3C2410_GPF1_EINT1,"button1"},
48          {IRQ_EINT4,S3C2410_GPF4,S3C2410_GPF4_EINT4,"button2"},
49          {IRQ_EINT2,S3C2410_GPF2,S3C2410_GPF2_EINT2,"button3"},
50          {IRQ_EINT0,S3C2410_GPF0,S3C2410_GPF0_EINT0,"button4"},
51  };
52
53  static irqreturn_t buttons_interrupt(int irq,void * dev_id,struct pt_regs * regs)
54  {
55          int i = (int)dev_id;
56          if(buttons_status[i] = = BUTTONS_UP)
57          {
58                  buttons_status[i] = BUTTONS_UNCERTAIN;
59                  buttons_timers[i].expires = jiffies + BUTTONS_TIMER_DELAY1 ;
60                  add_timer(&buttons_timers[i]);
61          }
62          return IRQ_RETVAL(IRQ_HANDLED);
63  }
64
65  static void buttons_timer(unsigned long arg)
66  {
67          int i = arg;
68          int up = s3c2410_gpio_getpin(buttons_irq[i].pin);
69          if(! up)
70          {
```

```
 71                    if(buttons_status[i] = = BUTTONS_UNCERTAIN)
 72                    {
 73                        buttons_status[i] = BUTTONS_DOWN;
 74                        switch(i)
 75                        {
 76                            case 0:
 77                                s3c2410_gpio_setpin(S3C2410_GPB5,0);
 78                                break;
 79                            case 1:
 80                                s3c2410_gpio_setpin(S3C2410_GPB6,0);
 81                                break;
 82                            case 2:
 83                                s3c2410_gpio_setpin(S3C2410_GPB7,0);
 84                                break;
 85                            case 3:
 86                                s3c2410_gpio_setpin(S3C2410_GPB8,0);
 87                                break;
 88                        }
 89                    }
 90                    ev_press = 1;
 91                    wake_up_interruptible(&buttons_waitq);
 92                    buttons_timers[i].expires = jiffies + BUTTONS_TIMER_DELAY2;
 93                    add_timer(&buttons_timers[i]);
 94                }
 95            else
 96            {
 97                buttons_status[i] = BUTTONS_UP;
 98            }
 99
100 }
101
102 static int buttons_open(struct inode * inode, struct file * filp)
103 {
104        int i,ret;
105        for(i = 0; i < BUTTONS_COUNT; i++)
106        {
107            s3c2410_gpio_cfgpin(buttons_irq[i].pin,buttons_irq[i].pin_setting);
108            set_irq_type(buttons_irq[i].irq,IRQ_TYPE_EDGE_FALLING);
109            ret = request_irq(buttons_irq[i].irq,buttons_interrupt,IRQF_DISABLED,buttons_irq[i].name,(void *)i);
110            if(ret)
```

```
111                 {
112                         break;
113                 }
114                 buttons_status[i] = BUTTONS_UP;
115                 buttons_timers[i].function = buttons_timer;
116                 buttons_timers[i].data = i;
117                 init_timer(&buttons_timers[i]);
118         }
119
120         if(ret)
121         {
122                 i--;
123                 for(; i>=0; i--)
124                 {
125                         disable_irq(buttons_irq[i].irq);
126                         free_irq(buttons_irq[i].irq,(void *)i);
127                         del_timer(&buttons_timers[i]);
128                 }
129                 return -EBUSY;
130         }
131         return 0;
132 }
133
134 static int buttons_close(struct inode * inode, struct file * filp)
135 {
136         int i;
137         for(i = 0; i < BUTTONS_COUNT; i++)
138         {
139                 disable_irq(buttons_irq[i].irq);
140                 free_irq(buttons_irq[i].irq,(void *)i);
141                 del_timer(&buttons_timers[i]);
142         }
143         return 0;
144 }
145
146 static int buttons_read(struct file * filp, char __user * buf, size_t count,        loff_t * ops)
147 {
148         unsigned long ret;
149         if(! ev_press)
150         {
151                 if(filp->f_flags &  O_NONBLOCK)
```

```c
152                 {
153                         return -EAGAIN;
154                 }
155                 else
156                 {
157                         wait_event_interruptible(buttons_waitq,ev_press);
158                 }
159         }
160         ev_press = 0;
161         ret = copy_to_user(buf,(void*)buttons_status,min(sizeof(buttons_status),count));
162         s3c2410_gpio_setpin(S3C2410_GPB5,1);
162         s3c2410_gpio_setpin(S3C2410_GPB5,1);
163         s3c2410_gpio_setpin(S3C2410_GPB6,1);
164         s3c2410_gpio_setpin(S3C2410_GPB7,1);
165         s3c2410_gpio_setpin(S3C2410_GPB8,1);
166         return ret? -EFAULT : min(sizeof(buttons_status),count);
167 }
168
169 static unsigned int buttons_poll(struct file *filp, struct poll_table_struct *wait)
170 {
171         unsigned int mask = 0;
172         poll_wait(filp,&buttons_waitq,wait);
173
174         if(ev_press)
175         {
176                 mask |= POLLIN | POLLRDNORM;
177         }
178         return mask;
179 }
180
181 static struct file_operations buttons_fops =
182 {
183         .owner   = THIS_MODULE,
184         .open    = buttons_open,
185         .release = buttons_close,
186         .read    = buttons_read,
187         .poll    = buttons_poll,
188 };
189
190 static int __init buttons_init(void)
```

```c
191 {
192         int ret;
193         s3c2410_gpio_cfgpin(S3C2410_GPB5,S3C2410_GPB5_OUTP);
194         s3c2410_gpio_cfgpin(S3C2410_GPB6,S3C2410_GPB6_OUTP);
195         s3c2410_gpio_cfgpin(S3C2410_GPB7,S3C2410_GPB7_OUTP);
196         s3c2410_gpio_cfgpin(S3C2410_GPB8,S3C2410_GPB8_OUTP);
197
198         s3c2410_gpio_setpin(S3C2410_GPB5,1);
199         s3c2410_gpio_setpin(S3C2410_GPB6,1);
200         s3c2410_gpio_setpin(S3C2410_GPB7,1);
201         s3c2410_gpio_setpin(S3C2410_GPB8,1);
202
203         ret = register_chrdev(DEVICE_MAJOR,DEVICE_NAME,&buttons_fops);
204         if(ret < 0)
205         {
206                 printk(DEVICE_NAME "register failed! \n");
207                 return ret;
208         }
209         else
210         {
211                 printk(DEVICE_NAME "register success! \n");
212         }
213         return 0;
214 }
215
216 static void __exit buttons_exit(void)
217 {
218         unregister_chrdev(DEVICE_MAJOR,DEVICE_NAME);
219 }
220
221 module_init(buttons_init);
222 module_exit(buttons_exit);
223 MODULE_AUTHOR("ZHANG");
224 MODULE_LICENSE("GPL");
```

(3) 编译驱动程序到内核

这一步与 6.2.2 节 LED 驱动移植的步骤(3)类似，首先将 buttons.c 复制到 drivers/input/keyboard 目录下进行配置，然后修改相同目录下的 Kconfig 文件，在其第 13 行添加内容如下：

```
 1 #
 2 # if INPUT_KEYBOARD
 3 #
 4
 5 config My_BUTTONS
 6     tristate "My buttons' driver"
 7     depends on ARCH_S3C2440
 8     default y
 9     help
10     My buttons driver for S3C2440
11
12   config KEYBOARD_ATKBD
13     tristate "AT keyboard" if EMBEDDED || ! X86_PC
14     default y
```

修改同目录下的 Makefile 文件，在 7 行添加如下内容：

```
 1 #
 2 # Makefile for the input core drivers
 3 #
 4
 5 # Each configuration option enables a list of files.
 6
 7 obj-$(CONFIG_My_BUTTONS)         += buttons.o
 8 obj-$(CONFIG_KEYBOARD_ATKBD)     += atkbd.o
 9 obj-$(CONFIG_SUNKBD)             += sunkbd.o
10 obj-$(CONFIG_KEYBOARD_LKKBD)     += lkkbd.o
11 obj-$(CONFIG_KEYBOARD_XTKBD)     += xtkbd.o
```

修改完以上配置文件后，输入命令"make menuconfig"进行配置：

```
Device Drivers ----->
    Input device support ----->
        [*] Keyboards ----->
            <M> My buttons' driver
```

完成后保存该配置内容，通过命令 make ZImage 和 make SUBDIR=drivers/input/keyboard/ modules 分别编译出内核镜像和键盘驱动模块，然后将/drivers/input/keyboard 目录下的 buttons.ko 文件通过 rz 下载到开发板上。

（4）驱动程序的测试
编译完成后对驱动程序进行测试，对于键盘驱动的测试可编写如下测试程序。

```
1  #include <stdio.h>
2  #include <string.h>
3  #include <pthread.h>
4  #include <stdlib.h>
5  #include <errno.h>
6  #include <fcntl.h>
7  int main(void)
8  {
9      int fd;
10     int key_status[4];
11     int i;
12     int ret;
13     fd_set rds;
14
15     fd = open("/dev/buttons",0);
16     if(fd < 0)
17     {
18         printf("Open Buttons Device Faild! \n");
19         exit(1);
20     }
21 while(1){
22     FD_ZERO(&rds);
23     FD_SET(fd, &rds);
24     ret = select(fd + 1, &rds, NULL, NULL, NULL);
25     if(ret < 0)
26         {
27             printf("Read Buttons Device Faild! \n");
28             exit(1);
29         }
30      if(ret = = 0)
31         {
32             printf("Read Buttons Device Timeout! \n");
33         }
34      if(FD_ISSET(fd, &rds))
35         {
36         ret = read(fd, key_status, sizeof(key_status));
37         for(i = 0;i<4;i+ +)
38                 {
39                     if(key_status[i] = = 0)
40                     {
```

```
41                            printf("Key%d DOWN\n", i);
42                        }
43
44                }
45            }
46    }
47
48        if(FD_ISSET(fd, &rds))
49        {
50            ret = read(fd, key_status, sizeof(key_status));
51
52            if(ret ! = sizeof(key_status))
53            {
54                if(errno ! = EAGAIN)
55                {
56                    printf("Read Button Device Faild! \n");
57                }
58
59            }
60            else
61            {
62                for(i = 0; i < 16; i++)
63                {
64                    if(key_status[i] == 0)
65                    {
66                        printf("Key%d DOWN\n", i + 1);
67                    }
68                }
69            }
70        }
71    close(fd);
72
73    return 0;
74 }
```

将此测试程序使用 arm-linux-gcc buttons.c -o buttons 命令编译成可执行的二进制文件,并通过 rz 下载到开发板上。使用 mknod /dev/buttons c 232 0 创建设备文件。用./buttons 执行测试程序。当测试程序运行后按下开发板上的按键,则相应的 LED 灯会亮,并且屏幕上会出现相应的信息。

6.3 完善已有的 Linux 设备驱动实例

6.3.1 完善串口驱动

串口驱动对于大多数设备来说是必要的,嵌入式设备的操作维护通常都是通过串口来实现的。S3C2440 芯片扩展出三个串口,也就是说使用 S3C2440 芯片的设备可以外接出三个串口。但是,在内核中只支持两个串口,也就是芯片的 UART0 和 UART1,而 UART2 的驱动是对红外接口而不是串口驱动。所以,现以 UART2 为例,来学习在内核已有文件中添加串口驱动程序。如果设备只是外接出一个或者两个串口,那么串口驱动是不需要修改的。

首先要修改内核源码中 arch/arm/mach-s3c2440/mach-smdk2440.c 文件的第 106 行,将其改为:

```
.ulcon    = 0x03
```

该值是对 ulcon2 寄存器的配置,用以设置 UART2 的数据传输的字长为 8 bit。使其和 UART1、UART2 保持一致。

完成了上述修改说明 UART3 被用作串口时其数据传输的字长为 8 bit。其电路如图 6-13 所示:

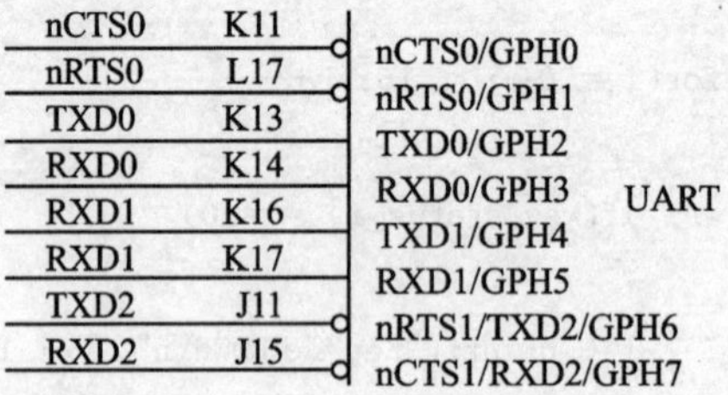

nCTS0	K11	nCTS0/GPH0	
nRTS0	L17	nRTS0/GPH1	
TXD0	K13	TXD0/GPH2	
RXD0	K14	RXD0/GPH3	UART
RXD1	K16	TXD1/GPH4	
RXD1	K17	RXD1/GPH5	
TXD2	J11	nRTS1/TXD2/GPH6	
RXD2	J15	nCTS1/RXD2/GPH7	

图 6-13 串口引脚电路

从图中可以看到串口引脚是对 GPH0~GPH7 的复用,对于 UART2 来说需要配置 GPH6 和 GPH7 两个引脚为 TXD2 和 RXD2,因此,对内核源码 drivers/serial/Samsung.c 文件中的 55 行添加如下内容:

```
#include<mach/regs-gpio.h>
```

在该文件的 432 行添加如下内容:

```
If(port->line == 2)
{
    s3c2410_gpio_cfgpin(S3C2410_GPH6,S3C2410_GPH6_TXD2);
    s3c2410_gpio_pullup(S3C2410_GPH6,1);
    s3c2410_gpio_cfgpin(S3C2410_GPH7,S3C2410_GPH7_RXD2);
```

```
    s3c2410_gpio_pullup(S3C2410_GHP7,1);
}
```

该段内容的作用就是使用 UART2 时设置其引脚为串口的输入/输出功能。

将该文件的 882 行修改如下：

```
.dev_name = "s3c2440_serial"
```

修改完上述内容后,配置内核中关于串口的部分,其路径为 Device Driver→Character devices→Serial drivers,其配置内容如图 6-14 所示：

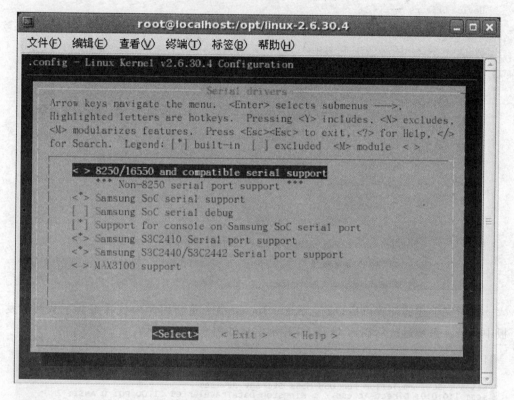

图 6-14 串口配置界面

保存配置后,重新编译内核 make zImage 后再将该内核下载到开发板中,这时可以在/dev 目录下看到 s3c2440_serial0、s3c2440_serial1 和 s3c2440_serial2 三个设备文件。由于 TQ2440 开发板只接出一个串口,因此无法测试,如果使用的设备有三个串口,则可以进行测试。

6.3.2 配置 USB 设备驱动

串口驱动有了,但是 USB 还不能识别设备。表现在完成以上步骤,将内核和文件系统移植到开发板并将其启动完成后,插上 U 盘后的效果如图 6-15 所示：

```
[\u@\h=w]#usb 1-1: new full speed USB device using s3c2410-ohci and address 2
usb 1-1: configuration #1 chosen from 1 choice
[\u@\h=w]#_
```

图 6-15　未配置 USB 驱动之前

从图 6-15 可以看到，系统做出了一些反应，但是在/dev 目录找不到相应的设备文件而无法将它挂载到文件系统的相应目录。因此，要在内核中对 USB 设备进行配置。输入"make menuconfig"命令，然后进入 Device Driver 进行如下配置。

```
Device Drivers - - - >
    SCSI device support - - - >
        < * > SCSI device support
        [ * ] legacy /proc/scsi/support
        < * > SCSI disk support
        < * > SCSI CDROM support
    [ * ] HID Devices - - - >
        < * > USB Humar Interface Device(full HID) support
        [ * ] /dev/hiddev raw HID device support
    [ * ] USB support - - - >
        < * > Support for Host - side USB
        [ * ] USB device filesystem
        [ * ] USB device class - devices(DEPRECATED)
        < * > OHCI HCD support
        < * > USB Mass Storage support
```

进行完上述的配置以后，通过 make zImage 命令重新编译内核并将其下载到开发板中运行。系统运行后插入 U 盘，其显示信息如图 6-16 所示：

```
[\u@\h=w]#usb 1-1: USB disconnect, address 2
usb 1-1: new full speed USB device using s3c2410-ohci and address 3
usb 1-1: configuration #1 chosen from 1 choice
scsi1 : SCSI emulation for USB Mass Storage devices
scsi 1:0:0:0: Direct-Access     Kingston DataTraveler G3  1.00 PQ: 0 ANSI: 2
sd 1:0:0:0: [sda] 15644912 512-byte hardware sectors: (8.01 GB/7.45 GiB)
sd 1:0:0:0: Attached scsi generic sg0 type 0
sd 1:0:0:0: [sda] write Protect is off
sd 1:0:0:0: [sda] Assuming drive cache: write through
sd 1:0:0:0: [sda] Assuming drive cache: write through
 sda: sda1
sd 1:0:0:0: [sda] Attached SCSI removable disk
[\u@\h=w]#
```

图 6-16　USB 设备成功挂载

该图显示 U 盘已经成功挂载到开发板。通过命令 mount /dev/sda1 /mnt/udisk 可以将 U 盘挂载到/mnt/udisk 目录下，通过使用 ls /mnt/udisk 命令可以查看 U 盘中存放的文件。

6.3.3 声卡驱动移植

本节进行声卡驱动的移植,在移植之前,可以先测试一下平台的声卡是否可用。本书硬件平台 TQ2440 开发板主要就是对 UDA1341 驱动的移植过程。linux-2.6.30.4 驱动已经包含了 UDA1341 的驱动程序,不过该 1.0.20 版本的驱动程序会出现音频或视频播放时断断续续的情况,因此可将其替换为 1.0.18a 版本。声卡驱动的移植步骤如下:

(1) 替换原有的声卡驱动

首先要获取 1.0.18a 的声卡驱动,可通过下载 Linux-2.6.29.xxx 的内核源码,下载完成后解压该 Linux-2.6.29.xxx 的源码。

然后复制其中的 sound/ 目录和 include/sound/ 目录到内核目录 Linux-2.6.30.4 的相应目录处,替换掉原来的目录。

将 include/asmκ-arm/plat-s3c24xx 目录复制到 Linux-2.6.30.4 目录中的 include/asm-arm/ 目录下。

将 arch/arm/mach-s3c2410/include/mach/audio.h 文件复制到对应目录处。

(2) 修改内核源码

在 include/linux/proc_fs.h 文件中第 70 行添加如下内容:

```
struct module * owner;
```

在 sound/core/info.c 文件的 159 和 982 行调用了 struct proc_dir_entry 结构体的 owner 变量,而在该结构体中没有该数据项,需在此进行定义。

然后修改 arch/arm/mach/mach-s3c2440/mach-smdk2440.c 文件:

```
#include <sound/s3c24xx_uda134x.h>
......

static struct s3c24xx_uda134x_platform_data s3c24xx_uda134x_data = {
    .l3_clk = S3C2410_GPB4,
    .l3_data = S3C2410_GPB3,
    .l3_mode = S3C2410_GPB2,
    .model = UDA134X_UDA1314,
};

static struct platfome_device s3c_device_uda134x = {
    .name = "s3c24xx_uda234x",
    .dev = {
        .platform_data    = &s3c24xx_uda134x_data,
    }
};

static struct platform_device * smdk2440_devices[] __initdata = {
```

```
        &s3c_device_usb,
        &s3c_device_lcd,
        &s3c_device_wdt,
        &s3c_device_i2c0,
        &s3c_device_iis,
        &s3c_device_rtc,
        &s3c_device_uda134x,
};
```

(3) 配置内核选项

完成上述修改以后,可以配置内核选项了,也就是在编译内核时把声卡驱动编译进去,从而可以支持声卡的使用。

输入"make menuconfig"命令进入配置界面进行如下配置:

```
Device Drivers - - ->
    <*> Sound card support
        - - - Sound card support
        <*> Advanced Linux Sound Architecture - - ->
            - - - Advanced Linux Sound Architecture
            <*> OSS Mixer API
            <*> OSS PCIM(digital audio) API
            [*] Verbose procfs contents
            <*> ALSA for SoC audio support - - ->
                - - - ALSA for SoC audio support
                <*> SoC Audio for the Samsung S3C24XX chips
                <*> SoC I2C Audio support UDA134X wired to a S3C24XX
```

配置完上述选项保存后退出,编译出内核镜像烧写到开发板上,声卡设备就可以使用了。

(4) 声卡测试

将做好的 U-Boot、内核和文件系统烧写到开发板上后,在开发板串口终端下使用命令:

```
cat /dev/dsp > /tmp/abc.wav
```

运行该命令后,可以对着话筒说话,进行录音,其数据会保存到 abc.wav 文件中。

然后输入如下命令:

```
cat /tmp/abc.wav > /dev/dsp
```

将该录音文件内容重定向到声卡的设备文件 dsp,就可以将刚才的录音播放。如果听到录音则说明声卡驱动移植成功。

6.3.4 SD 卡驱动移植

SD 设备在如今的嵌入式设备中的使用时越来越广泛,甚至一些设备的启动要依赖于 SD 设备。本节来学习如何在 Linux-2.6.30.4 内核中添加 SD 驱动的支持,从而使设备能够识别 SD 卡。

对于 Linux-2.6.30.4 内核来说,已经存在 SD 设备的驱动程序,只要将 SD 设备添加到设备初始化列表中即可,其移植过程如下。

(1) 修改内核源码,在初始化列表中添加 SD 设备

修改内核源码 arch/arm/plat-s3c24xx/common-smdk.c 文件,在 177 行添加如下内容:

```
Static struct platform_device __initdata * smdk_devs[] = {
    &s3c_device_nand,
    &s3c_device_sdi,
};
```

修改内核源码 drivers/mmc/host/s3cmci.c 文件的 1335 行,添加如下内容:

```
host->irq_cd = s3c2410_gpio_getirq(host->pdata->gpio_detect);
host->irq_cd = IRQ_EINT16;
s3c2410_gpio_cfgpin(S3C2410_GPB8,S3C2410_GPB8_EINT16);
```

(2) 在内核中添加配置选项

在终端命令行输入"make menuconfig",添加如下配置:

```
Device Drivers --->
    <*> MMC/SD card support --->
        --- MMC/SD/SDIO card support
        *** MMC/SD/SDIO Card Drivers ***
        <*> MMC block device driver
        [*] Use bounce buffer for simple hosts
        *** MMC/SD/SDIO Host Controller Drivers ***
        <*> Samsung S3C SD/MMC Card Interface support
```

完成上述配置保存后退出,编译出内核再将其烧写到开发板上。

(3) 测试 SD 设备

重新启动烧写完毕的开发板,插入 SD 卡,其结果如图 6-17 所示:

上图信息说明 SD 卡已经成功挂载,可以通过 mount 命令将其挂载到文件系统的某个目录下进行读写。

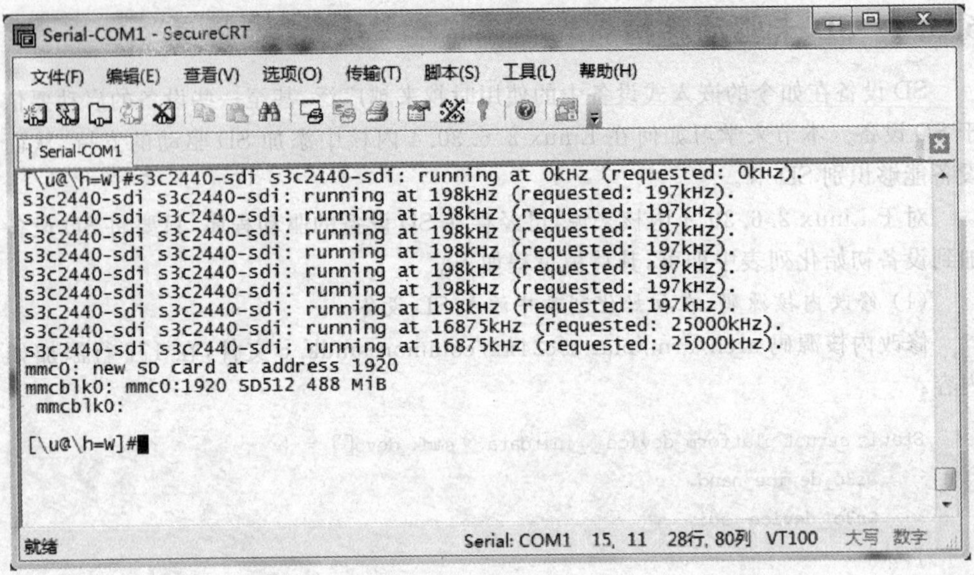

```
[\u@\h=w]#s3c2440-sdi s3c2440-sdi: running at 0kHz (requested: 0kHz).
s3c2440-sdi s3c2440-sdi: running at 198kHz (requested: 197kHz).
s3c2440-sdi s3c2440-sdi: running at 198kHz (requested: 197kHz).
s3c2440-sdi s3c2440-sdi: running at 198kHz (requested: 197kHz).
s3c2440-sdi s3c2440-sdi: running at 198kHz (requested: 197kHz).
s3c2440-sdi s3c2440-sdi: running at 198kHz (requested: 197kHz).
s3c2440-sdi s3c2440-sdi: running at 16875kHz (requested: 25000kHz).
s3c2440-sdi s3c2440-sdi: running at 16875kHz (requested: 25000kHz).
mmc0: new SD card at address 1920
mmcblk0: mmc0:1920 SD512 488 MiB
 mmcblk0:

[\u@\h=w]#
```

图 6 - 17　SD 卡成功挂载

本章小结

本章主要介绍了 Linux 设备驱动的移植,通过几个实例详细介绍了驱动移植的基本步骤。在驱动移植的过程中,一定要注意驱动程序开发所针对的内核版本和目标平台的版本一定要一致。

第 7 章 Linux 下应用程序的开发和移植

Linux 应用程序的开发主要是指对图形用户界面的开发,用户界面程序给用户的使用带来了很大的便利,人们只需要通过对窗口界面中一些控件进行相应的操作就能够实现相应的一系列复杂的命令。例如,用户的远程控制实现,只要在用户图形界面上进行相应的设置就能轻松实现所要完成的任务。因此,图形界面应用程序的开发占有着相当重要的地位。

本章要点:
- 嵌入式 GUI 简介;
- Qtopia 移植;
- MiniGUI 移植。

7.1 嵌入式 GUI 简介

图形用户界面(Graphical User Interface,简称 GUI)是指采用图形方式显示的计算机操作用户界面。GUI 的广泛应用给用户的使用带来了极大的方便,人们不再需要死记大量命令,而是可以通过窗口、菜单、按键等方式来方便地进行相应操作。Linux 有一套简便易学的 GUI,主要由窗口系统、窗口管理器、工具包和窗口布局风格等几个部分组成。窗口系统用于组织显示屏上图形的输出,窗口管理器用于对窗口的操作如最小化等,工具包是用于编程界面的库,风格是应用程序的用户界面。

Linux 下桌面环境主要包括 Gnome 和 KDE 两种。

- Gonme 使用的图形库是 Gtk+构件库,基于 LGPL 协议,是一个集成桌面环境,也是一个应用程序开发框架,由很多函数库组成。

- KDE(K Desktop Environment)桌面环境提供的是一个开放源代码的图形用户接口和开发环境,KDE 是基于 Qt 库的,Qt 是一个跨平台的 C++图形用户界面应用程序框架。它提供给应用程序开发者建立图形用户界面所需的功能。Qt 是一门功能强大、面向对象的编程语言,很容易扩展,并且允许组件编程。

在嵌入式系统中,GUI 的地位也变得越来越重要,与桌面系统 GUI 相比,嵌入式 GUI 受到硬件资源的限制,具有以下几方面的基本要求:轻型、占用资源少、高性能、高可靠性、便于移植和可配置等特点。

嵌入式 Linux 系统代表性的 GUI 系统主要有 Qt/Embedded、MiniGUI 以及 MicroWindows。这些 GUI 系统在接口定义、体系结构和功能特性等方面存在着很大的差别。下面就对三种 GUI 系统进行详细讲解。

7.1.1 Qt/Embedded

Qt/Embedded 是著名的 Qt 库开发商 Trolltech 公司(已被 NOKIA 收购)开发的面向嵌入式系统的 Qt 版本。它是基于 Qt 的嵌入式 GUI 和应用程序开发的工具包,专门为嵌入式设备提供图形用户界面的应用框架和窗口系统。可根据用户的不同需求对 Qt/Embedded 进行相应的配置和裁剪,即在编译时可对其进行相应的裁剪,可以将其不需要的特性进行裁剪以节省内存空间,这对于嵌入式系统而言是个很大的优势。

Qt/Embedded 的另一个优点是其优良的跨平台特性,它支持 Microsoft Windows 95/98/2000、Microsoft Windows NT、MacOS X、Linux、Solaris、HP-UX、Tru64(Digital UNIX)、Irix、FreeBSD、BSD/OS、SCO、AIX 等众多平台。同时,Qt/Embedded 的 API 基于面向对象技术,它应用程序的开发和 Qt 使用相同的工具包,而 Qt 类库封装了适应不同操作系统的 API,因此,Qt/Embedded 类库支持跨平台。

虽然 Qt/Embedded 延续了 Qt 在 X Windows 上的强大功能,但在底层 Qt/Embedded 摒弃了 X lib,它的底层图形引擎采用 framebuffer,只针对高端嵌入式图形领域的应用而设计。另外,由于该库的代码追求面面俱到,以增加它对多种硬件设备的支持,造成了其底层代码较乱,各种补丁较多的问题。Qt/Embedded 的结构也过于复杂臃肿,很难进行底层的扩充、定制和移植,尤其是用来实现 signal/slot 机制的 moc 文件。

7.1.2 MiniGUI

MinuGUI 是国内第一款面向嵌入式系统的 GUI 开源软件,它由魏永明先生于 1998 年底开始开发,2002 年,魏永明先生创建北京飞漫软件技术有限公司,为 MiniGUI 提供商业技术支持,同时也继续提供开源版本,飞漫软件是中国地区为开源社区贡献代码最多的软件企业。最后一个采用 GPL 授权的 MiniGUI 版本是 1.6.10,从 MiniGUI 2.0.4 开始 MiniGUI 被重写并使用商业授权。

MiniGUI 是一款性能优良、功能丰富的跨操作系统的嵌入式图形用户界面支持系统,它支持 Linux、eCos、μC/OS-II、VxWorks 和 ThreadX 等操作系统,并且支持 ARM-based SoCs、MIPS based SoCs、IA-based SoCs、PowerPC、M68K(DragonBall/ColdFire)和 Intel X86 等多种 SoC 芯片,广泛应用于医疗、通信、电力、工控、移动设备、机顶盒、多媒体终端等领域。

和其他嵌入式产品的图形系统相比,MiniGUI 在对系统的需求上具有如下几大优势:

1. 可伸缩性强

MiniGUI 丰富的功能和可配置特性,使得它既可运行于 CPU 主频只有 60 MHz 的低端产品中,亦可运行于高端嵌入式设备中,MiniGUI 的高级控件风格及皮肤界面等技术可创建华丽的用户界面。MiniGUI 的跨操作系统特性,使 MiniGUI 可运行在最简单的嵌入式操作系统之上,如 μC/OS-II,也可以运行在具有现代操作系统特性的嵌入式操作系统之上,如 Linux,而且 MiniGUI 为嵌入式 Linux 系统提供了完整的多窗口图形环境。这些特性使得 MiniGUI 具有非常强的可伸缩性。可伸缩性是 MiniGUI 从设计之初就考虑且不断完善而来的。这个特性使得 MiniGUI 可应用于简单的行业终端,也可应用于复杂的消费类电子产品。

2. 轻型、占用资源少

MiniGUI 是一个定位于轻量级的嵌入式图形库,对系统资源的需求完全考虑到了嵌入式设备的硬件情况,如 MiniGUI 库所占的空间最小可以裁剪到 500 KB 左右,对目前的嵌入式设备来说,满足这一条件是绰绰有余的。此外,测试结果表明,MiniGUI 能够在 CPU 主频为 30 MHz,仅有 4 MB RAM 的系统上正常运行(使用 μClinux 操作系统),这是其他嵌入式产品的图形系统所无法达到的。

3. 高性能、高可靠性

MiniGUI 良好的体系结构及优化的图形接口,可确保最快的图形绘制速度。在设计之初,就充分考虑到了实时嵌入式系统的特点,针对多窗口环境下的图形绘制开展了大量的研究及开发,优化了 MiniGUI 的图形绘制性能及资源占用。MiniGUI 在大量实际系统中的应用,尤其在工业控制系统的应用,证明 MiniGUI 具有非常好的性能。从 1999 年 MiniGUI 的第一个版本发布以来,就有许多产品和项目使用 MiniGUI,MiniGUI 也不断从这些产品或者项目当中获得发展动力和新的技术需求,逐渐提高了自身的可靠性和健壮性。有关 MiniGUI 的最新成功案例,可以访问飞漫公司网站的典型案例部分。

4. 可配置性

为满足嵌入式系统各种各样的需求,要求 GUI 系统必须是可配置的。和 Linux 内核类似,MiniGUI 也实现了大量的编译配置选项,用以指定 MiniGUI 库包括的功能。比如可以通过配置来定制系统的硬件平台、指定所运行的操作系统、指定字体类型、指定需要支持的 GAL 引擎和 IAL 引擎等。这些配置选项大大增强了 MiniGUI 的灵活性,对用户来讲,可针对具体的应用需求量体裁衣,开发最适合产品需求的应用软件。

7.1.3 MicroWindows

作为 X Window 的替代品,Microwindows 是一个著名的开放式源码的嵌入式 GUI 软件,目的是把现代图形视窗环境引入到运行 Linux 的小型设备和平台上。Microwindows 是专门用于在小型设备上开发具有高品质图形功能的开放式源码桌面系统,有许多针对现代图形视窗环境的功能部件。它的结构设计使其可方便地加入显示、鼠标、触摸屏以及键盘等设备。其内核所包含的代码允许用户程序将图形显示的内存空间作为 framebuffer 进行存取操作,这样在用户程序空间中可作为内存映射区域来直接控制图形显示,可使得用户在编写图形程序的时候不再需要去了解底层硬件。

Microwindows 支持新 Linux 内核的帧缓冲区结构,并且支持 1、2、4、8、16、24 和

32位像素点显示,支持调色板、真彩色、灰度等颜色模式,并对渲染提供内置支持。在其API函数的支持下,还可以RGB的格式描述上述的颜色模式,系统中包含颜色转换的程序,可将像素点转换成相近的可显示颜色或相应单色系统中的灰度级。虽然Microwindows支持Linux系统,但它基于相对简单的屏幕驱动界面结构,因此,可在许多不同的实时操作系统(RTOS)上运行,甚至无硬件的实时操作系统也可运行Microwindows。这样,使客户的图形应用程序在不同的工程中共享使用,也可在不同的RTOS上运行不同的目标程序而不需要重新编写图形应用程序,大大提高了编程效率。

在运行过程中仅需50~250KB的内存空间,远小于X Windows系统所需空间。主要是因为Microwindows对于在驱动层的每一个绘图函数采用的是单进程的方式,由驱动层核验是否裁减并调用驱动程序来绘制未被裁减的像素点或线;而在X Window系统中,出于对速度的考虑,包含所有像素点的绘制程序并分别有裁减和未裁减的版本。

MicroWindows使用两种图形应用程序接口(API):一个是Microsoft Windows中Win32/WinCE的图形设备接口(GDI),另一个是Nano-X接口(Xlib-like)。其中,前者对所有的WinCE和Win32的应用程序都适用,而后者用于Linux。这使得熟悉Windows或者Linux的开发者都可以使用MicroWindows来开发自己的应用程序。

MicroWindows版本更新得缓慢,国内还没有对MicroWindows提供全面技术支持的公司。

7.2 Qtopia 移植

在进行Qtopia移植的相关工作前需先区别如下几个概念。

1. Qt

Qt是一个完整的C++应用程序开发框架。它包含一个类库,具有跨平台开发性及通用性。Qt API在所有支持的平台上都是相同的,Qt工具在这些平台上的使用方式也一致,因而Qt应用的开发与平台无关。

2. Qtopia

Qtopia是一个面向嵌入式Linux的全方位应用程序开发平台,同时也是基于Linux的PDA(个人数字助理)、智能电话(Smartphone)以及其他移动设备的用户界面。简单地说,Qtopia实质上是一组关于PDA和智能电话的应用程序结合,如果需要开发这类产品可以在这组程序的基础上迅速构建出PDA或者智能电话的应用程序。Qtopia实质上依赖Qt/Embedded。

3. Qt/Embedded

Qt/Embedded是一个完整的包含GUI和基于Linux嵌入式平台的开发工具。

4. Tslib

Tslib是一个开源的程序,能够为触摸屏驱动获得的采样提供诸如滤波、去抖、校准等功能,通常作为触摸屏驱动的适配层,为上层的应用提供了一个统一的接口。

5. Qt 工具
- Uic:把 Qt 的界面描述文件转换为相应的.h 文件和.cpp 文件;
- Moc:把 Qt 的信号和插槽的定义翻译为标准的 C++语法;
- Designer:Qt 界面的设计工具;
- Qvfb:Qt 视频缓冲管理工具;

这 4 个工具都是主机工具,用于在主机上开发目标平台的 QT 应用程序。

本书中所用的 Qt 版本为 Qt-4.5.3,在进行相关移植内容之前,先对 Qt 的特点,Qt4 和 Qt3 相比有哪些改进等问题进行相关介绍。

Qt 最突出的特点就是其强大的跨平台功能特性,使用 Qt 时,只需一次性开发应用程序,就可跨不同桌面和嵌入式操作系统进行部署,而无须重新编写源代码,图 7-1 中显示了 Qt 强大的跨平台特性。因此,Qt 具有直观、易学易用等特点,并且它生成的代码具有易理解、易维护的特点。

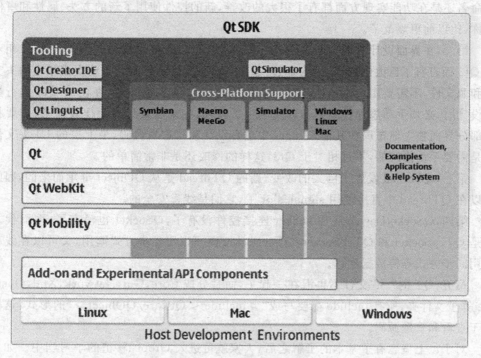

图 7-1 Qt SDK 体系结构

Qt 类库中集成了功能强大的类和模块(如图 7-2 所示):Qt 核心模块、Qt WebKit 集成、GUI 模块、网络模块、数据库模块、XML 模块以及 OpenGL 模块等,除此之外,Qt 跨平台多线程功能简化了并行编程,增加的并发功能便于利用多核架构。由此可以看出,Qt 中的 C++类库提供一套丰富的应用程序生成块,包含了构建高级跨平台应用程序所需的全部功能。

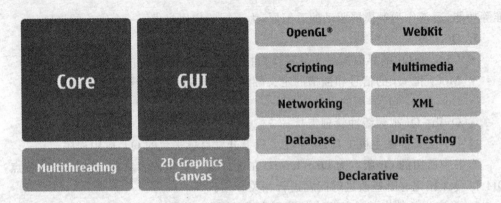

图 7-2 Qt 模块化类库结构

Qt4 相较 Qt3 增加了许多新功能：

第一，Qt4 在保持了旧的控件的基础上又提供了大量的新控件，而且新控件无论是在命名还是在功能实现方面都有了很大的改善，新的控件使用了新的方法、属性和事件名称，比以前更规范了。

第二，在界面设计方面，即 QtDesigner 的设计可以直接生成相应的代码，Qt4 相对于 Qt3 而言有了巨大的进步，因为通过 QtDesigner 设计的界面会自动生成相应的头文件和源文件，不需要用户做任何改动。而使用过 Qt3 的人都知道，在使用 Qt3 进行界面设计时，必须手动添加代码到布局代码中。另外，如果所设计界面比较复杂，需要将某部分界面独立地布局在其他 Widget 中进行设计和写逻辑代码，最上层的 UI 头文件还是需要手动修改的，不过相对于 Qt3，这样的修改还是非常简单的。

第三，QThread 发生了巨大的改变，新的 QThread 是从 QObject 继承而来的，因此可以在 QThread 中直接使用 signal/slot 了，它们是线程安全的。

第四，QSocketDevice 底层 socket 连接控件没有了，QSocket 也没有了，取而代之的是 QTcpSocket 和 QTcpServer，QTcpSocket 既可以用异步方式调用，又可以在线程中用同步方式等待数据到达。

第五，QT 的".h"文件不再混在一起了，而是分成 Core, Gui, Network, Xml, OpenGL 等子文件夹，所有 include 都要写成"#include <QtCore/QObject>"的形式，这样便于查看和管理源码。

对于以上概念有了基本的了解之后，大家就可进入 Qtopia 移植的学习当中。如下是硬件、主机环境以及编译所需源文件。

- 硬件：S3C2440；
- 开发板操作系统：嵌入式 Linux，内核版本为 2.6.29；
- 主机环境：Redhat 9.0；
- 交叉编译工具：arm-linux-gcc-4.3.2；
- Qtopia 源码：qtopia-x11-opensource-src-4.5.3.tar.gz, qtopia-embedded-open-

source-src-4.5.3.tar.gz;
- tslib 源码：tslib-1.4.tar.gz。

7.2.1　Qt 主机开发环境搭建

Qt/Embedded 的开发环境具有较好的可移植性，它提供了几个跨平台工具使开发周期短、开发工具使用更加方便等特点。

本书所用主环境为 Redhat 9.0，安装文件为 arm-linux-gcc-4.3.2.tar.gz，可以在官网上下载，这些编译工具在 Linux 官网上都有发布和定时更新。

首先，要建立安装环境，这里要注意一个问题，对于 Qt4 系列的交叉编译器最好选用 gcc4 系列以上版本，本书所用版本为 4.3.2，从官网上下载 arm-linux-gcc-4.3.2.tar.gz 安装包，按照以下步骤可完成 arm-linux-gcc 的安装。

1. 解压 arm-linux-gcc-4.3.2.tar.gz

进入安装包所在目录，arm-linux-gcc-4.3.2.tar.gz 文件安装在目录/tmp，在终端进行如下操作*：

```
[root@localhost tmp]# cd /tmp
[root@localhost tmp]# tar zxvf arm-linux-gcc-4.3.2.tar.gz -C /
```

注意，这里在大写字母 C 后面有个空格，C 是英文单词 Change 的第一个字母，是改变目录的意思。执行该命令后，将把 arm-linux-gcc 安装到/usr/loca/arm/4.3.2 目录。

2. 设置路径变量

然后，进入目录/usr/local 就可以看到此目录下多了个 arm 子目录，进入 arm 子目录就会发现 4.3.2 目录，说明安装成功，可进行相应路径变量的设置：

```
[root@localhost tmp]# cd /usr/local
[root@localhost local]# ls
arm  bin  etc  games  include  lib  libexec  qt  sbin  share  src
//执行目录文件以查看命令 ls,就会看到文件夹下的 arm 文件夹
[root@localhost local]# cd arm
[root@localhost arm]# ls
4.3.2
//执行目录文件以查看命令,查看安装是否成功
[root@localhost arm]# export PATH=/usr/local/arm/4.3.2/bin:$PATH
//将 gcc 所在路径添加到路径变量中
```

这样就把交叉编译器的地址变量设置好了，但这样设置路径变量的方法只在此终端中生效，对其他的终端无效，若要设置对所有用户所有终端都有效的路径变量，要在

---

* 本书第 7 章和第 8 章终端输入的命令用加粗形式便于读者阅读。

/etc/profile 文件的最后一行添加"export PATH =/usr/local/arm/4.3.2/bin：$PATH"，保存后退出，注销系统即生效。

3. 安装查看命令

执行完上述配置操作之后，注销系统，重新启动，在终端输入版本查看命令可查看安装的版本号：

```
[root@localhost root]# arm-linux-gcc -v
Using built-in specs.
Target: arm-none-linux-gnueabi
Configured with: /scratch/julian/lite-respin/linux/src/gcc-4.3/configure --build=i686-pc-linux-gnu --host=i686-pc-linux-gnu --target=arm-none-linux-gnueabi --enable-threads --disable-libmudflap --disable-libssp --disable-libstdcxx-pch --with-gnu-as --with-gnu-ld --enable-languages=c,c++ --enable-shared --enable-symvers=gnu --enable-__cxa_atexit --with-pkgversion='Sourcery G++ Lite 2008q3-72' --with-bugurl=https://support.codesourcery.com/GNUToolchain/ --disable-nls --prefix=/opt/codesourcery --with-sysroot=/opt/codesourcery/arm-none-linux-gnueabi/libc --with-build-sysroot=/scratch/julian/lite-respin/linux/install/arm-none-linux-gnueabi/libc --with-gmp=/scratch/julian/lite-respin/linux/obj/host-libs-2008q3-72-arm-none-linux-gnueabi-i686-pc-linux-gnu/usr --with-mpfr=/scratch/julian/lite-respin/linux/obj/host-libs-2008q3-72-arm-none-linux-gnueabi-i686-pc-linux-gnu/usr --disable-libgomp --enable-poison-system-directories --with-build-time-tools=/scratch/julian/lite-respin/linux/install/arm-none-linux-gnueabi/bin --with-build-time-tools=/scratch/julian/lite-respin/linux/install/arm-none-linux-gnueabi/bin
Thread model: posix
gcc version 4.3.2 (Sourcery G++ Lite 2008q3-72)
//输入版本号查看命令即可查看安装的 arm-linux-gcc 版本号为 4.3.2
```

7.2.2 交叉编译并安装 Qtopia 4.5.3

1. 安装准备工作

在 Redhat 9.0 下创建目录：

```
[root@localhost root]# mkdir -p /usr/local/qt
```

将所要用到的安装文件都复制到该目录下：

```
[root@localhost tmp]# cp qt-embedded-linux-opensource-src-4.5.3.tar.gz /usr/local/qt
[root@localhost tmp]# cp qt-x11-linux-opensource-src-4.5.3.tar.gz /usr/local/qt

[root@localhost tmp]# cp tslib-1.4.tar.gz /usr/local/qt
```

2. 编译并安装 qt-x11 及 qvfb

qt-x11 版本包括 Qt 开发工具，如 designer、qvfd、moc、uic 等，有了 qvfb，嵌入式的开发可以不需要开发板也可以开发 Qt 应用程序，qt-embedded 版本就是专门用于嵌入式方面的版本。

首先，进入安装文件所在的目录：

```
[root@localhost root]# cd /usr/local/qt
[root@localhost qt]# tar zxvf qt-x11-linux-opensource-src-4.5.3.tar.gz
```

然后对 qt-x11 压缩文件进行解压，将压缩文件解压到当前文件夹。下面是对 qt-x11 文件的配置：

```
[root@localhost qt]# cd qt-x11-opensource-src-4.5.3
[root@localhost qt-x11-opensource-src-4.5.3]# ./configure
```

上述命令是完成相应的配置工作，输入上述命令后，会出现相应的询问页面，询问是选择商业还是开源，在这里选择开源（输入"o"后按"回车"键）。然后会弹出是否接受协议的界面，选择接受协议（输入"yes"后按"回车"键）。

然后在 Redhat 9.0 中进行相应的链接配置，如果在 Fedora 下安装则可跳过去进行下面的配置：

```
[root@localhost root]# ln -s /usr/kerberos/include/com_err.h /usr/include/com_err.h
[root@localhost root]# ln -s /usr/kerberos/include/profile.h /usr/include/profile.h
[root@localhost root]# ln -s /usr/kerberos/include/krb5.h /usr/include/krb5.h
```

注意：这一步很重要，如果在 Redhat 9.0 环境下不进行相应的配置，则 gmake 命令执行时将会出现如下错误：

```
In file included from /usr/include/openssl/ssl.h:179,
from qsslsocket_openssl_p.h:83,
from qsslsocket_openssl_symbols_p.h:68,
from qsslcertificate.cpp:119：
/usr/include/openssl/kssl.h:72:18: krb5.h: 没有那个文件或目录
In file included from /usr/include/openssl/ssl.h:179,
from qsslsocket_openssl_p.h:83,
from qsslsocket_openssl_symbols_p.h:68,
from qsslcertificate.cpp:119：
/usr/include/openssl/kssl.h:132: 'krb5_enctype' is used as a type, but is not
defined as a type.
/usr/include/openssl/kssl.h:134: parse error before `*' token
/usr/include/openssl/kssl.h:147: parse error before `*' token
/usr/include/openssl/kssl.h:151: parse error before `*' token
```

```
/usr/include/openssl/kssl.h:153: parse error before `*' token
/usr/include/openssl/kssl.h:155: parse error before `*' token
/usr/include/openssl/kssl.h:157: parse error before `*' token
/usr/include/openssl/kssl.h:159: `krb5_context' was not declared in this scope
/usr/include/openssl/kssl.h:159: parse error before `,' token
/usr/include/openssl/kssl.h:160: `krb5_context' was not declared in this scope
/usr/include/openssl/kssl.h:160: parse error before `,' token
/usr/include/openssl/kssl.h:163: `krb5_timestamp' was not declared in this scope
/usr/include/openssl/kssl.h:163: parse error before `,' token
/usr/include/openssl/kssl.h:165: parse error before `*' token
/usr/include/openssl/kssl.h:167: `krb5_enctype' was not declared in this scope
/usr/include/openssl/kssl.h:167: parse error before `,' token
make[1]: *** [.obj/release-shared/qsslcertificate.o] Error 1
make[1]: Leaving directory `/tmp/qt-x11-opensource-src-4.3.2/src/network'
make: *** [sub-network-make_default-ordered] Error 2
[root@localhost qt-x11-opensource-src-4.5.3]#
```

可以看出在编译中缺少一些链接头文件，在相应的目录下无法找到这些头文件，于是需执行上述链接命令。

注意：gmake 命令的执行时间大概为 2～3 个小时，如果出现上述错误需要重新编译就会浪费大量时间。

完成上述操作后，输入"gmake"命令进行编译：

```
[root@localhost qt-x11-opensource-src-4.5.3]# gmake
```

此命令用来生成 lib、designer 和 uic 等。此操作需要很长时间才能完成，需耐心等待。

编译完成后，输入以下命令：

```
[root@localhost qt-x11-opensource-src-4.5.3]# gmake -C tools/qvfb
//在安装完成后会在此目录下生成 tools/qvfb,在这里有一些 Qt 文件运行过程所需的库文件，否则在进行后续过程中会报错。
[root@localhost qt-x11-opensource-src-4.5.3]# gmake install
//此命令用以完成相应的安装工作
```

gmake install 就是将 lib、tool 和 doc 复制到/usr/local/qt/qt-x11-opensource-src-4.5.3 文件夹下。

完成上述工作后，会在/usr/local 目录下生成一个 Trolltech 目录，形成/usr/local/Trolltech 目录，这是 qt-x11-opensource-src-4.5.3 安装后所在的目录，进入/usr/local/Trolltech 会看到一个 Qt-4.5.3 的目录，需要将/usr/local/qt/qt-x11-opensource-src-4.5.3/tools/qvfb 目录下的 qvfb 相关文件复制到/usr/local/Trolltech/Qt-4.5.3/bin 目录下，在终端中进行如下操作（确定当前目录是/usr/local/qt/qt-x11-opensource-src-4.5.3）：

第7章 Linux下应用程序的开发和移植

```
[root@localhost qt-x11-opensource-src-4.5.3]# cp tools/qvfb/qvfb * /usr/local/
Trolltech/Qt-4.5.3/bin
```

进入/usr/local/Trolltech/Qt-4.5.3 目录,设置 qt-x11 的环境变量,新建脚本 setenv.sh 用以设置环境变量,将 qt-x11 所在路径添加至原路径的环境变量中,在终端中进行如下操作:

```
[root@localhost qt-x11-opensource-src-4.5.3]# cd /usr/local/Trolltech/Qt-4.5.3
[root@localhost Qt-4.5.3]# vi setenv.sh
```

上述命令使用 vi 编辑器新建 setenv.sh 脚本,在脚本中添加如下内容:

```
PATH=/usr/local/Trolltech/Qt-4.5.3/bin:$PATH
LD_LIBRARY_PATH=/usr/local/Trolltech/Qt-4.5.3/lib:$LD_LIBRARY_PATH
```

完成添加后,按下 ESC 键进入命令模式,使用命令:wq 保存并退出该脚本文件,于是 qt-x11-opensource-src-4.5.3 就编译安装成功了,此过程大约需要 4 个小时。

下面对安装的 qt-x11 进行测试:

```
[root@localhost qt-x11-opensource-src-4.5.3]# cd /usr/local/Trolltech/Qt-4.5.
3/bin
[root@localhost bin]# ./qtdemo
//运行安装包文件中自带的例程
```

出现图 7-3 所示的 Qt Examples and Demos 窗口,它们都是 Qt 中自带的一些示

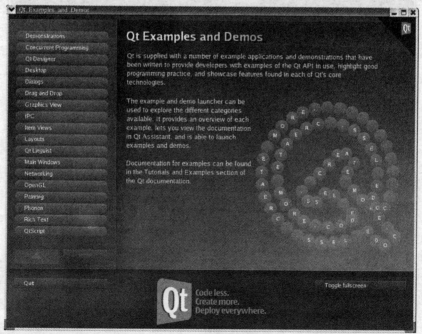

图 7-3 qtdemo 窗口

例程序，左边列出的是对各个控件工具使用的示例程序，选择运行可以看到其演示效果。至此 qt-x11 的安装就完成了。

例如，要查看相关对话框控件的使用，单击左边菜单栏列表中的 Dialogs 选项就得到如图 7-4(a)所示的 Dialog 对话框的一系列示例程序。假设要查看标准对话框的使用，单击"Standard Dialogs"按钮，再单击右下角的"Launch"按钮就会运行 Standard Dialogs 例程，运行结果如图 7-4(b)所示。

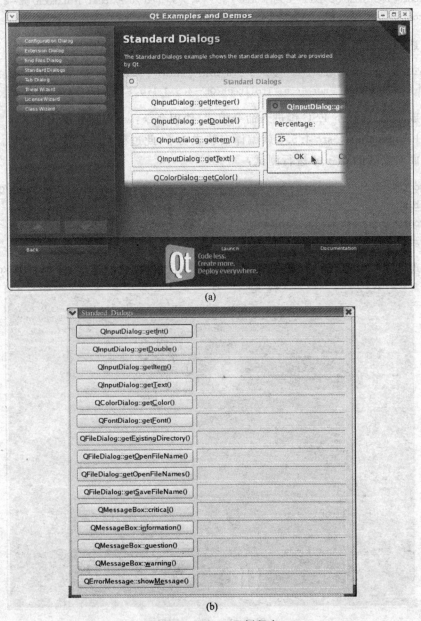

图 7-4 Dialogs 示例程序

在 Standard Dialogs 示例程序中单击不同的按钮会出现不同类型的"标准对话框"。如果想进一步了解其细节,可以单击 Qt Examples and Demos 对话框中的 Documentition 按钮(如图 7-3 所示)显示帮助文档 Qt Assistant,如图 7-5 中所示。Qt Assistant 有对这些示例程序的详细介绍和源代码,给用户带来了很大的方便。

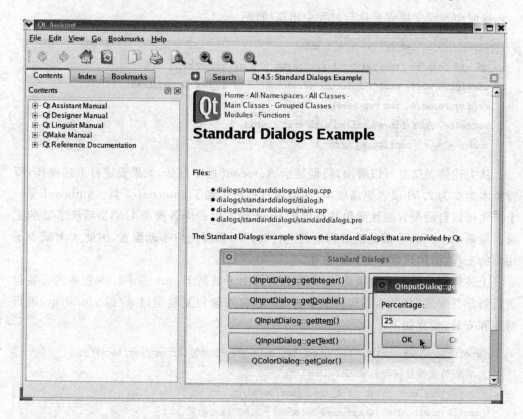

图 7-5　Qt Assistant 帮助文档

3. 解压及编译触摸屏软件 tslib-1.4.tar.gz

进入安装文件所在的文件夹并对其解压:

```
[root@localhost qt-x11-opensource-src-4.5.3]# cd /usr/local/qt
[root@localhost qt]# tar zxvf tslib-1.4.tar.gz
```

这时在/usr/local/qt 目录下生成了/usr/local/qt/tslib 目录,进入该目录并按如下过程完成相应的配置工作:

```
[root@localhost qt]# cd tslib-1.4
[root@localhost tslib-1.4]# ./autogen.sh
//运行 autogen.sh 脚本文件,此步用于在该文件夹下生成 configure 配置文件
```

此时查看该目录会发现有了 configure 文件,对该文件进行如下配置:

```
[root@localhost tslib-1.4]#./configure -enable-inputapi=no --host=arm-linux
-prefix=/usr/local/tslib/ ac_cv_func_malloc_0_nonnull=yes
//以上用以完成 configure 内部变量的一些设置工作
[root@localhost tslib-1.4]#make
```

这时会发现文件安装执行过程中出现错误:

```
[root@localhost tslib-1.4]#make
cd . && /bin/sh /tmp/tslib-1.4/missing --run autoconf
configure.ac:4: error: Autoconf version 2.59 or higher is required
configure.ac:4: the top level
autom4te:/usr/bin/m4 failed with exit status:1
make:*** [configure] Error 1
```

从上述错误信息可以看出,错误显示 Autoconf 版本过低,如果要进行上述操作,所需版本至少为 2.59 或者更高版本,在编译过程中用到了 autoconf 工具。autoconf 是一个产生可以自动配置源代码包并且生成 shell 脚本以适应各种类 UNIX 系统需要的工具。通常 autoconf 生成的配置脚本在运行时并不需要用户手动配置,因此大大减少了用户的工作,给用户带来很大的方便。

上述错误的解决方法很简单,只要到官网上下载高于 autoconf-2.59 版本的安装包进行解压并安装即可,本书所选版本为 2.60,将安装包复制至目录/usr/local/qt,进行解压和安装,步骤如下:

```
[root@localhost tslib-1.4]#cp /tmp/autoconf-2.60.tar.gz /usr/local/qt
//将安装文件复制至目录/usr/local/qt
[root@localhost tslib-1.4]#cd /usr/local/qt
[root@localhost qt]#tar zxvf autoconf-2.60.tar.gz
//进入安装目录并将文件解压至当前文件夹
[root@localhost qt]#cd autoconf-2.60
[root@localhost autoconf-2.60]#./configure -prefix=/usr
//配置安装目录并生成相关 makefile 文件
[root@localhost autoconf-2.60]#make
[root@localhost autoconf-2.60]#make install
//安装 autoconf-2.60
```

现在可继续进行 tslib-1.4.tar.gz 的安装。

```
[root@localhost autoconf-2.60]#cd /usr/local/qt/tslib-1.4
[root@localhost tslib-1.4]#make
[root@localhost tslib-1.4]#make install
//也可以用命令 make install -strip 生成简化后的应用程序
```

第 7 章 Linux 下应用程序的开发和移植

至此,触摸屏的安装工作就已经完成了,由于该触摸屏程序最终要移植到 ARM 中,所以要对其进行打包操作,即:

```
[root@localhost tslib-1.4]#cd ../
//进入上一级目录
[root@localhost qt]#tar czvf tslib.tar.gz tslib-1.4
//将触摸屏运行库文件打包至压缩包 tslib.tar.gz 中
```

4. 编译及安装 qt-embedded-linux-opensource-src-4.5.3

qt-embedded 版本就是专门用于嵌入式方面的版本。安装的具体流程:要对 qt-embedded 复制两份,通过解压将其安装在不同路径,并对其重新命名分别为 qt-embedded-linux-opensource-src-4.5.3-x86 和 qt-embedded-linux-opensource-src-4.5.3-arm。根据命名可以看出前者是针对 X86 架构建立的,而后者是针对 ARM 架构建立的。

前面安装的 qt-x11 就是针对 X86 结构的,为什么还要解压安装 qt-embedded-linux-opensource-src-4.5.3-x86？这是因为 qt-embedded 是用来在嵌入式平台开发环境下运行的,编译成 X86 架构的程序可以在嵌入式结构为 X86 的环境下运行。当然确定以后不会用到 X86 嵌入式开发环境,那么可以将此省略,只进行 ARM 平台的配置即可。

进入安装文件所在目录并对安装文件进行解压:

```
[root@localhost root]#cd /usr/local/qt
//进入安装目录
[root@localhost qt]#tar zxvf qt-embedded-linux-opensource-src-4.5.3.tar.gz
//解压安装文件
[root@localhost qt]#mv qt-embedded-opensource-src-4.5.3 qt-embedded-opensource-src-4.5.3-x86
//使用 mv 命令将解压文件重命名为 qt-embedded-opensource-src-4.5.3-x86
```

上述命令是进入安装文件所在的文件夹,对 qt-embedded 压缩文件进行解压,将压缩文件解压到当前文件夹,并对其进行重命名。

同上,进行 qt-embedded-opensource-src-4.5.3-arm 的解压安装,操作如下:

```
[root@localhost qt]#tar zxvf qt-embedded-linux-opensource-src-4.5.3.tar.gz
[root@localhost qt]#mv qt-embedded-opensource-src-4.5.3 qt-embedded-opensource-src-4.5.3-arm
```

这样,就分别得到了适合 X86 架构和 ARM 架构的解压缩文件,在进行相应的配置之前,要修改源文件 qt-embedded-linux-opensource-src-4.5.3/src/gui/text/qfontengine_ft.cpp 中第 710 行的语句 FT_Select_Size(face,i),将这条语句注释掉或者删除即可。如果不执行该操作会在执行 gmake 时候会出现错误:

```
text/qfontengine_ft.cpp:710: FT_Select_Size' undeclared (first use this function)
text/qfontengine_ft.cpp:710: (Each undeclared identifier is reported only oncefor each
function it appears in.)
gmake[1]: * * * [.obj/release-shared-emb-x86/qfontengine_ft.o] Error 1
```

从错误提示可以看出，函数 FT_Select_Size 没有定义，这是由于 FreeType 的版本太旧，解决这个问题的办法并不是唯一的，也可以在下面的./configure 命令进行配置时添加配置参数-no-freetype 也可以解决。

下面分别对安装文件进行配置，首先是 qt-embedded-linux-opensource-src-4.5.3-x86 的编译及安装配置。即进入/usr/local/qt/ qt-embedded-linux-opensource-src-4.5.3-x86 目录，进行编译安装：

```
[root@localhost qt]# cd /usr/local/qt/qt-embedded-opensource-src-4.5.3-x86
[root@localhost qt-embedded-opensource-src-4.5.3-x86]# ./configure -prefix /usr/local/Trolltech/QtEmbedded-4.5.3-x86 -embedded x86 -qvfb
//完成 X86 架构下相应的配置工作
[root@localhost qt-embedded-opensource-src-4.5.3-x86]# gmake
[root@localhost qt-embedded-opensource-src-4.5.3-x86]# gmake install
```

其中第二条命令是完成相应的配置工作，-prefix 用来生成 makefile 文件，后面则指定 configure 文件中变量的值，即指定安装和链接目录。

完成上述操作后，要测试 qvfb 能否正常使用，在终端中进行如下操作：

```
[root@localhost qt]# cd /usr/local/Trolltech/QtEmbedded-4.5.3-x86/bin/
[root@localhost bin]# ./qvfb & qtdemo -qws
```

上述命令用以对 qvfb 进行测试，如果能正常运行并显示运行结果则说明安装成功。

进入/usr/local/Trolltech/QtEmbedded-4.5.3-x86 目录，设置 qt-embedded-x86 环境变量：

```
[root@localhost bin]# cd /usr/local/Trolltech/QtEmbedded-4.5.3-x86
[root@localhost Qtembedded-4.5.3-x86]# vi setenv-x86.sh
//新建环境配置脚本文件 setenv-x86.sh
```

添加如下内容：

```
QTEDIR = /usr/local/Trolltech/QtEmbedded-4.5.3-x86
PATH = /usr/local/Trolltech/QtEmbedded-4.5.3-x86/bin:$PATH
LD_LIBRARY_PATH = /usr/local/Trolltech/QtEmbedded-4.5.3-x86/lib:$LD_LIBRARY_PATH
```

完成添加后，按 ESC 键进入命令模式，使用命令:wq 保存并退出该脚本文件，至此，qt-embedded-opensource-src-4.5.3-x86 就编译安装成功了。

接下来是 qt-embedded-linux-opensource-src-4.5.3-arm 的编译及安装配置。即进入/usr/local/qt/qt-embedded-linux-opensource-src-4.5.3-arm 目录,进行如下的编译和安装:

```
[root@localhost qt]# cd /usr/local/qt/qt-embedded-opensource-src-4.5.3-arm
[root@localhost qt-embedded-opensource-src-4.5.3-arm]# (echo o;echo yes) | ./configure -prefix /usr/local/Trolltech/QtEmbedded-4.5.3-arm -embedded arm -release -shared -fast -no-largefile -qt-sql-sqlite -no-qt3support -no-xmlpatterns -no-mmx -no-3dnow -no-sse -no-sse2 -no-svg -no-webkit -qt-zlib -qt-gif -qt-libtiff -qt-libpng -qt-libmng -qt-libjpeg -make libs -nomake tools -nomake examples -nomake docs nomakedemo -no-nis -no-cups -no-iconv -no-dbus -no-openssl -no-opengl -xplatform qws/linux-arm-g++ -little-endian no-freetype -depths 8,16,24,32 -qt-gfx-linuxfb -no-gfx-qvfb -no-kbd-qvfb -no-mouse-qvfb -no-gfx-transformed -no-gfx-multiscreen -no-gfx-vnc -qt-kbd-usb -no-glib -qt-mouse-tslib -I/usr/local/tslib/include -L/usr/local/tslib/lib
//完成 arm 架构下相应的配置工作
[root@localhost qt-embedded-opensource-src-4.5.3-arm]# gmake
[root@localhost qt-embedded-opensource-src-4.5.3-arm]# gmake install
```

其中,第二条命令用以完成相应的配置工作,后面的一系列参数就是完成 Qt 库的裁剪工作。

进入/usr/local/Trolltech/QtEmbedded-4.5.3-arm 目录,设置 qt-embedded-arm 环境变量:

```
[root@localhost bin]# cd /usr/local/Trolltech/QtEmbedded-4.5.3-arm
[root@localhost Qtembedded-4.5.3-arm]# vi setenv-arm.sh
//新建环境配置脚本文件 setenv-x86.sh
```

在所建的脚本文件中添加如下内容:

```
QTEDIR=/usr/local/Trolltech/QtEmbedded-4.5.3-arm
PATH=/usr/local/Trolltech/QtEmbedded-4.5.3-arm/bin:$PATH
LD_LIBRARY_PATH=/usr/local/Trolltech/QtEmbedded-4.5.3-arm/lib:$LD_LIBRARY_PATH
```

完成添加后,按下 ESC 键进入命令模式,使用命令:wq 保存并退出该脚本文件,至此,qt-embedded-opensource-src-4.5.3-arm 编译安装成功了。

注意,对 qt-x11、qt-embedded-x86 和 qt-embedded-arm 进行环境配置,便于使用不同平台时都可以对类库进行相应的调用。在编译时分别运行对应脚本以配置环境变量。比如若在 qt-x11 平台上运行,在终端中输入如下命令:

```
[root@localhost root]# cd /usr/local/Trolltech/Qt-4.5.3
[root@localhost Qt-4.5.3]# ./setenv.sh
```

这样,就可以使用 qmake,designer 和 qvfb 等工具了。

现在简单地总结一下 Qt 在 PC 机上的安装步骤,首先,使用 qt-x11 提供的库和开发工具开发出 Qt 应用程序,然后使用 qt-embedded 关于 X86 库和工具再次编译所开发的 Qt 应用程序,这时所得到的可执行文件可以在 qvfb 上运行了,最后,使用 qt-embeddedd 的 ARM 库再次编译就可以得到在 ARM 上能运行的可执行程序。

下面将进行开发板上 Qt-4.5.3 的移植工作。

5. 将 Qt 移植到开发板上

按照如下过程可将运行库移植到 TQ2440 开发板上。

首先,在 TQ2440 板上创建目录:

```
[root@localhost root]#mkdir -p /usr/local/Trolltech/QtEmbedded-4.5.3-arm/bin
[root@localhost root]#mkdir -p /usr/local/Trolltech/QtEmbedded-4.5.3-arm/lib
[root@localhost root]#mkdir -p /usr/local/tslib
```

上面的三个文件夹分别用来存放 Qt 运行所需要的一些可执行文件、链接所需的库文件以及触摸屏的字库文件。

接下来进行库文件的复制,把 PC 机中/usr/local/Trolltech/QtEmbedded-4.5.3-arm/lib 文件夹下的库文件复制至 TQ2440 开发板的/usr/local/Trolltech/QtEmbedded-4.5.3-arm/lib 库文件夹下。

其实,开发板中所用 lib 库文件中的文件包含:libQtGui.so.4、libQtCore.so.4、libQtNetwork.so.4、libts-0.0.so.0。

这四个文件分别表示 Qt 开发工具中的 GUI 库链接文件、Qt 库中封装好的常用 API 接口库函数、联网所需的 API 接口函数以及触摸屏所用到类库 API 接口函数。前三个文件在目录/usr/local/Trolltech/QtEmbedded-4.5.3-arm/lib 下,而 libts-0.0.so.0 文件在/usr/local/tslib/lib 目录下。

此外,还要用到/usr/local/Trolltech/QtEmbedded-4.5.3-arm/lib/fonts 目录下的字库头文件。

完成上述复制工作后,进行触摸屏软件的复制工作。将 PC 机上/usr/local/qt/tslib-1.4 文件夹内容复制到开发板的/usr/local/tslib 文件夹中,或者将"3. 解压及编译触摸屏软件 tslib-1.4.tar.gz"中的触摸屏运行库文件压缩包 tslib.tar.gz 复制到开发板的/usr/local/tslib 文件夹中并进行解压。

最后,在开发板上建立环境变量,修改开发板上/etc/profile 文件,添加以下内容:

```
export QTDIR = /usr/local/Trolltech/QtEmbedded-4.5.3-arm
export QPEDIR = /usr/local/Trolltech/QtEmbedded-4.5.3-arm
export TSLIB_ROOT = /usr/local/tslib
export PATH = $QTDIR/bin:$PATH
export TSLIB_CONSOLEDEVICE = none
export TSLIB_FBDEVICE = /dev/fb0
export TSLIB_TSDEVICE = /dev/input/event0
```

```
export TSLIB_PLUGINDIR = $ TSLIB_ROOT/lib/ts
export TSLIB_CONFFILE = $ TSLIB_ROOT/etc/ts.conf
export TSLIB_CALIBFILE = /etc/pointercal
export QWS_MOUSE_PROTO = Tslib:/dev/input/event0
export QWS_DISPLAY = LinuxFb:/dev/fb0
export QWS_SIZE = 320x240
export LD_LIBRARY_PATH = $ TSLIB_ROOT/lib:$ QTDIR/lib:/usr/local/lib:$ LD_LIBRARY_PATH
```

以上用以完成路径的添加工作,将 Qt 运行路径添加到原路径中,这样在进行 Qt 程序开发时就不必每次都导入路径了。

修改 TQ2440 文件系统中/usr/local/tslib/etc/ts.conf 文件。把该文件第二行语句"# module_raw input"前面的"#"和空格去除,使语句"module_raw input"生效,保存后退出。

至此,Qt-4.5.3 的移植工作完成了,如果要用到触摸屏,还要进行相应的触摸屏校准设置,但是前提是已经完成了触摸屏驱动,由于本章重点在引导大家如何完成 Qt 的移植工作,因此,这里对触摸屏的校准就不做相关的介绍了。下面可以在 PC 机和开发板上进行相应的 GUI 应用程序开发。

7.2.3 开发第一个 Qt 程序:Hello world!

安装和移植工作完成之后,就可以进行程序开发了,第一个程序是一个简单的"Hello World!"例子。它包含建立和运行 Qt 应用程序所需要的最少的代码。下面进行相应程序的编写。

进入 Linux 系统终端执行如下命令:

```
[root@localhost root]# mkdir /tmp/helloworld
[root@localhost root]# cd/tmp/helloworld
[root@localhost helloworld]# vi main.cpp
```

在/tmp 文件夹下创建文件夹 helloworld,进入 helloworld 目录用 vi 编辑器新建并打开程序文件 main.cpp。在该程序文件中输入以下代码:

```
#include <qapplication.h>
#include <qpushbutton.h>
int main( int argc, char * * argv )
{
QApplication a( argc, argv );
QPushButton hello( "Hello world!");
hello.show();
QObject::connect(&hello,SIGNAL(clicked()),&a,SLOT(quit()));
return a.exec();
}
```

保存并退出 main.cpp 文件,然后在 PC 机上运行 helloworld,可按如下操作在 qt-x11 下配置环境变量、编译并运行 main.cpp 程序:

```
[root@localhost tmp]# cp helloworld /usr/local/Trolltech/Qt-4.5.3
[root@localhost tmp]# cd /usr/local/Trolltech/Qt-4.5.3
[root@localhost Qt-4.5.3]# source setenv.sh
[root@localhost Qt-4.5.3]# cd helloworld
[root@localhost helloworld]# qmake -project
[root@localhost helloworld]# qmake
[root@localhost helloworld]# make
g++ -c -pipe -O2 -Wall -W -D_REENTRANT -DQT_NO_DEBUG -DQT_GUI_LIB -DQT_CORE_LIB -DQT_SHARED -I../mkspecs/linux-g++ -I. -I../include/QtCore -I../include/QtGui -I../include -I. -I. -o helloworld.o helloworld.cpp
g++ -Wl,-O1 -Wl,-rpath,/usr/local/Trolltech/Qt-4.5.3/lib -o helloworld helloworld.o -L/usr/local/Trolltech/Qt-4.5.3/lib -lQtGui -L/usr/local/Trolltech/Qt-4.5.3/lib -L/usr/X11R6/lib -lpng -lfreetype -lSM -lICE -lXrender -lfontconfig -lXext -lX11 -lQtCore -lz -lm -lrt -ldl -lpthread
[root@localhost helloworld]# ./helloworld
```

运行结果如图 7-6 所示。

单击 Hello World! 按钮可退出程序。此时查看 helloworld 文件夹目录下的文件,会发现除了 main.cpp 以外,又增加了如下文件:

图 7-6 PC 机上 helloworld 程序运行结果

```
[root@localhost helloworld]# ls
helloworld helloworld.pro main.cpp main.o Makefile
```

其中,Makefile 是文件编译的规则定义,main.o 文件则是编译器在编译过程中生成的目标文件,helloworld.pro 文件则是创建工程时生成的工程文件,helloworld 文件就是最终的可执行文件。

上面是程序运行效果,下面来一行一行地解说源程序:

```
#include <qapplication.h>
```

这一行包含了 QApplication 类的定义。在每一个使用 Qt 应用程序都必须使用一个 QApplication 对象。QApplication 管理了各种各样的应用程序资源,比如默认的字体和光标。

```
#include <qpushbutton.h>
```

这一行包含了 QPushButton 类的定义。参考 QT 帮助文档开始部分提到了使用哪个类就必须包含哪个头文件的说明。

QPushButton 是一个经典的图形用户界面按钮。一个窗口部件就是一个可以处理用户输入和绘制图形的用户界面对象。用于改变它的全部观感和主要属性(比如颜色),以及这个窗口部件的内容。一个 QPushButton 可以显示一段文本或者一个 QPixmap。

```
int main( int argc, char * * argv )
{
```

main()函数是程序的入口。使用 Qt 时 main()只需把控制转交给 Qt 库之前执行一些初始化,然后 Qt 库通过事件来向程序告知用户的行为。

argc 是命令行变量的数量,argv 是命令行变量的数组。这是一个 C/C++特征。它不是 Qt 专有的,无论如何 Qt 需要处理这些变量。

```
QApplication a( argc, argv );
```

该语句中的"a"是这个程序的 QApplication。它在这里被创建并且处理这些命令行变量(比如在 X Window 口下的-display)。请注意,所有被 Qt 识别的命令行参数都会从 argv 中被移除。关于细节请看 QT 帮助文档中 QApplication::argv()部分。

注意:在任何 Qt 窗口系统部件被使用之前创建 QApplication 对象是必须的。

```
QPushButton hello( "Hello world!" );
```

它是第一个窗口系统代码:用于合建一个按钮。这个按钮被设置成显示"Hello world!"并且它自己构成了一个窗口:

```
hello.show();
```

创建一个窗口部件时,它是不可见的。必须调用 show()来使它变为可见的:

```
QObject::connect(&hello,SIGNAL(clicked()),&a,SLOT(quit()));
```

该语句用到了信号和插槽机制,信号和插槽机制是 Qt 的核心机制,要精通 Qt 编程就必须对信号和插槽有所了解。信号和插槽是一种高级接口,应用于对象之间的通信,它是 Qt 的核心特性,也是 Qt 区别于其他工具包的重要地方。信号和插槽是 Qt 自行定义的一种通信机制,它独立于标准的 C/C++语言。

这里的 connect 是 QObject 的一个库函数,负责信号与插槽的连接,此时按钮的 click()事件作为信号函数,而 quit()函数则作为响应信号的插槽函数,因此,当按键按下时会调用系统的 quit()函数以退出:

```
return a.exec();
```

该语句就是 main()把控制转交给 Qt,并且当应用程序退出时 exec()就会返回。

在 exec()中,Qt 接受并处理用户和系统的事件并且把它们传递给对应的窗口部件。

现在可以试着编译和运行这个程序。

编译一个 C++应用程序,需要创建一个 makefile。创建一个 Qt 的 makefile 最容易的方法是使用 Qt 提供的连编工具 qmake。如果已经把 main.cpp 保存到它自己的目录了,需要进行如下操作:

```
[root@localhost helloworld]#qmake -project
[root@localhost helloworld]#qmake
[root@localhost helloworld]#ls
helloworld helloworld.pro main.cpp main.o Makefile
```

第一个命令调用 qmake 来生成一个.pro(项目)文件。第二个命令根据这个项目文件来生成一个系统相关的 makefile。现在可以输入"make"或者"nmake"(使用 Visual Studio 就用 nmake),然后运行第一个 Qt 应用程序:

```
[root@localhost helloworld]#./hello
```

运行时会看到一个被单一按钮充满的小窗口,上面写着:
Hello World!

7.3 MiniGUI 移植

Minigui 是由北京飞漫软件技术有限公司拥有版权并主持和维护的自由软件,MiniGUI 是国内首款嵌入式开源 GUI 应用程序开发软件,其目的是为实时嵌入式操作系统建立一个实时性好、性能稳定并且占用存储空间小的图形用户界面支持系统;并且提供了相关的软件包和移植及开发技术支持服务。

MiniGUI 是一款支持多个操作系统的应用程序开发软件,它不仅在操作系统支持方面已经实现了 μC/OS-II、Linux、μClinux、VxWorks、pSOS 等操作系统的支持,并且在不同的嵌入式操作系统中也提供了完全兼容的 API 函数接口。在 MiniGUI 上开发的应用程序通过 ANSI C 库提供的库函数以及 MiniGUI 自身提供的 API 接口函数实现指定的功能。如图 7-7 中所示,MiniGUI 具有良好的架构和跨平台特性,它将底层硬件的细节都隐藏起来,上层应用程序的开发和实现不需要了解底层的硬件平台就可以完成相应的开发工作,因此,MiniGUI 具有良好的跨平台特性。

本书中嵌入式系统采用 Linux 操作系统,首先要使用宿主机(PC 机)对 MiniGUI 的源代码进交叉编译,生成 MiniGUI 静态链接库文件;然后,在宿主机上对 Minigui 应用程序也进行交叉编译,与 MiniGUI 静态链接库链接生成目标板上可运行的 FLAT 格式;最后,在目标板 Linux 操作系统上搭建 MiniGui 运行环境,即安装 MiniGui 的资源文件和运行时的配置文件,将 MiniGui 的应用程序(FLAT 格式文件)下载和运行。

以下是硬件、主机环境以及编译所需源文件。
- 硬件:S3C2440;
- 开发板操作系统:嵌入式 Linux,内核版本为 2.6.29;
- 主机环境:Redhat 9.0;

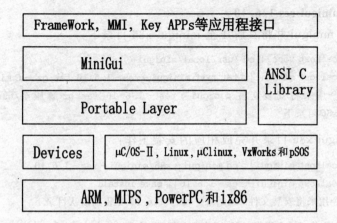

图 7-7 MiniGui 与嵌入式操作系统的关系

- 交叉编译工具：arm-linux-gcc-4.3.2；
- 图形库源码：libminigui-1.6.10.tar.gz，minigui-res-1.6.10.tar.gz；
- 函数库源码：zlib-1.2.3.tar.gz，libpng-1.0.10rc1.tar.gz，libjpeg-1.0.10.tar.gz，freetype-1.3.1.tar.gz，popt-1.7.tar.gz。
- 示例程序及演示程序源码：mg-samples-str-1.6.10.tar.gz，mde-1.6.10.tar.gz。
- 根文件系统：root_default.tgz。

有了上述文件后，就可以进行相应的开发环境搭建以及移植工作了。

7.3.1 MiniGUI 开发环境搭建

在目录/usr/local 下创建文件夹 minigui，并将所要安装的源文件全部复制至此文件夹下：

```
[root@localhost root]#mkdir /usr/local/minigui
[root@localhost root]#cp /tmp/libminigui-1.6.10.tar.gz /usr/local/minigui
[root@localhost root]#cp /tmp/minigui-res-1.6.10.tar.gz /usr/local/minigui
...
//…表示函数库源码、示例程序以及演示程序源码都用 cp 命令复制至/usr/local/minigui 目录下
[root@localhost root]#cd /usr/local/minigui
[root@localhost minigui]#mkdir minigui-x86
[root@localhost minigui]#mkdir minigui-arm
```

在目录/usr/local/minigui 下创建文件夹 minigui-x86 和 minigui-arm，分别用来存放 X86 和 ARM 平台上的文件。

1. arm-linux-gcc 环境配置

此步在 7.2.1 节中已经有详细介绍了，具体安装和环境配置细节可以参照其内容。

2. 安装 minigui-res-1.6.10

进入目录 minigui 并将其解压至 minigui-x86 目录下：

```
[root@localhost root]# cd /usr/local/minigui
[root@localhost minigui]# tar zxvf minigui-res-1.6.10.tar.gz -C minigui-x86
//上述命令用来将安装文件 minigui-res-1.6.10.tar.gz 解压至/usr/local/minigui/
minigui-x86 目录下
```

进入 minigui-x86 目录并完成相应的安装工作：

```
[root@localhost minigui]# cd minigui-x86/minigui-res-1.6.10
[root@localhost minigui-res-1.6.10]# make install
//上述命令用来将安装文件 minigui-res-1.6.10 安装到默认目录下
```

完成上述操作后，MiniGUI 运行时所需的资源文件就被安装到/usr/local/lib/minigui/res/默认目录下。

3. 编译并安装 libminigui-1.6.10

进入目录 minigui 并将 libminigui-1.6.10.tar.gz 解压至 minigui-x86 目录下：

```
[root@localhost root]# cd /usr/local/minigui
[root@localhost minigui]# tar zxvf libminigui-1.6.10.tar.gz -C minigui-x86
//上述命令用来将安装文件 libminigui-1.6.10.tar.gz 解压至/usr/local/minigui/minigui
-x86 目录下
```

进入 minigui-x86 目录并完成相应的安装工作：

```
[root@localhost minigui]# cd minigui-x86/libminigui-1.6.10
[root@localhost libminigui-1.6.10]# ./configure
[root@localhost libminigui-1.6.10]# make
[root@localhost libminigui-1.6.10]# make install
//上述命令用来将安装文件 libminigui-1.6.10 安装至默认目录下
```

完成上述操作后，MiniGUI 运行时所需的库文件就被安装到/usr/local/lib/默认目录下。进入目录/usr/local/lib 中会发现编译生成的三个库文件：Libminigui、libmgext 以及 libvcongui。其中，libminigui 提供窗口管理和图形接口的核心函数库以及大量的标准控件；libmgext 是 libminigui 的一个扩展库，提供了一些高级控件以及"文件打开"、"颜色选择"对话框等；libvcongui 则为 Linux 操作系统提供了一个应用程序可用的虚拟控制台窗口，从而可以方便地在 MiniGUI 环境中运行字符界面的应用程序。

4. 编译并安装 mg-samples-str-1.6.10

进入目录 minigui 并将 mg-samples-str-1.6.10.tar.gz 解压至 minigui-x86 目录下：

```
[root@localhost root]# cd /usr/local/minigui
[root@localhost minigui]# tar zxvf mg-samples-str-1.6.10.tar.gz -C minigui-x86
```

//上述命令用来将安装文件 mg-samples-str-1.6.10.tar.gz 解压至/usr/local/minigui/minigui-x86 目录下

进入 minigui-x86 目录并完成相应的安装工作：

[root@localhost minigui]#cd minigui-x86/mg-samples-str-1.6.10
[root@localhost mg-samples-str-1.6.10]#./configure
[root@localhost mg-samples-str-1.6.10]#make
//上述命令用来将安装示例程序源文件 mg-samples-str-1.6.10 装至默认目录下

完成上述操作后，MiniGUI 中示例程序源代码就被安装到/usr/local/minigui/minigui-x86/mg-samples-str-1.6.10/src 默认目录下。

5. 编译安装 mda-1.6.10

进入目录 minigui 并将 mde-1.6.10.tar.gz 解压至 minigui-x86 目录下：

[root@localhost root]#cd /usr/local/minigui
[root@localhost minigui]#tar zxvf mda-1.6.10.tar.gz -C minigui-x86
//上述命令用来将安装文件 mda-1.6.10.tar.gz 解压至/usr/local/minigui/minigui-x86 目录下

进入 minigui-x86 目录并完成相应的安装工作：

[root@localhost minigui]#cd minigui-x86/mda-1.6.10
[root@localhost mda-1.6.10]#./configure
[root@localhost mda-1.6.10]#make
//上述命令用来将综合演示程序源文件 mda-1.6.10 安装至默认目录下

完成上述操作后，MiniGUI 中的综合演示程序源代码就被安装到各个子目录中。

6. 编译并安装 qvfb-1.1

进入目录 minigui 并将 qvfb-1.1.tar.gz 解压至 minigui-x86 目录下：

[root@localhost root]#cd /usr/local/minigui
[root@localhost minigui]#tar zxvf qvfb-1.1.tar.gz -C minigui-x86
//上述命令用来将安装文件 qvfb-1.1.tar.gz 解压至/usr/local/minigui/minigui-x86 目录下

进入 minigui-x86 目录并完成相应的安装工作：

[root@localhost minigui]#cd minigui-x86/qvfb-1.1
[root@localhost qvfb-1.1]#./configure
[root@localhost qvfb-1.1]#make
//上述命令用来将综合演示程序源文件 qvfb-1.1 安装至默认目录下

完成上述操作后，在 qvfb 子目录下可以看到可执行的 qvfb 程序，将其复制到系统目录即可运行。如果按 7.2.1 节搭建 Qt/Embedded 开发环境，可能存在无法编译成功的现象，主要是因为修改了/etc/ld.so.config 文件。"6. 编译 qvfb-1.1"这一步最简单的方法就是把搭建 Qt/Embedded 开发环境时生成的 qvfb 复制到/bin 目录。

7. 检验安装是否成功

进入示例程序源代码目录/usr/local/minigui/minigui-x86/mg-samples-str-1.6.10/src 运行示例程序 helloworld,具体操作如下：

首先需要能让程序找到所需要的库文件,minigui 的函数库安装在"/usr/local/lib"目录中,应确保该目录已经列在"/etc/ld.so.conf"文件中。修改"/etc/ld.so.conf"文件,命令为:vi /etc/ld.so.conf,添加"/usr/local/lib"。再执行命令:ldconfig,即可完成动态链接 minigui 程序所需要的库。

完成这一步之后,就可以在 qvfb 中运行 minigui 的程序。qvfb 需要设置一些参数:file→configure。设置为 640x480、16 位,如图 7-8(a)所示。

接下来就可以运行程序了,过程如下：

```
[root@localhost root]# cd /usr/local/minigui/minigui-x86/mg-samples-str-1.6.10/src
[root@localhost src]# ./helloworld
```

界面显示如图 7-8(b)中所示。

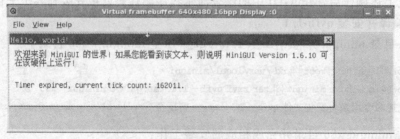

(a) 配置qvfb

(b) hello world运行结果

图 7-8   miniGUI 安装结果的检验

8. 交叉编译图形库

进入示例程序源代码目录/usr/local/minigui,将所依赖的函数库源码和交叉编译所需文件都解压至目录/usr/local/minigui/minigui-arm 下,其具体操作如下：

```
[root@localhost root]# cd /usr/local/minigui/
[root@localhost minigui]# tar zxvf libminigui-1.6.10.tar.gz -C minigui-arm
//解压 MiniGUI 图形库源码到 minigui-arm 目录
```

```
[root@localhost minigui]# tar zxvf minigui-res-1.6.10.tar.gz -C minigui-arm
//解压 MiniGUI 资源文件到 minigui-arm 目录
[root@localhost minigui]# tar zxvf mg-samples-str-1.6.10.tar.gz -C minigui-arm
//解压 MiniGUI 示例源码到 minigui-arm 目录
[root@localhost minigui]# tar zxvf mde-1.6.10.tar.gz -C minigui-arm
//解压 MiniGUI 综合演示源码到 minigui-arm 目录
[root@localhost minigui]# tar zxvf zlib-1.2.3.tar.gz -C minigui-arm
//解压 zlib 源码到 minigui-arm 目录
[root@localhost minigui]# tar zxvf libpng-1.0.10rc1.tar.gz -C minigui-arm
//解压 png 源码到 minigui-arm 目录
[root@localhost minigui]# tar zxvf jpegsrc.v6b.tar.gz -C minigui-arm
//解压 jpeg 源码到 minigui-arm 目录
[root@localhost minigui]# tar zxvf popt-1.7.tar.gz -C minigui-arm
//解压 popt 源码到 minigui-arm 目录
```

完成上述解压工作后,要进行如下编译和安装操作。

(1) 编译 zlib 库

由于 zlib 库的 configure 脚本不支持交叉编译选项,所以只好使用符号链接把 gcc 指向交叉编译器 arm-linux-gcc,在编译完后再改回来即可。

首先,把 gcc 指向交叉编译器 arm-linux-gcc:

```
[root@localhost minigui]# cd /usr/bin
[root@localhost bin]# mv gcc gcc_back
//备份 gcc 为 gcc_back
[root@localhost bin]# ln -s /usr/local/arm/4.3.2/bin/arm-linux-gcc ./gcc
//创建 gcc 到 arm-linux-gcc 的符号链接
[root@localhost bin]# mv ld ld_back
//备份 ld 为 ld_back
[root@localhost bin]# ln -s /usr/local/arm/4.3.2/bin/arm-linux-ld ./ld
//创建 ld 到 arm-linux-ld 的符号链接
```

接下来进行 zlib 库的交叉编译和安装工作:

```
[root@localhost bin]# cd /usr/local/minigui/minigui-arm/zlib-1.2.3
[root@localhost zlib-1.2.3]# ./configure -prefix=/usr/local/arm/4.3.2/arm-linux/ --shared
//prefix 指定文件安装路径为/usr/local/arm/4.3.2/arm-linux/
//shared 参数说明生成共享库
[root@localhost zlib-1.2.3]# make
[root@localhost zlib-1.2.3]# make install
```

上述操作完成了 zlib 库的交叉编译和安装工作,接下来是改回 gcc 的具体操作:

```
[root@localhost zlib-1.2.3]# cd /usr/bin
[root@localhost bin]# rm gcc
```

```
//删除 gcc 到 arm-linux-gcc 的符号链接
[root@localhost bin]#mv gcc_back gcc
//将 gcc 还原
[root@localhost bin]#rm ld
//删除 ld 到 arm-linux-ld 的符号链接
[root@localhost bin]#mv ld_back ld
//将 ld 还原
```

(2) 编译 png 库

由于 png 库没有 configure 脚本,因此要手动改写 Makefile 文件,png 库用来显示 png 格式的图形。

首先,要改写 Makefile:

```
[root@localhost minigui]#cd libpng-1.0.10rc1
[root@localhost libpng-1.0.1rc1]#CP Scripts/makefile.linux Makefile
[root@localhost libpng-1.0.10rc1]#vi Makefile
```

在 vi 编辑器模式下手动改写 Makefile,加入如下代码:

```
CC = arm-linux-gcc
prefix = /usr/local/arm/3.3.2/arm-linux
ZLIBLIB = /usr/local/arm/3.3.2/arm-linux/lib
ZLIBINC = /usr/local/arm/3.3.2/arm-linux/include
```

按 ESC 键,使用命令:wq 保存刚才修改过的 Makefile 文件,接下来进行编译和安装工作:

```
[root@localhost libpng-1.0.10rc1]#make
[root@localhost libpng-1.0.10rc1]#make install
```

这样,就完成了 png 库的编译和安装工作。

(3) 编译 jpeg 库

jpeg 库的 configure 文件在设计方面存在一些问题,如果直接编译会出现错误,提示无法找到 libtool,这是因为要先用 gcc 编译器编译该文件夹下的 dummy.c 文件。要解决这个问题,要先在本机编译,然后再用 make clean 操作命令清除本机编译的结果,再进行交叉编译即可。

首先展开本机编译 jpeg 库的工作:

```
[root@localhost minigui]#cd /usr/local/minigui/minigui-arm/jpeg-6b
[root@localhost jpeg-6b]#./configure --enable-shared --enable-static
[root@localhost jpeg-6b]#make
```

本机编译完成后用 make clean 清除本机编译的结果:

```
[root@localhost jpeg-6b]#make clean
```

接下来进行 jpeg 库的交叉编译：

```
[root@localhost jpeg-6b]#./configure --prefix=/usr/local/arm/4.3.2/arm-linux/
CC=arm-linux-gcc --enable-shared --enable-static
[root@localhost jpeg-6b]# make
[root@localhost jpeg-6b]# mkdir -p /usr/local/arm/4.3.2/arm-linux/man/man1
//安装前需要在 arm-linux 下建个目录，不然安装过程中会出现错误
[root@localhost jpeg-6b]# make install
//如果还是安装失败，并且提示说在 /usr/local/arm/4.3.2/arm-linux 目录下没有 /lib/ 目录
时，可以先手动在该目录下创建，然后再执行 make install 命令
```

（4）编译 popt 库

Popt 库的编译和安装工作比较简单，以下几个操作便可完成：

```
[root@localhost jpeg-6b]# cd /usr/local/minigui/minigui-arm/popt-1.7
[root@localhost popt-1.7]#./configure --prefix=/usr/local/arm/4.3.2/arm-linux/
--host=arm-linux --enable-shared --enable-static
[root@localhost popt-1.7]# make
[root@localhost popt-1.7]# make install
```

（5）编译 libttf 库

libttf 库的编译安装工作只能手动完成，它不像前 4 个库那样都有 configure 配置文件和 makefile 文件，在安装时需要./configure, make 和 make install 命令，但 libttf 库的编译需要对其内部文件依次通过 arm-linux-gcc 编译器来完成。需要说明的是 libttf 库是 TrueType 字体的支持库，用户可根据需求来决定是否安装此库。

首先建立一个目录来存放所用库的源文件，将源文件复制到此目录下：

```
[root@localhost jpeg-6b]# mkdir -p /usr/local/minigui/minigui-arm/libttf/extend
[root@localhost jpeg-6b]# cd /usr/local/minigui/minigui-arm
[root@localhost minigui-arm]# cp freetype-1.3.1/lib/* freetype-1.3.1/lib/arch/
ansi/* libttf/
[root@localhost minigui-arm]# cp freetype-1.3.1/lib/extend/* libttf/extend/
```

接下来进行 libttf 库的交叉编译并安装操作：

```
[root@localhost minigui-arm]# cd libttf
[root@localhost libttf]# arm-linux-gcc -c -fPIC -O2 freetype.c
//freetype.c 源文件中包括 extend 下所有的.c 源文件
[root@localhost libttf]# arm-linux-gcc -c -fPIC -O2 -Iextend/*.c
//编译 extend 下所有的.c 源文件
[root@localhost libttf]# arm-linux-gcc --shared -o libttf.so *.o
//生成最后的动态链接库
[root@localhost libttf]# cp libttf.so /usr/local/arm/4.3.2/arm-linux/lib
//将生成的动态链接库复制至目录 /usr/local/arm/4.3.2/arm-linux/lib 库目录下
```

至此 libttf 库的安装工作就完成了。

(6) 编译并安装 libminigui

在"3. 编译并安装 libminigui-1.6.10"中已经完成了对 libminigui 的编译安装工作,这里为什么还要进行安装呢?因为前面安装的是 X86 环境下的 libminigui-1.6.10,而现在要编译并安装 ARM 环境下相关库文件。与 X86 环境下的库相比,ARM 环境下只需要特定的库文件即可,可以使用 ./configure 配置命令完成相关裁剪工作。所以需要此步来进行 ARM 环境下的 libminigui 的安装。

```
[root@localhost minigui-arm]# cd /usr/local/minigui/minigui-arm/libminigui-1.6.10
[root@localhost libminigui-1.6.10]# ./configure --prefix=/root/minigui/arm/target --host=arm-linux --target=arm-linux --build=i386-linux --with-osname=linux --with-style=classic --with-targetname=fbcon --enable-autoial --enable-rbf16 --disable-vbfsupport CC=arm-linux-gcc
//上面的命令用以完成 libminigui 的裁剪配置工作
[root@localhost libminigui-1.6.10]# make
[root@localhost libminigui-1.6.10]# make install
```

上述操作完成后,交叉编译好的库文件和头文件就安装在 /usr/local/minigui/minigui-arm/target 目录下,然后把此目录下的库文件都复制至交叉编译器 arm-linux-gcc 库文件所在的目录 /usr/local/arm/4.3.2/arm-linux/lib 和 /usr/local/arm/4.3.2/arm-linux/include 下:

```
[root@localhost libminigui-1.6.10]# cp minigui-arm/target/lib/* /usr/local/arm/4.3.2/arm-linux/lib/
[root@localhost libminigui-1.6.10]# cp minigui-arm/target/include/* /usr/local/arm/4.3.2/arm-linux/include/
```

(7) 编译并安装 mg-samples

mg-samples 文件包含的是一些示例程序,需要进入 minigui-arm 目录完成相应的编译安装。

首先修改配置文件 configure:

```
[root@localhost libminigui-1.6.10]# cd /usr/local/minigui/minigui-arm/mg-samples-1.6.10
[root@localhost mg-samples-1.6.10]# vi configure
//用 vi 编辑器打开 configure 文件并进行修改
```

在 configure 文件的 ac_ext=C 前面加上交叉编译工具:

```
CC=arm-linux-gcc
CPP=arm-linux-cpp
LD=arm-linux-ld
```

```
AR = arm - linux - ar
RANLIB = arm - linux - ranlib
STRIP = arm - linux - strip
```

上述语句用以设定交叉编译工具为armκ-linux-gcc,完成configure文件的改写后,进行如下配置:

```
[root@localhost mg-samples-1.6.10]#./configure - host = arm - linux - target = arm - linux
```

配置完成后生成了Makefile文件,但是需要对Makefile文件也进行相应地修改以设定交叉编译工具为arm-linux-gcc。

```
[root@localhost mg-samples-1.6.10]# vi Makefile
//用vi编辑器打开Makefile文件并进行修改
```

Makefile的修改如下:

```
CC = arm - linux - gcc - I/home/nick/minigui/miniguitmp/include - L/home/nick/minigui/miniguitmp/lib
CFLAGS = - O2
LIBOBJS = - lminigui - lmgext - lm - lpthread - plug - ljpeg - lz
LIBS = - lminigui - lmgext - lm - lpthread - lpug - ljpey - lz
COMPILE = $(CC) $(DEFS) $(DEFAULT_INCLUDES) $(INCLUDES) $(AM_CPPFLAGS)\ $(CPPFLAGS) $(AM_CFLAGS) $(CFLAGS) - lminigui - lmgext - lm - lpthread
```

准备工作完成后,接下来就进行mg-samples的编译安装工作:

```
[root@localhost mg-samples-1.6.10]# make
[root@localhost mg-samples-1.6.10]# make install
```

(8) 编译并安装mde

mda-1.6.10文件包含的是一些综合演示程序,可进入minigui-arm目录完成相应的编译安装。mda-1.6.10和mg-samples的安装过程基本相同,也要对configure文件和Makefile文件进行修改,最后再进行编译安装:

```
[root@localhost mda-1.6.10]#./configure - - prefix = /home/nick/minigui/tmp/ - - host = arm - linux - - target = arm - linux
//完成相应的安装配置工作,设定安装目录和交叉编译器
[root@localhost mda-1.6.10]# make
[root@localhost mda-1.6.10]# make install
```

9. 将MiniGUI移植到开发板

根文件系统的制作工作需要将MiniGUI制作成根文件系统然后下载到开发板中即可。

将根文件系统解压到/usr/local/minigui/minigui-arm目录下:

```
[root@localhost minigui-arm]#tar zxvf /tmp/root_default.tgz
```
//解压根文件系统至当前目录/usr/local/minigui/minigui-arm下

MiniGUI到开发板的移植需要按照如下步骤进行。

(1) 复制相应依赖库至根文件系统

将刚才安装的相应库复制至根文件系统目录下：

```
[root@localhost minigui-arm]#cp /usr/local/minigui/minigui-arm/target/lib/* root_default/lib
```
//复制MiniGUI图形库至根文件系统
```
[root@localhost minigui-arm]#cp/usr/local/arm/4.3.2/arm-linux/lib/libjpeg* root_default/lib
```
//复制jpeg库至根文件系统
```
[root@localhost minigui-arm]#cp/usr/local/arm/4.3.2/arm-linux/lib/libm* root_default/lib
```
//复制m库至根文件系统
```
[root@localhost minigui-arm]#cp/usr/local/arm/4.3.2/arm-linux/lib/libpng* root_default/lib
```
//复制png库至根文件系统
```
[root@localhost minigui-arm]#cpcp/usr/local/arm/4.3.2/arm-linux/lib/libpopt* root_default/lib
```
//复制popt库至根文件系统
```
[root@localhost minigui-arm]#cp/usr/local/arm/4.3.2/arm-linux/lib/libttf* root_default/lib
```
//复制libttf库至根文件系统
```
[root@localhost minigui-arm]#cp/usr/local/arm/4.3.2/arm-linux/lib/libz* root_default/lib
```
//复制libz库至根文件系统

(2) 设置函数库的缓存

函数库的缓存设置就是通过修改根文件系统/usr/local/minigui/minigui-arm/root_default/etc目录下的文件ld.so.cfg来完成的。这一步是必要的，否则在开发板上运行应用程序时会出现找不到库的错误提示。

```
[root@localhost minigui-arm]#cd /usr/local/minigui/minigui-arm/root_default/etc
[root@localhost etc]#vi ld.so.cfg
```

在ld.so.cfg中添加如下语句：

```
/usr/local/lib
/usr/lib
/lib
```

通过以下命令使配置生效：

```
[root@localhost etc]#ldconfig -r/usr/local/minigui/minigui-arm/root_default
```

(3) 复制资源文件至根文件系统

这里的资源文件主要是在编写 MiniGUI 应用程序过程中经常会用到的一些资源，例如位图 Bitmap 和光标 Icon 等。

```
[root@localhost etc]#mkdir -p /usr/local/minigui/minigui-arm/root_default/usr/local/lib/minigui
[root@localhost etc]# cp -r /usr/local/lib/minigui/res /usr/local/minigui/minigui-arm/root_default/usr/local/lib/minigui
```

(4) 修改配置文件

将 MiniGUI 配置文件复制到根文件系统目录/usr/local/minigui/minigui－arm/root_default/us r/local/etc 下，并进行相应的修改：

```
[root@localhost etc]# cp /usr/local/minigui/minigui-arm/targer/etc/MiniGUI.cfg /usr/loca l/minigui/minigui-arm/root_default/usr/local/etc
[root@localhost etc]# cd /usr/local/minigui/minigui-arm/root_default/usr/local/etc
[root@localhost etc]# vi MiniGUI.cfg
//使用 vi 编辑器打开配置文件 MiniGUI.cfg
```

按照如下内容修改 MiniGUI.cfg：

```
[system]
gal_engine = fbcon
ial_engine = cosole
mdev = /dev/input/mice
mtype = IMSP2
[fbcon]
Defaultmode = 320x240 - 16bpp
```

上述配置语句各参数的含义如下：
- gal_engin 参数　用来设置图形引擎，在此设置为帧缓冲控制台 fbcon；
- ial_engin 参数　用来设置输入引擎，在此设置为 cosole 控制台；
- mdev 参数　用来设置鼠标输入设备；
- mtye 参数　用来设置输入法；
- Defaultmode 参数　用来设置液晶屏的大小，这里用的是 3.5 寸，因此设置为 320×240-16bpp。

注意：对于 Defaultmode 参数用来设置液晶屏的大小，在这里 320×240 和 240×320 是完全不同的。

(5) 制作根文件系统

在进行根文件系统的制作之前，要先修改启动代码，否则会出现如下错误：

```
NEWGAL>FBCON:Can'topen/dev/tty0:Nosuchfile ordirectory
NEWGAL:Set videomodefailure.
InitGUI:Cannotinitialize graphicsengine!
```

从错误提示可以看出：无法打开设备/dev/tty0，因为在根文件启动代码的设置中要添加链接设备才能找到/dev/tty0 所在的目录。修改启动代码 rcS 为：

```
[root@localhost etc]#cd /usr/local/minigui/minigui-arm/root_default/etc/init.d
[root@localhost init.d]#vi rcS
//使用 vi 编辑器打开启动代码文件 rcS
```

添加如下内容：

```
/bin/ln -s/dev/vc/0/dev/tty0
```

保存文件并退出。
根文件系统的制作如下：

```
[root@localhost init.d]#cd /usr/local/minigui/minigui-arm
[root@localhost minigui-arm]#mkyaffsimage root_default root_minigui.img
//使用 mkyaffsimage 工具制作根文件系统 root_minigui.img
```

（6）移植根文件系统至开发板

进入根文件系统所在目录，将制作好的根文件系统 root_minigui.img 下载并烧写到开发板上，其具体操作如下：

```
[root@localhost minigui]#cd /usr/local/minigui/minigui-arm
[root@localhost minigui-arm]#rz root_minigui.img
```

至此，MiniGUI 的移植工作就全部完成了，可以复制 mg-samples-1.6.10lsrc 下编译好的 miniGUI 应用程序到文件系统目录进行测试。下面一节将对 MiniGUI 应用程序的开发做简单的介绍。

7.3.2 MiniGUI 应用程序开发

MiniGUI 应用程序和 Qt 应用程序相比较而言，MiniGUI 应用程序的风格和 Window 下的 MFC 语言风格十分相像，利用的都是消息机制，而 Qt 采用的是信号和槽机制。两者各有所长，这些都可以根据个人的爱好和编程习惯来进行选择。

下面是 MiniGUI 下第一个 MiniGUI 应用程序 hello world 的开发：

```
#include <stdio.h>
#include <minigui/common.h>    //包括 minigui 常用宏以及数据类型的定义
#include <minigui/minigui.h>   //包含全局和通用接口函数以及某些杂项函数的定义
#include <minigui/gdi.h>       //包含 minigui 绘图函数的接口定义
#include <minigui/window.h>    //包含窗口有关的宏、数据类型、数据接口定义以及函数接
                               //口声明
```

```c
//#include <minigui/control.h>    //包含libminigui中所有内建控件的接口定义

int MiniGUIMain (int argc, const char * argv[])        //程序入口
{
    MSG Msg;  //window.h 中
    HWND hMainWnd;
    MAINWINCREATE CreateInfo;    //描述一个主窗口的属性

#ifdef _MGRM_PROCESSES
    //MiniGUI-Processes 模式下加入层(客户端)
    JoinLayer(NAME_DEF_LAYER , "helloworld" , 0 , 0);
#endif

    //设置主窗口风格:可见,有边框和有标题栏
    CreateInfo.dwStyle = WS_VISIBLE | WS_BORDER | WS_CAPTION;
    CreateInfo.dwExStyle = WS_EX_NONE;    //扩展风格:无
    CreateInfo.spCaption = "HelloWorld";    //标题
    CreateInfo.hMenu = 0;                   //主菜单:无
    //设置主窗口的光标为系统默认光标
    CreateInfo.hCursor = GetSystemCursor(0);
    CreateInfo.hIcon = 0;                   //图标:无
    //设置主窗口的窗口函数,所有发往该窗口的消息由该函数处理
    CreateInfo.MainWindowProc = HelloWinProc;
    CreateInfo.lx = 0;                      //窗口上的位置(0,0)和(320,240)
    CreateInfo.ty = 0;
    CreateInfo.rx = 320;
    CreateInfo.by = 240;
    CreateInfo.iBkColor = COLOR_lightwhite;  //背景色
    CreateInfo.dwAddData = 0;               //附加数据:无

    //在窗口过程中,可以使用 GetWindowAdditionalData 函数获取该指针,从而获得
    //所需要传递的参数

    /*
     * 设置主窗口的托管窗口为桌面窗口,该线程的其他窗口必须由属于同一线程的已有
     * 主窗口作为托管窗口。系统在托管窗口为 HWND_DESKTOP 时创建新的消息队列,
     * 在指定非桌面的窗口作为托管窗口时使用该托管窗口的消息队列,
     * 也就是说,同一线程中的所有主窗口应该使用同一个消息队列。
     */

    //在调用 MiniGUIMain 之前,MiniGUI 启动自己的桌面窗口(Desktop)。
```

```c
        CreateInfo.hHosting = HWND_DESKTOP;

    //创建一个主窗口,返回值为所创建主窗口的句柄
    hMainWnd = CreateMainWindow (&CreateInfo);

    //判断创建是否成功,如果不成功返回
    if (hMainWnd = = HWND_INVALID)
        return -1;

    ShowWindow(hMainWnd, SW_SHOWNORMAL);    //显示窗口

    //GetMessage 函数用消息队列中取出的消息来填充该消息结构的各个域
    while (GetMessage(&Msg, hMainWnd)) {
        //把单击按键的事件发送到窗口的过程函数
        TranslateMessage(&Msg);
        //把消息发往该消息目标窗口并让其处理。
        DispatchMessage(&Msg);
    }

MainWindowThreadCleanup (hMainWnd);    //清除主窗口所用消息队列的系统资源
    return 0;            //返回
}

/*
 * 窗口函数
 * 窗口过程是一个特定类型的函数,用来接收和处理所有发送到该窗口的消息。
 * 每个控件类有一个窗口过程,属于同一控件类的所有控件共用同一个窗口过程来处理消息。
 */
static int HelloWinProc(HWND hWnd, int message, WPARAM wParam, LPARAM lParam)
//窗口过程函数,参数与 MSG 结构的前 4 个域相同
//由 minigui 调用,是一个回调函数
{
    HDC hdc;
    switch (message) {
        case MSG_PAINT:    //屏幕输出
            hdc = BeginPaint (hWnd);    //获得设备上下文句柄
            TextOut (hdc, 60, 60, "Hello world!");    //文本输出
            EndPaint (hWnd, hdc);    //释放设备上下文句柄
            return 0;

        case MSG_CLOSE:    //单击"关闭"按钮时
            DestroyMainWindow (hWnd);    //销毁主窗口
```

```
            PostQuitMessage (hWnd);    //在消息队列中投入一个 MSG_QUIT 消息。
            return 0;
    }
    return DefaultMainWinProc(hWnd, message, wParam, lParam);    //默认处理
}
```

以上是完整的 hello world 程序,可以看出 MiniGUI 下开发的应用程序和 Windows 下 MFC 非常相似,因此,如果以前的应用程序开发平台式建立在 Windows 下 MFC 环境下的话,程序在 MiniGUI 下基本都可以直接使用。

7.4 音频解码器 madplay 移植

从官网 ftp://ftp.mars.org/pub/mpeg/或者 http://www.underbit.com/products/mad 下载 libid3tag-0.15.1b.tar.gz,libmad-0.15.1b.tar.gz 和 madplay-0.15.2b.tar.gz。

从 http://download.chinaunix.net 上下载 zlib-1.2.3.tar.bz2。zlib-1.2.3.tar.bz2 软件包包含 zlib 库,很多程序中的压缩或者解压缩函数都会用到这个库。zlib 是提供资料压缩之用的函数库,因为其代码的可移植性,宽松的授权许可以及较小的内存占用,使 zlib 在许多嵌入式设备中得到应用。

madplay 移植过程如下:

(1)建立 madplay 源代码目录 madplay-source 以存放 madplay 源码

创建源码目录:

```
[root@localhost root]# mkdir /usr/local/madplay-source
```

(2)解压 madplay 相关源码到所建立的源码目录 madpaly-source

解压 zlib 库到源码目录 madpaly-source:

```
[root@localhost root]# tar jxvf zlib-1.2.3.tar.bz2 -C /usr/local/madplay-source/
```

解压 libid3tag 库到源码目录 madplay-source:

```
[root@localhost root]# tar zxvf libid3tag-0.15.1b.tar.gz -C /usr/local/madplay-source/
```

解压 libmad 库到源码目录 madplay-source:

```
[root@localhost root]# tar zxvf libmad-0.15.1b.tar.gz -C /usr/local/madplay-source/
```

解压 madplay 库到源码目录 madplay-source:

```
[root@localhost root]# tar zxvf madplay-0.15.2b.tar.gz -C /usr/local/madplay-source/
```

(3) 编译 zlib 库,为 libid3tag 提供函数支持

1) 通过 configure 进行配置

进入 zlib 目录:

```
[root@localhost root]# cd /usr/local/madplay-source/zlib-1.2.3
```

执行 configure 脚本进行配置:

```
[root@localhost zlib-1.2.3]# ./configure -shared --prefix=/usr/local/mymadplay/zlib-1.2.3
```

2) 修改 Makefile 文件

修改 Makefile 第 19 行:

```
CC = arm-linux-gcc
```

修改 Makefile 第 28 行:

```
LDSHARED = arm-linux-gcc -shared -Wl,-soname,libz.so.1
```

修改 Makefile 第 29 行:

```
CPP = arm-linux-gcc -E
```

修改 Makefile 第 36 行:

```
AR = arm-linux-ar rc
```

修改 Makefile 第 37 行:

```
RANLIB = arm-linux-ranlib
```

3) 编译并安装 zlib 库

编译 zlib 库:

```
[root@localhost zlib-1.2.3]# make
```

安装 zlib 库:

```
[root@localhost zlib-1.2.3]# make install
```

(4) 编译 libid3tag 库

该库是 MPEG 音频解码器 madplay 中捆绑的 id3 标签操纵库。对该库的编译有如下两步。

1) 通过 configure 进行配置

进入 libid3tag 目录:

```
[root@localhost zlib-1.2.3]# cd /usr/local/madplay-source/libid3tag
```

执行 configure 脚本进行配置:

```
[root@localhost libid3tag]# ./configure --prefix=/usr/local/madplay-source/li-
bid3tag CC=arm-linux-gcc --host=arm-linux CPPFLAGS=-I/usr/local/mymadplay/
zlib-1.2.3/include/ LDFLAGS=-L/usr/local/mymadplay/zlib-1.2.3/lib/
```

2) 编译并安装 libid3tag 库

编译 libid3tag 库：

```
[root@localhost libid3tag]# make
```

安装 libid3tag 库：

```
[root@localhost libid3tag]# make install
```

(5) 编译音频解码库 libmad

该解码库的编译依赖于库 libid3tag。

1) 通过 configure 进行配置

进入 libmad 目录：

```
[root@localhost libid3tag]# cd /usr/local/madplay-source/libmad
```

执行 configure 脚本进行配置：

```
[root@localhost libmad]# ./configure --prefix=/usr/local/madplay-source/libmad
CC=arm-linux-gcc --host=arm-linux CPPFLAGS=-I/usr/local/mymadplay/li-
bid3tag/include/ LDFLAGS=-L/usr/local/mymadplay/libid3tag/lib
```

2) 编译并安装 libmad 库

编译 libmad 库：

```
[root@localhost libmad]# make
```

安装 libmad 库：

```
[root@localhost libmad]# make install
```

注意：如果编译 libmad 时出现 cc1：error：unrecognized command line option -fforce-mem，可按如下步骤解决：找到 libmad configure 之后的 Makefile，删除-fforce-mem。原因是 gcc 3.4 或者更高版本，已经将其去除了。

(6) 编译 madplay 应用程序

该应用程序的编译依赖于 zlib，libid3tag 和 libmad 库。

1) 通过 configure 进行配置

进入 madplay 目录：

```
[root@localhost libid3tag]# cd /usr/local/madplay-source/madplay-0.15.2
```

执行 configure 脚本进行配置：

```
[root@localhost madpaly-0.15.2]# ./configure --prefix=/usr/local/mymadplay/mad-
play-0.15.2 CC=arm-linux-gcc --host=arm-linux CPPFLAGS=-I/usr/local/mymad-
play/libid3tag/include/ -I/usr/local/madplay-source/libmad/include/ LDFLAGS=-L/
usr/local/mymadplay/zlib-1.2.3/lib/ -L/usr/local/madplay-source/libid3tag/lib/ -L
/usr/local/mymadplay/libmad/lib/
```

2）编译并安装 madplay

编译 madplay：

```
[root@localhost madplay-0.15.2]# make
```

安装 madplay：

```
[root@localhost madplay-0.15.2]# make install
```

(7) 查看 madplay 所依赖的库文件

查看 madplay 所依赖的库文件：

```
[root@localhost madplay-0.15.2]# arm-linux-readelf -d madplay|grep Shared
```

查看结果如图 7-9 所示。

```
Dynamic section at offset 0x13760 contains 27 entries:
  Tag        Type                         Name/Value
 0x00000001 (NEEDED)                     Shared library: [libmad.so.0]
 0x00000001 (NEEDED)                     Shared library: [libid3tag.so.0]
 0x00000001 (NEEDED)                     Shared library: [libm.so.6]
 0x00000001 (NEEDED)                     Shared library: [libc.so.6]
```

图 7-9 库文件列表

(8) 移植 madplay 所需库文件到开发板

由第(7)步可知，madplay 要正常运行需要 libmad.so.0、libid3tag.so.0、libm.so.6 和 libc.so.6，其中 libm.so.6 和 libc.so.6 在开发板的/lib 目录中已存在，只需将 lib-mad.so.0 和 libid3tag.so.0 移植到开发板即可。但是 libmad.so.0 和 libid3tag.so.0 是两个软链接文件，分别链接到 libmad.so.0.2.1 和 libid3tag.so.0.3.0，可用如下命令查看。

查看 libmad.so.0：

```
[root@localhost madplay-0.15.2]ls -l /usr/local/madpaly-source/libmad/lib/libmad.
so.0
```

显示结果如下：

```
lrwxrwxrwx    1 root     root         15 Mar  9 09:58 libmad.so.0 -> libmad.so.0.2.1
```

查看 libid3tag.so.0：

```
[root@localhost madplay-0.15.2]# ls -l /usr/local/madpaly-source/libid3tag/lib/
libid3tag.so.0
```

显示结果如下：

```
lrwxrwxrwx 1 root     root     18 Mar  9 09:58 libid3tag.so.0 -> libid3tag.so.0.3.0
```

因此，只需将 libmad.so.0.2.1 和 libid3tag.so.0.3.0 移植到开发板/lib 目录下并创建两个软链接即可，其过程如下：

1）将 PC 机/usr/local/madplay-source/libmad/lib 目录下的 libmad.so.0.2.1 和/usr/local/madplay-source/libid3tag/lib 目录下的 libid3tag.so.0.3.0 两个库文件拷贝到开发板的/lib 目录下。用户可通过网络服务传输也可通过 U 盘等工具实现。

2）创建软链接文件 libmad.so.0 和 libid3tag.so.0

在开发板终端使用如下命令创建：

```
ln -s libid3tag.so.0.3.0 libid3tag.so.0
ln -s libmad.so.0.2.1 libmad.so.0
```

3）查看移植是否成功

在开发板终端输入命令"ls -l libmad.so.0 libid3tag.so.0"，如果出现如下结果则表明移植成功：

```
lrwxrwxrwx 1 root    root     18 Mar  9 09:58 libid3tag.so.0 -> libid3tag.so.0.3.0
lrwxrwxrwx 1 root    root     15 Mar  9 09:58 libmad.so.0 -> libmad.so.0.2.1
```

（9）移植 madplay 应用程序到开发板

把/usr/local/mymadplay/madplay-0.15.2/bin 目录下的可执行文件 madplay 复制到开发板/usr/bin 下面，再传一首.mp3 格式的音乐文件到开发板/mnt 目录。

（10）测试 madplay 是否移植成功

在开发板控制终端下进入/mnt 目录，使用"命令 madplay＋文件名"的形式播放 mp3 格式的音乐文件，如果成功播放则说明移植 madplay 成功。

7.5 SQLite 数据库移植

SQLite 可以从 http://www.sqlite.org/download.html 或者 http://download.chinaunix.net/网站上下载。

SQLite 是一个开源的嵌入式关系数据库，它在 2000 年由 D. Richard Hipp 发布，它可减少应用程序管理数据的开销。

SQLite 的特点是零配置、可移植、体积小、简单、灵活、可靠。可运行在 Windows，Linux，BSD，Mac OS X 和一些商用 Unix 系统，比如 Sun 的 Solaris，IBM 的 AIX；同样，它也可以工作在许多嵌入式操作系统下，比如 QNX，VxWorks，Palm OS，Symbin 和

Windows CE。SQLite 被设计成轻量级且自包含的。SQLite 的核心大约有 3 万行标准 C 代码,这些代码都是模块化的,很容易阅读。

SQLite 是以 SQL 为基础的数据库软件,SQL 是结构化查询语言,用于数据库中标准数据查询,IBM 公司最早使用在其开发的数据库系统中。主要概念是由数据库、资料表、查询指令等单元组成的关联性数据库。

从网上下载 sqlite-autoconf-3070900.tar.gz(SQLite-3.7.9)源码包后,其移植步骤如下:

1) 解压源码包

```
tar zxvf sqlite-autoconf-3070900.tar.gz -C /usr/local/
```

2) 进入解压后的文件夹

```
cd /usr/local/sqlite-autoconf-3070900
```

3) 配置 configure 文件

```
./configure --enable-shared --prefix=/usr/local/sqlite --host=arm-linux
```

4) 编　译

```
make
```

这里用的是 RedHat Enterprise Linux 5 操作系统和 arm-linux-gcc4.3.2 交叉编译器,但这个过程提示错误信息(如图 7-10 所示):

```
arm-none-linux-gnueabi-gcc: 3.7.9": No such file or directory
<command-line>: warning: missing terminating " character
```

图 7-10　报错信息

原因是 Makefile 文件的 136 行,因为"-DPACKAGE_STRING=\"sqlite? 3.7.9\""字符之间空格没有转义字符"\"。可将-DPACKAGE_STRING=\"sqlite\3.7.9\"改为-DPACKAGE_STRING=\"sqlite_3.7.9\",保存后退出。

在继续 make 之前先输入 make clean 清除编译后生成的二进制文件。

5) 安装 QLite 数据库

```
make install
```

6) 移植动态库文件

输入 arm-linux-readelf -d sqlite3 | grep Shared 命令,查看所需的动态库文件,如图 7-11 所示。

其中 libpthread.so.0 和 libdl.so.2 是在交叉编译工具链里面,此处这两个库在已创建的 usr/local/arm/4.3.2/arm-none-linux-gnueabi/libc/lib 目录下。使用如下命令进行查看:

```
ls -l libdl* libpthread*
```

```
0x00000001 (NEEDED)          Shared library: [libsqlite3.so.0]
0x00000001 (NEEDED)          Shared library: [libdl.so.2]
0x00000001 (NEEDED)          Shared library: [libpthread.so.0]
0x00000001 (NEEDED)          Shared library: [libc.so.6]
```

图 7-11 SQLite 需要的动态库

显示为：

```
-rwxr-xr-x 1 root root   15096 2008-11-18 libdl-2.8.so
lrwxrwxrwx 1 root root      12 12-12 15:08 libdl.so.2 -> libdl-2.8.so
-rwxr-xr-x 1 root root  131968 2008-11-18 libpthread-2.8.so
lrwxrwxrwx 1 root root      17 12-12 15:08 libpthread.so.0 -> libpthread-2.8.so
```

把 libdl-2.8.so 和 libpthreadκ-2.8.so 复制到板子上的 /lib 目录下，并使用如下命令建立两个软连接：

```
ln -s libdl-2.8.so libdl.so.2
ln -s libpthread-2.8.so libpthread.so.0
```

其中 libpthread.so.0 在 /usr/local/sqlite/lib 目录下，使用如下命令进行查看：

```
ls -l libsqlite3.so*
```

显示为：

```
lrwxrwxrwx 1 root root      19 12-23 15:13 libsqlite3.so -> libsqlite3.so.0.8.6
lrwxrwxrwx 1 root root      19 12-23 15:13 libsqlite3.so.0 -> libsqlite3.so.0.8.6
-rwxr-xr-x 1 root root 1897642 12-23 15:13 libsqlite3.so.0.8.6
```

把 libsqlite3.so.0.8.6 复制到板子上的 /lib 目录下并使用如下命令建立软连接：

```
ln -s libsqlite3.so.0.8.6 libsqlite3.so.0
```

7）移植目执行文件 SQLite3

将目录 /usr/local/sqlite/bin 下 sqlite3 文件复制到开发板的 /usr/bin 目录下并使用 chmod 775 sqlite3 命令使其具有可执行权限。在开发板终端下输入 sqlite3 命令进行测试，若成功则结果如图 7-12 所示。

```
[root@RongHuiGuangZe /]# sqlite3
SQLite version 3.7.9 2011-11-01 00:52:41
Enter ".help" for instructions
Enter SQL statements terminated with a ";"
sqlite> .q
[root@RongHuiGuangZe /]#
```

图 7-12 SQLite 移植成功

8）移植头文件

把 /usr/local/sqlite/include 中的 sqlite3.h 移植到板子的 /usr/include 下。

7.6 WebServer 软件设计与移植

7.6.1 WebServer 简介

Web Server 是一种新的 web 应用程序分支,是自包含、自描述、模块化的应用,可以发布、定位、通过 web 调用。Web Server 可以执行从简单的请求到复杂商务处理的任何功能。一旦部署以后,其他 Web Server 应用程序可以发现并调用它部署的服务。Web Server 是一种应用程序,它可以使用标准的互联网协议,像超文本传输协议(HTTP)和 XML,将功能主要体现在互联网和企业内部网上。可将 Web 服务视作 Web 上的组件编程。

Web Servers 两种技术:

- XML 是在 web 上传送结构化数据的方式,Web Servers 需要以一种可靠的自动的方式操作数据,HTML 不能满足要求,而 XML 可以使 web Servers 十分方便地处理数据。

- SOAP 使用 XML 消息调用远程方法,这样 web Servers 可以通过 HTTP 协议的 post 和 get 方法与远程机器交互,而且 SOAP 更加强大和易用。

7.6.2 WebServer 的工作原理

WebServer 用以在单片机内部存放指定的网页数据,当客户通过浏览器访问指定地址时,服务器分析请求信息,并相应地向浏览器中返回指定网页的 HTML 代码。此系统主要包含 2 个页面:登录页面和控制页面。为了便于存储和访问,需要把这 2 个 HTML 文件转换为 C 语言的数组,存放于 C 文件中。登录页面要求当用户访问智能家居 Web 服务器时,出于安全性的考虑,需要进行身份验证,只有合法的用户才可以进入到控制页面。控制页面是通过本页面对家用电器实现远程控制。

WebServer 的实现就是 HTTP 通信的过程。步骤如下:

① 建立 TCP 连接。建立一个 TCP 连接,对 80 端口(WebServer 默认端口)进行监听,接收到 TCP 包后即进入 TCP 回调函数。

② Web 浏览器向 Web 服务器发送请求命令。一旦建立了连接,浏览器即向服务器发送请求命令。请求消息包括请求行、消息报头和请求正文。请求命令之后浏览器发送一个空白行来通知服务器,它已经结束了该请求信息的发送。例如:GET/index.html HTTP/1.1。

③ Web 服务器响应。客户机向服务器发出请求后,服务器会向客户机回送响应消息。响应消息包括状态行、响应头、空行及实体内容。在响应报文中,包括协议版本号、应答状态码,以及关于它自己的数据及被请求的文档信息。例如:

```
HTTP/1.1 200 OK
Content-type :text/html
```

④ 关闭连接。数据传送完毕,双方通过 4 次握手,结束 TCP/IP 连接。

以上是有关 WebServer 服务器的工作原理,而 TQ2440 开发板使用的 WebServer 是由 boa+cgic 构成的。现在来看一下 WebServer 服务器的建立。

7.6.3 移植 boa 软件

(1) 设置编译环境

boa 最新版本为:boa-0.94.13 版,其官方网站是 www.boa.org,下载地址: https://sourceforeg.net/project/showfiles.bhp? Group_id=78。下载完毕后将其解压到/opt/EmbedSky/目录下以生成目录 boa-0.94.13:

```
# tar zxvf boa-0.94.13.tar.gz -C /opt/EmbedSky
```

(2) 配置编译条件

配置 boa:

```
# cd /opt/EmbedSky/boa-0.94.13/src
# ./configure
```

在 boa-0.94.13/src 目录下生成 Makefile 文件,Makefile 文件的修改:

```
# vi Makefile
```

在 31 行和 32 行,找到:CC=gcc 和 CPP=gcc-E,然后改成:CC=arm-linux-gcc 和 CPP=arm-linux-g++ -E,保存后退出。

修改 src/boa.c 文件:

```
# vi src/boa.c
```

在行 225~227 之间作如下删除。

```
If(setuid(0)! = -1){
DIE("icky Linux kernel bug!");
}
```

保存修改后退出。

修改 src/compat.h 文件:

```
# vi src/compat.h
```

把 120 行改为如下内容:

```
# define TIMEZONE_OFFSET(foo)(foo)->tm_gmtoff
```

(3) 编译并优化

编译时会在 boa-0.94.13 目录下生成 boa 的可执行文件:

```
#make
```

然后对其优化去除 boa 中的调试信息：

```
#arm-linux-strip boa
```

7.6.4 移植 cgic 库

(1) 设置编译环境

cgic 库下载地址是：http://www.boutell.com/cgic/cgic205.tar.gz，最新版本为：cgic205 版。下载后将其解压到/opt/EmbedSky/目录下，会生成目录 cgic205：

```
#tar zxvf cgic205.tar.gz -C /opt/EmbedSky/
```

(2) 配置编译条件

进入 cgic205 目录，修改的 Makefile 文件为：

```
#cd /opt/EmbedSky/cgic205
#vi Makefile
```

下面是 Makefile 修改后的文件内容：

```
CFLAGS = -g -Wall
CC = arm-linux-gcc            //原来是 CC = gcc
AR = arm-linux-ar             //原来是 AR = ar
RANLIB = arm-linux-ranlib     //原来是 RANLIB = ranlib
LIBS = -L./ -lcgic

all:libcgic.a cgictest.cgi capture

install:libcgic.a
    cp libcgic.a /opt/EmbedSky/4.3.3/arm-none-linux-gnueabi/libc/armv4t/lib
    cp cgic.h /opt/EmbedSky/4.3.3/arm-none-linux-gnueabi/libc/usr/include
    @echo libcgic.a is in /usr/local/lib.cgic.h is in /usr/local/include.

libcgic.a:cgic.o cgic.h
    rm -f libcgic.a
    $(AR)rc libcgic.a cgic.o
    $(RANLIB)libcgic.a

#mingw32 and cygwin users:replace .gic with .exe

cgictest.cgi:cgictest.o libcgic.a
    $(CC) $(CFLAGS) cgictest.o -o cgictest.cgi $ {LIBS}
    //由 gcc 改成了:$(CC) $(CFLAGS)
```

```
capture: capture.o libcgic.a
 $(CC) $(CFLAGS) capture.o -o capture ${LIBS}
 //由 gcc 改成了:$(CC) $(CFLAGS)


clean:
Rm -f *.o *.a cgictest.cgi capture
```

保存修改后退出。

(3) 编译并优化

编译时会在目录下生成 capture 的可执行文件和测试用的 cgictest.cgi 文件:

```
#make
```

优化去除 capture 中的调试信息:

```
#arm-linux-strip capture
```

7.6.5 配置 WebServer

1. 配置 boa

在文件系统里新建一个名为 web/ 的目录,在文件系统的 etc/ 目录下建一个 boa/ 目录:

```
#cd /
#mkdir -p web etc/boa
```

使用 rz 命令(若不支持可使用 NFS、TFTP 等)将执行文件 boa 和配置文件 boa.conf 下载到开发板中,分别将两个文件移动到目录 web/ 和 etc/boa/ 中。

```
#cp /boa /sbin
#cp /boa.conf /etc/boa
```

将 boa.conf 文件修改为(这里只给出修改的内容):

```
#cd /etc/boa
#vi boa.conf
```

下面是 boa.conf 文件修改后的内容:

```
Port 80                                    //行 25
//监听的端口号,默认都是 80,一般无须修改


#Listen 192.168.1.6                        //行 43
//bind 调用的 IP 地址,一般注释掉,表明绑定到 INADDR_ANY,通配于服务器所有 IP 地址。


User root                                  //行 48
Group root                                 //行 49
```

//表明它拥有该用户组的权限，一般都是 root，需要在/etc/group 文件中有 root 组

　　# ServerAdmin root@localhost　　　　　　　　　　//行 55
//当服务器发生问题时发送报警的 email 地址，此处无用、删除

　　ErrorLog /dev/console　　　　　　　　　　　　　　//行 62
//错误日志文件。如果没有以/xxx 开始，则表示从服务器的根路径开始。如果不需要错误日志，则用/dev/null。系统启动后看到的 boa 的打印信息就是由/dev/console 得到的。

　　AccessLog /dev/null　　　　　　　　　　　　　　　//行 75
//访问日志文件。如果没有以/xxx 开始，则表示从服务器的根路径开始。如果不需要错误日志，则用/dev/null 或直接注释掉。

　　# UseLocaltime　　　　　　　　　　　　　　　　　　//行 84
//是否使用本地时间。如果没有注释掉，则使用本地时间；如果注释掉则表示使用 UTC 时间

　　# VerboseCGILogs　　　　　　　　　　　　　　　　　//行 90
//是否记录 CGI 运行信息，如果没有注释掉，则记录；如果注释掉则不记录

　　ServerName yellow　　　　　　　　　　　　　　　　//行 95
//服务器名字

　　# VirtualHost　　　　　　　　　　　　　　　　　　//行 107
//是否启动虚拟主机功能，即设备可以有多个网络接口，每个接口都可以拥有一个虚拟的 Web 服务器。一般注释掉，表示不需要启动

　　DocumentRoot/web　　　　　　　　　　　　　　　　　//行 112
//非常重要，用以存放 HTML 文档的主要目录。如果没有以/xxx 开始，则表示从服务器的根路径开始。

　　# UserDir public_html　　　　　　　　　　　　　　//行 117
//如果收到一个用户请求的话，在用户主目录后再增加的目录名

　　DirectoryIndex index.html　　　　　　　　　　　　//行 124
//HTML 目录索引的文件名，也是没有用户只能访问目录时返回的文件名。

　　# DirectoryMaker /usr/lib/boa/boa_indexer　　　//行 131
//若 HTML 目录没有索引文件，用户只指明访问目录时，boa 会调用该程序生成索引文件然后返回给用户，因为该过程比较慢所以最好不使用，可以注释掉或者给每个 HTML 目录增加 DirectoryIndex 指明的文件。

　　# DirectoryCache /var/spool/boa/dircache　　　　//行 140

//如果 DirectoryIndex 不存在并且 DirectoryMaker 被注释,那么就用 Boa 自带的索引生成程序来生成目录的索引文件并输出到下面目录,该目录必须是 Boa 能读写

```
KeepAliveMax 1000                              //行 145
```
//一个连接所允许的 HTTP 持续作用请求最大数目,注释或设为 0 表示将关闭 HTTP 持续作用

```
KeepAliveTimeout 10                            //行 149
```
//HTTP 持续作用中服务器在两次请求之间等待的时间数,以秒为单位,超时将关闭连接

```
MimeTypes /etc/mime.types                      //行 156
```
//指明 mime.types 文件位置。如果没有以"/"开始,则表示从服务器的根路径开始。可以注释,此时需要用 AddType 在本文件里指明

```
DefaultType text/plain                         //行 161
```
//文件扩展名没有或未知的话,使用的默认 MIME 类型

```
CGIPath /bin:/usr/bin:/usr/sbin:/sbin          //行 165
```
//提供 CGI 程序的 PATH 环境变量值

```
#AddType application/x-httpd-cgi cgi           //行 174
```
//将文件扩展名和 MIME 类型关联起来,和 mime.types 文件作用一样。如果用 mime.types 文件则注释掉,如果不使用 mime.types 文件则必须使用

```
#Alias /doc /usr/doc                           //行 189
```
//指明文档重定向的路径

```
ScriptAlias /cgi-bin/ /web/cgi-bin             //行 194
```
//非常重要,指明 CGI 脚本的虚拟路径对应的实际路径。一般所有的 CGI 脚本都要放在实际路径里,用户访问执行时输入"站点+虚拟路径+CGI 脚本名"。前面的/cgi-bin 就是虚拟路径,/web/cgi-bin 就是实际路径。

保存修改设置后退出该文件。

2. 配置 cgic 库

在文件系统的 web/目录下建立子目录 cgi-bin:

```
#cd /web/
#mkdir cgi-bin
```

使用 rz 命令将之前编译好的 cgic 库文件(capture 和 cgic)和测试文件 cgictest.cgi 下载到/web/cgi-bin/目录下。

3. 测 试

此时可以引导开发板使用 NFS 启动(假定开发板 IP 地址为 192.168.1.6),开发板启动成功后,运行 boa,然后开始 web 服务器的测试。

(1) 静态网页测试

天嵌科技提供的文件系统里面有做好的测试网页。测试时,在 PC 的网页浏览器中输入"http://192.168.1.6",就会出现如图 7-13 所示对话框。

图 7-13 静态网页测试

(2) CGI 脚本测试

使用 helloweb.c 进行测试或者使用刚才复制进去的 cgictest.cgi 进行测试,在 PC 的网页浏览器中输入"http://192.168.1.6/cgi-bin/cgictest.cgi",即可打开测试页面如图 7-14 所示。

使用自己编写的 helloweb.c 进行测试,源码如下:

```
#include <stdio.h>
main()
{
    printf("Content-type:text/html\n\n");
    printf("<html>\n");
    printf("<head><title>CGI Output</title></head>\n");
    printf("<body>\n");
    printf("<h1>Hello,Web Server.</h1>\n");
    printf("<body>\n");
    printf("</html>\n");
    exit(0);
}
```

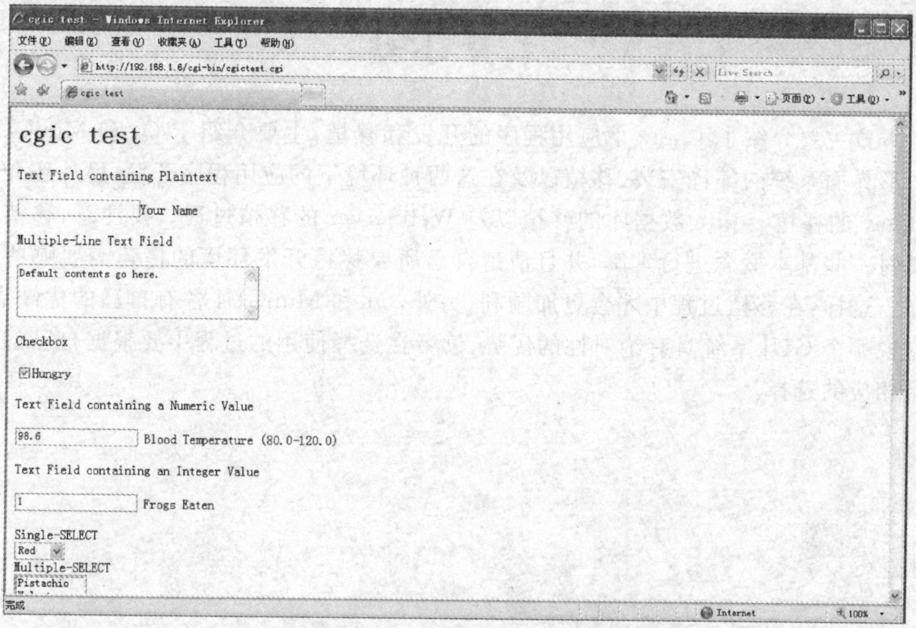

图 7 - 14 使用 cgictest.cgi 进行测试

编译 helloweb.c 文件：

```
#arm-linux-gcc -o helloweb.cgi helloweb.c
```

然后在 PC 的网页浏览器中输入"http://192.168.1.6/cgi-bin/helloweb.cgi"，即可打开测试页面，如图 7 - 15 所示。

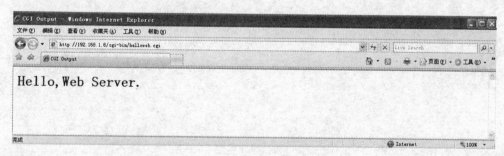

图 7 - 15 使用 helloweb.c 进行测试

4. 错误解决

启动 boa 后，出现如下错误：boa.c:266.icky Linux kernel bug!:No such file or directory。解决办法：因为在设置 boa.conf 文件时，行 48 和行 49 的 User 和 Group 设置为 root，所以需要把 boa.c 文件中的行 225 到行 227 的源码注释掉；或者在 User 和 Group 那里使用 nobody，不过这个操作需要有文件系统中 etc/group 文件的支持，所以，这里选择了第一种解决办法。

本章小结

本章主要介绍了 Linux 下应用程序的开发和移植，主要介绍了 Qt 和 MiniGUI 两种图形界面系统的编译安装、移植以及在这两种环境下的应用程序开发，另外还介绍了 madplay 的移植、sqlite 数据库的移植以及 WebServer 的移植过程。要注意：移植前一定要对一些基本概念进行理解，并且清楚自己所要移植开发环境的搭建需要哪些准备工作。这样，在移植过程中才会更加顺利，另外，Qt 和 MiniGUI 各有自己的优缺点，并没有说哪个 GUI 系统具有绝对性的优势，读者在选择使用的过程中要根据自己的需求进行相应的选择。

第 8 章　Android 在 S3C6410 上的移植

Android 操作系统现在已经广泛应用于手持设备中,主要应用在手机、平板电脑、多媒体设备以及导航仪。了解和学习有关这个系统的知识已经成为学习嵌入式的一个必修课程。这章主要学习 Android 的基础知识和移植相关步骤,所使用的硬件平台为 TQ6410 开发板。

本章要点:
➢ Android 简介;
➢ Android 系统的环境配置以及编译;
➢ Android 系统的烧写。

8.1　Android 简介

8.1.1　初识 Android

首先说说 Android 系统名字的起源。"Android"一词最先出现在法国作家利尔亚当在 1886 年发表的科幻小说《未来夏娃》中,作者将外表像人的机器起名为 Android。

Android 是一种以 Linux 为基础的开放源码操作系统平台,主要应用于便携设备。该平台有 Linux 操作系统内核、中间层、用户界面和应用软件组成。

Android 操作系统最初由 Andy Rubin 开发,主要支持手机。2005 年由 Google 收购并注资,组建开放手机联盟对此进行开发改良,将其逐渐扩展到平板电脑及其他领域上。Android 的主要竞争对手是苹果公司的 iOS 以及 RIM 的 Blackberry OS。2011 年第一季度,Android 在全球的市场份额首次超过 Symbian 系统,跃居全球第一。

现在很多的手机都使用了 Android 作为系统,包括三星、HTC、摩托罗拉、戴尔、华硕等。平板电脑也是 Android 使用的新兴领域。作为使用者,体验的是这个系统丰富的应用程序以及个性化的设置和方便的操作;作为手机生产商,这个系统的自由性高以及源码开放,可以做出自己个性化的系统和操作界面;作为一个应用程序开发者,这个系统背后拥有较多商机。

开放手机联盟是一个硬件和软件开发者的集合,包括谷歌、NTT DoCoMo、Sprint Nextel 和 HTC。他们的目标是创建一个广阔而丰富的开放手机环境。在开放联盟第一个被发布的产品就是移动设备操作系统 Android。

Android 作为一个系统,是一个运行在 Linux2.6 核心上的以 JAVA 为基础的操作系统。系统是非常轻量型且全特性的。

Android 应用程序用 JAVA 开发而且很容易被移植到新的平台上。如果没有下载 JAVA 或者不确定其版本,开发环境的安装文件中会有详细的介绍。Android 包括一个加速 3D 图形引擎(基于硬件支持)、被 SQLite 推动的数据库支持和一个完整的网页浏览器。

如果熟悉 JAVA 编程或者是任何种类的 OOP 开发,可使用程序用户接口(UI)开发,UI 直接在程序代码中有句柄。Android 识别并许可 UI 开发,而且支持新生。XML 为基础的 UI 布局。XML UI 布局对普通桌面开发者是一个非常新的概念。除此之外,还有程序 UI 布局。这个和前面介绍的 QT 有着类似的功能,不过这里的编程语言不再是基础的 C/C++ 了,而是上层开发语言 JAVA。因为 JAVA 的开发是基于 C/C++,所以学习 JAVA 的难度不会太大,只是换了一个平台。甚至可以这么说,JAVA 编程的话,所需关注的底层东西更少。

Android 另一个令人激动和关注的特点是,第三方应用程序会和系统捆绑的程序有着同样的优先级。这是和大多数系统不同之处,例如嵌入式系统程序比第三方应用程序优先级高。而且,每一个应用程序在虚拟计算机上以一个非常轻量的方式按照自己的想法执行。

除了大量的 SDK 和成型的类库可以用之外,Android 可以进入到系统内部对资源进行使用,这是 Android 开源中的进一步开放,开发者可以使用更多的系统资源。

8.1.2 Android 的发展历程

Android 初版到现在应用于平板电脑,是一群程序员的不懈努力,它和 Linux 系统发展有着相似的过程。

Android 系统原公司名字就叫做 Android,谷歌公司在 2005 收购了这个仅成立 22 月的高科技企业。Android 系统由谷歌接手研发,Android 系统的负责人以及 Android 公司的 CEO 安迪·鲁宾成为谷歌公司工程部的副总裁,继续负责 Android 项目的研发工作。

在 2007 年 11 月 5 日,谷歌公司正式向外展示了这款名为 Android 的操作系统,并且在这天宣布建立一个全球性的联盟组织——开放手机联盟,该组织由 34 家手机制造商、软件开发商、电信运营商以及芯片制造商共同组成。这一联盟将支持谷歌发布的手机操作系统以及应用软件,将共同开发 Android 系统的开放源代码。

接着,针对这个系统在当年 11 月 12 号宣布了第一版的 Android SDK 开发包。

2008 年 4 月 17 号举行了 Android 开发者竞赛,加速了应用程序的开发速度。在 2008 年 8 月 18 号,Android 获得了美国联邦通信委员会(FCC)的批准,在 2008 年 9 月,谷歌正式发布了 Android 1.0 系统,这就是 Android 系统最早的版本。在 2008 年 8 月 28 号,为 Android 手机平台提供软件发布和下载的 Market 正式上线,为这个平台积累了大量的应用程序。

2008 年 9 月 23 号第 1 款基于 Android 的手机上市。Android 1.0 代表机型是 T-

Mobile G1,同时还有 Android SDK release1 的发布。2008 年智能手机领域还是诺基亚的天下,Symbian 系统在智能手机市场中占有绝对优势,谷歌发布的 Android 1.0 系统并没有被外界看好,甚至言论称最多一年谷歌就会放弃 Android 系统。为了加速 Android 的发展速度,2008 年 10 月 21 日,Android 宣布开放源代码。

2009 年是 Android 的一个高速发展年,从 Android1.1 到主流的 Android2.1,如表 8-1 所列。

表 8-1 Android 平台发展历程

发布时间	SDK 包版本	昵 称
2009 年 2 月	Android1.1SDK R1	—
2009 年 4 月	Android1.5SDK R1	Cupcake(纸杯蛋糕)
2009 年 9 月	Android1.6SDK R1	Donut(甜甜圈)
2009 年 10 月	Android2.0SDK R1	Eclair(松饼)
2010 年 1 月	Android2.1SDK R1	—
2010 年 5 月	Android2.2SDK R1	Froyo(冻酸奶)
2010 年 12 月	Android 2.3SDK	Gingerbread(姜饼)
2011 年 9 月	Android 4.0SDK	Ice Cream Sandwich(冰激凌三明治)

Android 操作系统是现在的主流系统,相应的平台开发是很有前景的。

8.1.3 开发环境介绍

第 1~7 章都是用三星的 S3C2440 的芯片作为处理器,也就是使用 ARM920T 内核,这个芯片若运行 Android 操作系统就力不从心了,虽然有人在 S3C2440 的上成功移植了 Android 系统,但是始终有很多问题没法解决,因此三星公司推出 S3C6410 便于 Android 操作系统的移植。

S3C64XX 系列应用处理器芯片是三星主推的,包括 S3C6400 和 S3C6410,都是基于 ARM11 架构的,与 S3C2440 的硬件引脚兼容,应该说大致的功能基本相同,比较明显的区别就是 S3C6410 带有 2D/3D 硬件加速。

采用 ARM1176JZF-S 的核,包含 16 KB 的指令数据 Cache 和 16 KB 的指令数据 TCM,ARM Core 电压为 1.1 V 的时候,可以运行到 553 MHz,在 1.2 V 的情况下,可以运行到 667 MHz。通过 AXI、AHB 和 APB 组成的 64/32 bit 内部总线和外部模块相连。图 8-1 就是该芯片结构图。

从图中可以看到这款芯片功能强劲,主要在 S3C2440 的基础上增加了 3D 的处理,以增强图形处理能力以及功耗管理模块,便于向手持设备方向发展。Android 主要应用于手持设备,典型的应用就是手机和平板电脑。

此处开发板就用的 S3C6410 这款芯片,市场上使用这款芯片的板子有很多,这里

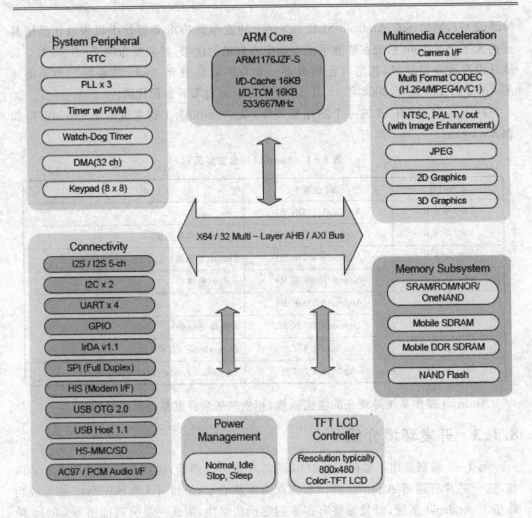

图 8-1 S3C6410 内部结构图

移植使用的是天嵌出品的 TQ6410 开发板,如图 8-2 所示。这款开发板给我们留出了丰富的接口。Linux 内核版本使用的是 2.6.29。

现介绍 Android2.0 的一些新特性。
- 由于文件结构的优化,使得整个操作流畅性得到了很大的提升;
- 自带 Chrome Lite 浏览器加入了对双击屏幕可进行缩放的支持;
- 加强了网络社交功能,比如 Facebook 好友整合至联系人功能;
- 强化了语音识别功能,即整个系统多处支持语音控制,并拥有独立的控制面板;
- 谷歌地图服务更新,加入了全新的导航系统,甚至比专业导航软件更为先进;
- 加入了微软的 Exchange 以提供邮件服务;
- 在邮件中提供了多个不同帐户和统一的收件箱;
- 加入了简洁的图片上传功能;

第 8 章 Android 在 S3C6410 上的移植

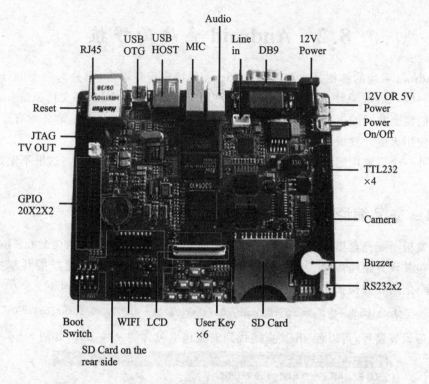

图 8-2 开发板外设布局

- Car Home 提供了易于操作的快捷链接,方便使用语音控制功能。

这就是 Android 从 1.6 升至 2.0 新增的 9 大特性。下面是 Android2.0 系统在天嵌 TQ2410 板子上运行效果图,如图 8-3 所示。

这个是在 4.3 寸液晶屏上的显示效果,屏下面就是图 8-2 所示的开发板。

图 8-3 Android2.0 运行界面

8.2 Android 系统的移植

Android 系统的移植其实和前面的 Linux 移植流程差不多,也分为三个部分:引导程序——U-Boot、系统内核——linux2.6.29、文件系统——UBIFS 文件系统。

它们需要共同的工具有交叉编译工具链——EABI-4.3.3。它在第 2 章有介绍,这里直接使用天嵌开发板所配光盘里自带的交叉编译器了。

另外一个需要用到的是 NFS 服务器,这个在第 2 章中也介绍了。这里不做具体的介绍。

8.2.1 交叉编译工具的安装

开发板所配光盘里面有交叉编译工具链的安装包 EABI-4.3.3_V0.1.tar.be2。解压安装包并设置路径即可。首先把这个文件复制到虚拟机与主机建立的共享文件夹 share 里,之后在虚拟机 Linux 终端里面输入解压命令并解压到根目录下。

```
[root@localhost ~]# tar xjvf /mnt/hgfs/share/EABI-4.3.3_V0.1.tar.bz2 -C /
```

之后设置路径,可以使 shell 直接找到安装包里包含的一些工具,如图 8-4 所示。

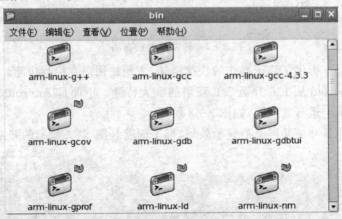

图 8-4 交叉编译工具

接下来的路径设置很重要,使 shell 可以找到这些工具。这里修改的文件是 /etc/profile,其修改内容如下:

```
# Path manipulation
if [ "$EUID" = "0" ]; then
    pathmunge /sbin
    pathmunge /usr/sbin
    pathmunge /usr/local/sbin
    pathmunge /opt/EmbedSky/4.3.3/bin
fi
```

注意:pathmunge 前面的空格是一个 tab 键,不是 space 键。修改完保存并退出。重新执行一次这个脚本:

```
[root@localhost ~]# source /etc/profile
```

可以看到上面设置的路径没有生效,输入图 8-4 中的任意一个命令都可以解决该问题。比较常用的是 arm-linux-gcc -v,这里用 arm-linux-c++试一下。如果出现以下信息,就安装成功了。

```
[root@localhost ~]# arm-linux-c++ -v
Using built-in specs.
Target:arm-none-linux-gnueabi
Configured with:
/scratch/maxim/arm-lite/src-4.3-arm-none-linux-gnueabi-lite/gcc-4.3/configure --build=i686-pc-linux-gnu --host=i686-pc-linux-gnu --target=arm-none-linux-gnueabi --enable-threads --disable-libmudflap --disable-libssp --disable-libstdcxx-pch --with-gnu-as --with-gnu-ld --with-specs='%{funwind-tables|fno-unwind-tables|mabi=*|ffreestanding|nostdlib:;:-funwind-tables}' --enable-languages=c,c++ --enable-shared --enable-symvers=gnu --enable-__cxa_atexit --with-pkgversion='Sourcery G++ Lite 2009q1-176' --with-bugurl=https://support.codesourcery.com/GNUToolchain/ --disable-nls --prefix=/opt/codesourcery --with-sysroot=/opt/codesourcery/arm-none-linux-gnueabi/libc --with-build-sysroot=/scratch/maxim/arm-lite/install-4.3-arm-none-linux-gnueabi-lite/arm-none-linux-gnueabi/libc --with-gmp=/scratch/maxim/arm-lite/obj-4.3-arm-none-linux-gnueabi-lite/host-libs-2009q1-176-arm-none-linux-gnueabi-i686-pc-linux-gnu/usr --with-mpfr=/scratch/maxim/arm-lite/obj-4.3-arm-none-linux-gnueabi-lite/host-libs-2009q1-176-arm-none-linux-gnueabi-i686-pc-linux-gnu/usr --disable-libgomp --enable-poison-system-directories --with-build-time-tools=/scratch/maxim/arm-lite/install-4.3-arm-none-linux-gnueabi-lite/arm-none-linux-gnueabi/bin --with-build-time-tools=/scratch/maxim/arm-lite/install-4.3-arm-none-linux-gnueabi-lite/arm-none-linux-gnueabi/bin
Thread model:posix
gcc version 4.3.3 (Sourcery G++ Lite 2009q1-176)
```

以上交叉编译工具的安装步骤只针对当前终端有效。如果重新打开一个终端,就找不到 arm-linux-c++命令了。可注销操作系统之后,重新登录以解决。

8.2.2 NFS 服务器的配置

在第 2 章已经介绍了 NFS 服务器的配置,这里就不再复述了,只是给出 NFS 服务器的配置信息。

首先是服务器的 IP 设置,这里通过命令 ifconfig 查看,设置为 192.168.1.20:

```
[root@localhost ~]# ifconfig
eth0      Link encap:EthernetHWaddr 00:0C:29:46:AC:E8
          inet addr:192.168.1.20  Bcast:192.168.1.255  Mask:255.255.255.0
          inet6addr: fe80::20c:29ff:fe46:ace8/64 Scope:Link
          UP BROADCAST RUNNING MULTICAST  MTU:1500  Metric:1
          RX packets:1689 errors:0 dropped:0 overruns:0 frame:0
          TX packets:74 errors:0 dropped:0 overruns:0 carrier:0
          collisions:0 txqueuelen:1000
          RX bytes:478995 (467.7 KiB)  TX bytes:9679 (9.4 KiB)
          Interrupt:67 Base address:0x2024
```

其次是 NFS 服务器的路径和权限的配置。打开文件/etc/exports/添加以下语句：

```
/opt/test *(rw,sync,no_root_squash)
```

将 NFS 服务器目录设在 opt 下的 test 目录下，最后重启 NFS 服务器。

8.2.3 编译 U-Boot

TQ6410 的 U-Boot 和 TQ2440 的 U-Boot 有很大的差别。TQ6410 开发板的启动方式分为两种：SD 卡启动和 Nand 启动，所以 U-Boot 编译完之后生成了这两个版本。

第一步，解压 U-Boot 包，还是先把压缩包 U-Boot-1.1.6-TQ6410_V0.1.tar.bz2 放到共享目录 share 下。

第二步，在虚拟机中红帽系统的终端输入如下解压命令：

```
[root@localhost opt]# tar xjvf /mnt/hgfs/share/u-boot-1.1.6-TQ6410_V0.1.tar.bz2 -C /
opt/EmbedSky/u-boot-1.1.6-TQ6410/net/nfs.h
opt/EmbedSky/u-boot-1.1.6-TQ6410/net/rarp.c
opt/EmbedSky/u-boot-1.1.6-TQ6410/net/rarp.h
opt/EmbedSky/u-boot-1.1.6-TQ6410/net/nfs.c
opt/EmbedSky/u-boot-1.1.6-TQ6410/net/net.c
opt/EmbedSky/u-boot-1.1.6-TQ6410/net/Makefile
opt/EmbedSky/u-boot-1.1.6-TQ6410/net/tftp.c
opt/EmbedSky/u-boot-1.1.6-TQ6410/net/tftp.h
opt/EmbedSky/u-boot-1.1.6-TQ6410/net/bootp.h
opt/EmbedSky/u-boot-1.1.6-TQ6410/COPYING
```

将这个文件解压到了 opt/EmbedSky/u-boot-1.1.6-TQ6410/目录下。

第三步，进入这个目录，配置、编译 Nand 启动的 U-Boot，并把二进制文件复制到共享目录下。

```
[root@localhost u-boot-1.1.6-TQ6410]# make tq6410_config    //配置
Configuring for tq6410 board...
[root@localhost u-boot-1.1.6-TQ6410]# make uboot_nand.bin   //编译
```

第 8 章　Android 在 S3C6410 上的移植

等待编译完成,有以下输出信息:

```
arm-linux-objcopy --gap-fill=0xff -O binary u-boot u-boot.bin
arm-linux-objdump -d u-boot > u-boot.dis
dd if=u-boot.bin of=u-boot_nand.bin bs=2048 count=256 conv=sync
96+0 records in
96+0 records out
196608 bytes (197 kB) copied, 0.00194719 seconds, 101 MB/s
chmod 777 u-boot_nand.bin    //生成的 u-boot 文件
```

编译完成将可执行文件复制到共享目录:

```
[root@localhost u-boot-1.1.6-TQ6410]# cp u-boot_nand.bin /mnt/hgfs/share/    //
复制到共享目录
```

第四步,配置、编译 SD 卡启动的 U-Boot 并把二进制文件复制到共享目录下。打开 include/configs/目录下的 tq6410.h,修改宏定义:

```
[root@localhost u-boot-1.1.6-TQ6410]# vim include/configs/tq6410.h
```

屏蔽 435 行,解禁 436 行:

```
433 /* Boot configuration (define only one of next) */
434 //#define CONFIG_BOOT_NOR
435 //#define CONFIG_BOOT_NAND            //从 Nand Flash 启动模式
436 #define CONFIG_BOOT_MOVINAND          //从 SD 卡启动模式
437 //#define CONFIG_BOOT_ONENAND
438 //#define CONFIG_BOOT_ONENAND_IROM
```

接下来 SD 卡启动的 U-Boot 的配置、编译和第三步类似:

```
[root@localhost u-boot-1.1.6-TQ6410]# make u-boot_movi.bin
..................................................
arm-linux-objcopy --gap-fill=0xff -O binary u-boot u-boot.bin
arm-linux-objdump -d u-boot > u-boot.dis
cat u-boot.bin >> u-boot-2x.bin
cat u-boot.bin >> u-boot-2x.bin
split -d -a 1 -b 256k u-boot-2x.bin u-boot-256k.bin
split -d -a 2 -b 8k u-boot.bin u-boot-8k.bin
cat u-boot-8k.bin00 >> u-boot-256k.bin0
mv u-boot-256k.bin0 u-boot_movi.bin
chmod 777 u-boot_movi.bin    //生成的 u-boot 文件
rm -f u-boot-8k*
rm -f u-boot-256k*
rm -f u-boot-2x.bin
[root@localhost u-boot-1.1.6-TQ6410]# cp u-boot_movi.bin /mnt/hgfs/share/
```

至此,两个不同启动方式的 U-Boot 已经完成了编译。

8.2.4 编译内核

编译内核是先导入制作好的配置单,然后在这个配置单基础上增减。该操作和移植 Linux 内核的操作类似。

这里使用已经配置好的内核文件。首先将内核源文件压缩包复制到共享目录下。然后解压并完成编译:

```
[root@localhost ~]# tar xjvf /mnt/hgfs/share/linux-2.6.29_android_V0.1.tar.bz2 -C /
opt/EmbedSky/linux-2.6.29_android/
opt/EmbedSky/linux-2.6.29_android/.mailmap
opt/EmbedSky/linux-2.6.29_android/mm/
opt/EmbedSky/linux-2.6.29_android/mm/page_cgroup.c
opt/EmbedSky/linux-2.6.29_android/mm/dmapool.c
opt/EmbedSky/linux-2.6.29_android/mm/hugetlb.c
……
[root@localhost ~]# cd /opt/EmbedSky/linux-2.6.29_android/
[root@localhost linux-2.6.29_android]# cp -f config_TQ6410_Q43_android .config
[root@localhost linux-2.6.29_android]# make gconfig
scripts/kconfig/gconf arch/arm/Kconfig
```

然后打开图形配置界面,如图 8-5 所示。

通过这个界面可以配置内核,使操作更直观。接下来就编译镜像:

```
[root@localhost linux-2.6.29_android]# make zImage
scripts/kconfig/conf -s arch/arm/Kconfig
  CHK     include/linux/version.h
make[1]:"include/asm-arm/mach-types.h"是最新的。
  CHK     include/linux/utsrelease.h
  SYMLINK include/asm -> include/asm-arm
  CALL    scripts/checksyscalls.sh
  …………
  CHK     include/linux/compile.h
  Kernel: arch/arm/boot/Image is ready
  LD      arch/arm/boot/compressed/vmlinux
  OBJCOPY arch/arm/boot/zImage
  Kernel: arch/arm/boot/zImage is ready    //镜像编译完成
```

编译完成之后,将镜像文件复制到共享目录下:

```
[root@localhost linux-2.6.29_android]# cp arch/arm/boot/zImage /mnt/hgfs/share/
```

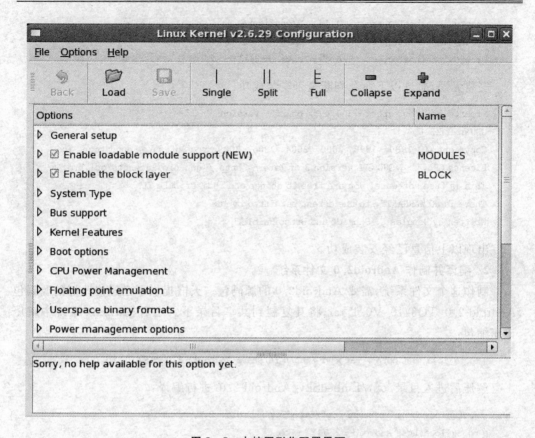

图 8-5 内核图形化配置界面

8.2.5 编译 Android 文件系统

1. 安装编译工具

编译制作 Android2.0 的文件系统,首先需要在红帽里面安装两个工具,其中的 JAVA 在完整版服务器中已经安装。

如果未安装,需要下载安装包进行安装。通过 shell 命令可以查看它的版本号:

```
[root@localhost ~]# java - version
java version "1.6.0"
OpenJDK  Runtime Environment (build 1.6.0 - b09)
OpenJDK Client VM (build 1.6.0 - b09, mixed mode)
[root@localhost ~]#
```

另外一个工具是 gperf-3.0.4,可以从网上直接下载安装包 gperf-3.0.4.tar.gz 进行安装。然后解压到 Linux 中,完成简单三步:配置、编译、安装。

```
[root@localhostEmbedSky]# tar xzvf /mnt/hgfs/share/gperf - 3.0.4.tar.gz
[root@localhostEmbedSky]# cd gperf - 3.0.4/
```

```
[root@localhost gperf-3.0.4]# ./configure
[root@localhost gperf-3.0.4]# make
[root@localhost gperf-3.0.4]# make install
```

安装无误,通过以下命令判断是否安装成功:

```
[root@localhost gperf-3.0.4]# gperf -version
GNU gperf 3.0.4
Copyright (C) 1989-1998, 2000-2004, 2006-2009 Free Software Foundation, Inc.
License GPLv3+: GNU GPL version 3 or later <http://gnu.org/licenses/gpl.html>
This is free software: you are free to change and redistribute it.
There is NO WARRANTY, to the extent permitted by law.
Written by Douglas C. Schmidt and Bruno Haible.
```

出现以上信息已经安装成功。

2. 编译并制作 Android2.0 文件系统

制作这个文件系统,需要 Android2.0 的源码包。天嵌提供了已经修改好的源码包 Android-2.0_TQ6410_V0.1.tar,将其复制到共享目录下。之后在 Linux 系统中解压该压缩包:

```
[root@localhost opt]# tar xjvf /mnt/hgfs/share/Android-2.0_TQ6410_V0.1.tar.bz2 -C/
```

解压后进入目录/opt/EmbedSky/Android-2.0/进行编译:

```
[root@localhost ~]# cd /opt/EmbedSky/Android-2.0/
[root@localhost Android-2.0]# make
```

这个编译过程比较长,需要耐心等待,而且编译需要很大的空间,建议至少预留 6 G 空间。

编译完之后,可以在/out/target/product/tq6410/目录下看到 root 和 system 两个目录,root 为主目录,把 system 目录复制到 root 目录下即可完成完整文件系统的制作。最后将文件 root 目录下的文件压缩到一个压缩包里面。文件系统目录如图 8-6 所示。

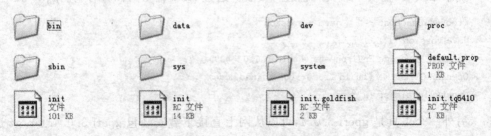

图 8-6 Android2.0 文件系统目录

至此,移植的三大步骤已经完成,下面一节将介绍整个烧写过程。

8.3 Android 系统的烧写

烧写 Android 系统是在 TQ6410 开发板上执行的，TQ6410 开发板有两种启动方式：SD 卡和 Nand Flash，首先需要 SD 卡启动向 Nand Flash 里面烧写 U‐Boot。这里的 SD 卡就相当于 TQ2440 的 Nor Flash。

8.3.1 烧写 SD 卡的 U‐Boot

烧写 SD 卡的 U‐Boot 有专门的工具 moviNAND_Fusing_Tool.exe。需要注意，烧写 SD 卡的 U‐Boot，必须使用 USB 转换器烧写。

将 SD 卡插入转换器卡槽，把转换器插在电脑 USB 插口上，查看一下 SD 卡的盘符。如图 8‐7 所示，这里读出的盘符是 I 盘，它在使用写入工具时会用到。

图 8‐7 SD 卡盘符

如图 8‐8 所示，打开工具 moviNAND_Fusing_Tool.exe，选择识别的盘符号，并在 bootloader 的 image file 中选择用于 SD 卡启动的 U‐Boot，单击 START 完成操作。

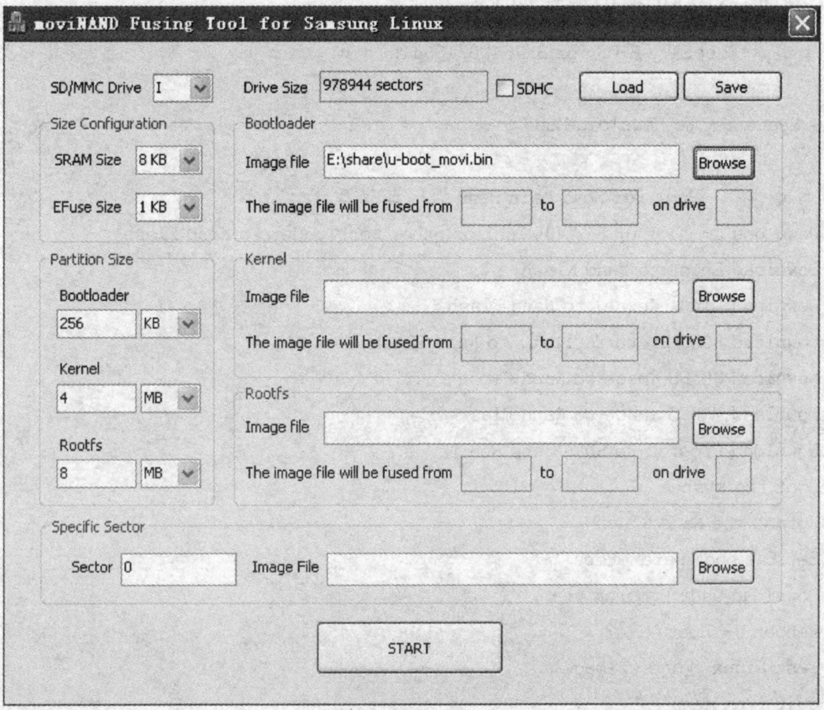

图 8‐8 SD 卡烧写工具配置

如果烧写成功,则出现如图 8-9 所示对话框。

图 8-9 烧写成功

8.3.2 烧写 Nand Flash 启动的 U-Boot

有了以上的基础,就可以烧写 Nand Flash 里面的 U-Boot 了。开发板上有一组启动方式选择的开关,现在需要 SD 卡启动方式将四个选择开关都拨到"开"的位置即可。

将开发板的 PC 机相连需要串口线、USB 下载线,另外烧写需要用到一些工具,例如接收串口信息的工具 CRT 和与 USB 下载线对应的工具 DNW。

连接好这些连线,并设置好串口后,将 SD 卡插到开发板的卡槽里后,启动电源。启动电源默认为直接启动系统。这时需在启动时不断按键盘上的空格键,才能进入U-Boot 界面。Uboot 输出信息如下:

```
##### EmbedSky BIOS for SKY6410/TQ6410 #####

Press Space key to Download Mode !

#####    Boot for Movi Main Menu    #####
[1] Download u-boot or STEPLDR.nb1 or other bootloader to Nand Flash
[2] Download Eboot to Nand Flash
[3] Download Linux Kernel to Nand Flash
[4] Download LOGO Picture (.bin) to Nand Flash
[5] Download UBIFS image to Nand Flash
[6] Download YAFFS image to Nand Flash
[7] Download Program to SDRAM and Run it
[8] Boot the system
[9] Format the Nand Flash
[0] Set the boot parameters
[a] Download User Program
[r] Reboot U-Boot
[t] Test Linux Image (zImage)
[q] quit from menu
Enter your selection:
```

在以上一键式操作菜单中,首先选择"9",表示清空 Nand Flash 里面的内容:

Enter your selection: 9

执行后显示的结果如下:

NAND scrub: device 0 whole chip
Warning: scrub option will erase all factory set bad blocks!
　　　　There is no reliable way to recover them.
　　　　Use this command only for testing purposes if you
are sure of what you are doing!
Really scrub this NAND flash? <y/N>

然后输入"y",以完成格式化操作,其输出结果如下:

Really scrub this NAND flash? <y/N>
y
Erasing at 0xcc0000 - -　　5% complete.
NAND 256MiB 3,3V 8-bit: MTD Erase failure: -5
Erasing at 0x4500000 - -　　27% complete.
NAND 256MiB 3,3V 8-bit: MTD Erase failure: -5
Erasing at 0x51e0000 - -　　32% complete.
NAND 256MiB 3,3V 8-bit: MTD Erase failure: -5
Erasing at 0x6140000 - -　　38% complete.
NAND 256MiB 3,3V 8-bit: MTD Erase failure: -5
Erasing at 0x8f40000 - -　　56% complete.
NAND 256MiB 3,3V 8-bit: MTD Erase failure: -5
Erasing at 0xb320000 - -　　70% complete.
NAND 256MiB 3,3V 8-bit: MTD Erase failure: -5
Erasing at 0xe140000 - -　　88% complete.
NAND 256MiB 3,3V 8-bit: MTD Erase failure: -5
Erasing at 0xffe0000 - -　　100% complete.
Scanning device for bad blocks
OK

#####　　Boot for Movi Main Menu　　#####
[1] Download u-boot or STEPLDR.nb1 or other bootloader to Nand Flash

擦除 Nand Flash 内容操作完成。

接下来是向 Nand Flash 里面烧写 U-Boot 了。这一步操作选择 Boot for Movi Main Menu "1",然后等待从 USB 下载。如果第 1 次使用 USB 下载方式,需安装相应的驱动程序,可参考天嵌开发板配套资料。打开 DNW,选择要下载的文件 u-boot_nand.bin,如图 8-10 所示。

完成之后,终端输出以下信息,显示 Nand 的 U-Boot 烧写已经完成。

图 8-10 选择下载的文件

```
Enter your selection: 1
USB is not connected yet.
USB is connected. Waiting a download.


Now, Downloading [ADDRESS:0xc0000000,TOTAL:0x30000]
Please waiting ... Download Done!!
Download Address: 0xc0000000, Download Filesize:0x30000
Checksum is being calculated.
Checksum O.K.

NAND erase: device 0 offset 0x0, size 0x40000
Erasing at 0x20000 - - 100% complete.
OK


NAND write: device 0 offset 0x0, size 0x30000

Writing data at 0x2f800 - - 100% complete.
 196608 bytes written: OK
```

这个烧写过程经历三步:下载到内存、擦除 Nand Flash 里面的内容、对其重新写内容。

8.3.3 烧写内核和设置从 NFS 启动文件系统

下面的操作都是基于 Nand 启动，Nand 启动需要重新设置启动方式，需将开发板上的 SWI 拨码开关的 1 和 2 脚拨到 ON 的反向端，3 和 4 脚拨到 ON 端。下面是 Nand 的启动信息：

```
##### EmbedSky BIOS for SKY6410/TQ6410 #####

Press Space key to Download Mode !

#####     Boot for Nand Flash Main Menu     #####
[1] Download u-boot or STEPLDR.nb1 or other bootloader to Nand Flash
[2] Download Eboot to Nand Flash
[3] Download Linux Kernel to Nand Flash
[4] Download LOGO Picture (.bin) to Nand  Flash
[5] Download UBIFS image to Nand Flash
[6] Download YAFFS image to Nand Flash
[7] Download Program to SDRAM and Run it
[8] Boot the system
[9] Format the Nand Flash
[0] Set the boot parameters
[a] Download User Program
[r] Reboot u-boot
[t] Test Linux Image (zImage)
[q] quit from menu
Enter your selection:
```

烧写内核需选择第"3"，下载通过 DNW 来实行。烧写文件是编译内核后生成的 zImage。烧写内核镜像如图 8-11 所示。

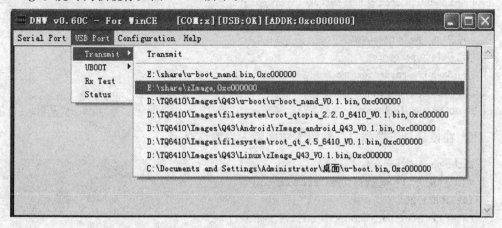

图 8-11　烧写内核镜像

烧写过程中串口终端输出如下:

```
Enter your selection: 3
USB is connected. Waiting a download.


Now, Downloading [ADDRESS:0xc0000000,TOTAL:0x269f20]
Please waiting ...................................... Download Done!!
Download Address: 0xc0000000, Download Filesize:0x269f20
Checksum is being calculated...
Checksum O.K.


NAND erase: device 0 offset 0x200000, size 0x300000
Erasing at 0x4e0000 - - 100% complete.
OK


NAND write: device 0 offset 0x200000, size 0x269f20

Writing data at 0x469800 - - 100% complete.
 2531104 bytes written: OK
```

接下来是设置从 NFS 服务器启动文件系统,其设置与 NFS 服务器的配置有关。具体步骤如下:

① 挂载文件系统方式选择 0,进入下级目录:

```
Enter your selection: 0

##### Parameter Menu #####
[1] Set NFS boot parameter
[2] Set Yaffs boot parameter(use to standard Linux)
[3] Set UBIfs boot parameter(use to android)
[4] Set parameter
[5] View the parameters
[d] Delete parameter
[s] Save the parameters to Nand Flash
[q] Return main Menu
Enter your selection:
```

② 在该目录下选择"1",按以下顺序输入设置信息:

```
Enter your selection: 1
Enter the PC IP address:(xxx.xxx.xxx.xxx)
192.168.1.20
Enter the TQ6410 IP address:(xxx.xxx.xxx.xxx)
192.168.1.6
```

```
Enter the Mask IP address:(xxx.xxx.xxx.xxx)
255.255.255.0
Enter NFS directory:(eg: /opt/EmbedSky/root_nfs)
/opt/test/
Enter initparameter:(eg: "/linuxrc" or "/init"(use to android))
/init
bootargs: noinitrdinit = /init console = ttySAC0 root = /dev/nfsnfsroot = 192.168.1.20:/
opt/test/ ip = 192.168.1.6:192.168.1.20:192.168.1.6:255.255.255.0:www.embedsky.net:eth0:
off
```

③ 以上程序分别设置了服务器 IP、开发板 IP、掩码、服务器 NFS 文件路径、文件系统启动文件。保存这些设置,选择"s":

```
Enter your selection: s
Saving Environment to NAND...
Erasing Nand...Writing to Nand... done
```

④ 最后选择"q"返回到主列表:

```
Enter your selection: q

#####   Boot for Nand Flash Main Menu   #####
[1] Download u-boot or STEPLDR.nb1 or other bootloader to Nand Flash
```

8.3.4 启动文件系统

要启动文件系统需要在 NFS 服务器端设置的共享文件夹里面放入整个文件系统,这里将 8.3.3 小节制作好的文件系统放到/opt/test/目录下,如图 8-12 所示。

图 8-12 中有一个名为 init 的文件,就是 8.3.3 小节中设置好的启动文件。然后就可以从 NFS 服务器启动文件了,启动文件之前需要用网线将开发板与电脑连在一起。

在 U-Boot 主目录下选择"r",则重新启动 U-Boot,然后启动内核,最后挂载文件系统,整个过程的启动信息如下:

```
#0: SMDK6400 (WM9713)
TCP cubic registered
NET: Registered protocol family 17
NET: Registered protocol family 15
RPC: Registered udp transport module.
RPC: Registered tcp transport module.
lib80211: common routines for IEEE802.11 drivers
drivers/rtc/hctosys.c: unable to open rtc device (rtc0)
eth0: link down
```

图 8-12 NFS 服务器端

```
IP-Config: Complete:
device = eth0, addr = 192.168.1.6, mask = 255.255.255.0, gw = 192.168.1.6,
host = www, domain = , nis-domain = embedsky.net,
bootserver = 192.168.1.20, rootserver = 192.168.1.20, rootpath =
Looking up port of RPC 100003/2 on 192.168.1.20
eth0: link up, 100Mbps, full-duplex, lpa 0x41E1
Looking up port of RPC 100005/1 on 192.168.1.20
VFS: Mounted root (nfsfilesystem) on device 0:13.
Freeing init memory: 156K
Warning: unable to open an initial console.
init: cannot open '/initlogo.rle'
```

以上加粗部分表示通过 NFS 服务挂载文件系统。如图 8-13 和图 8-14 所示是启动后的画面。

8.3.5　U-Boot 启动 Android2.0 文件系统

NFS 启动方式存在着很大不方便,对于已经调试完毕的文件系统,可将其烧写到 Nand Flash,开发板启动过程中直接从 Nand Flash 挂载 Android2.0 文件系统。该烧写过程需要首先格式化 Nand Flash,然后将文件系统放入 Nand Flash。其具体过程可分为如下 5 步。

图 8-13　Android2.0 系统启动画面

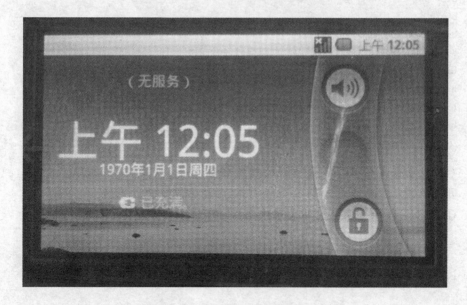

图 8-14　Android2.0 系统启动完成

（1）从 NFS 挂载 Linux 文件系统

在将 Android2.0 系统烧写进 Nand Flash 之前需将 Nand Flash 进行格式化,格式化的命令为 format UBIFS。该命令在 TQ6410 提供的 root_nfs_V0.1.tar.bz2 文件系统中存在,因此需先按照 8.3.4 小节内容通过 NFS 挂载该文件系统以启动开发板。

（2）将 Android2.0 文件系统压缩包复制到启动后的 Linux 文件系统目录

其复制命令如下:

```
[root@localhost ~]# cp /opt/TQ6410_android_fs_V0.1.tar.bz2 /opt/test/
```

(3) 格式化 Nand Flash

在通过 NFS 挂载文件系统启动后的开发板的终端输入如下命令可格式化 Nand Flash 为 UBIFS：

```
# format UBIFS
```

(4) 解压 Android2.0 文件系统到 UBIFS 分区

格式化完成之后，将步骤(2)中复制到 Linux 文件系统中的 Android2.0 文件系统压缩包 TQ6410_android_fs_V0.1.tar.bz2 解压到 UBIFS 分区，在开发板终端输入如下命令：

```
# tar -xjvf TQ6410_android_fs_V0.1.tar.bz2 -C /mnt
```

显示信息为：

```
bin/
bin/top
bin/[[
bin/runsvdir
bin/setkeycodes
bin/tac
bin/sh
bin/unix2dos
bin/df
……………
```

(5) 设置挂载 UBIFS 文件系统的模式启动

重启开发板并进入 U-Boot 下载模式，启动参数配置如下：

① 在 U-Boot 下载模式主菜单中选择"0"，进入参数配置子菜单：

```
###### EmbedSky BIOS for SKY6410/TQ6410 ######

Press Space key to Download Mode !

######    Boot for Movi Main Menu      ######
[1] Download u-boot or STEPLDR.nb1 or other bootloader to Nand Flash
[2] Download Eboot to Nand Flash
[3] Download Linux Kernel to Nand Flash
[4] Download LOGO Picture (.bin) to Nand Flash
[5] Download UBIFS image to Nand Flash
[6] Download YAFFS image to Nand Flash
[7] Download Program to SDRAM and Run it
```

[8] Boot the system
[9] Format the Nand Flash
[0] Set the boot parameters
[a] Download User Program
[r] Reboot u – boot
[t] Test Linux Image (zImage)
[q] quit from menu
Enter your selection:0

② 在参数配置子菜单中选择"3"设置 UBIFS 启动参数：

Parameter Menu
[1] Set NFS boot parameter
[2] Set Yaffs boot parameter(use to standard Linux)
[3] Set UBIfs boot parameter(use to android)
[4] Set parameter
[5] View the parameters
[d] Delete parameter
[s] Save the parameters to Nand Flash
[q] Return main Menu
Enter your selection:3

③ 输出如下信息启动参数：

bootargs: noinitrd ubi.mtd = 3 root = ubi0:rootfs rootfstype = ubifs init = /init console = ttySAC0 mem = 128M

④ 选择"s"保存该配置：

Parameter Menu
[1] Set NFS boot parameter
[2] Set Yaffs boot parameter(use to standard Linux)
[3] Set UBIfs boot parameter(use to android)
[4] Set parameter
[5] View the parameters
[d] Delete parameter
[s] Save the parameters to Nand Flash
[q] Return main Menu
Enter your selection:s

⑤ 重新启动开发板则内核会从 Nand Flash 的 UBIFS 分区挂载 Android2.0 文件系统，如果开发板成功启动则 Android 系统烧写完成。

本章小结

本章讲述了 Android 的发展历程、Android 系统在 S3C6410 平台上的移植过程,其重点在于 TQ6410 为平台的 Android 系统的移植。

参考文献

[1] 广州天嵌科技有限公司.TQ2440用户手册.
[2] SAMSUNG ELECTRONICS. S3C2440A USER MANUAL.
[3] 刘刚,赵剑川.Linux系统移植[M].北京:清华大学出版社,2010.
[4] ALESSANDR,RUBINI,JONATHAN,et al. Linux设备驱动程序[M].3版.魏永明,耿岳,等,译.北京:中国电力出版社,2006.
[5] 黄刚.S3C2440上触摸屏驱动实例开发讲解[EB/OL]. http://hbhuanggang.cublog.cn.

参考文献

[1] 江苏工业学院学报，2007年10月第3期
[2] SAMSUNG ELECTRONICS, SGH-Q100 USER MANUAL
[3] 刘振全, Ghost 实用详解，北京学苑出版社，2010
[4] DENNIS NICK RULPH, JOSA TRAN, and 江苏工业学院学报, Vol.33, No.4, 2011, 北京大学出版社，2013
[5] 王艳艳，SRC微机原理与接口技术与应用，北京，电子工业出版社，2011
  catalog.cn